JN192142

射影行列・一般逆行列・特異値分解

《新装版》

柳井晴夫
竹内　啓
［著］

東京大学出版会

はしがき

本書は，線形代数学における射影，一般逆行列，特異値分解という一連の概念を，有限次元の線形ベクトル空間における線形変換という観点から統一的に解説したもので，ベクトル空間における部分空間の直和分解の仕方によって，さまざまな形の射影行列や一般逆行列が形づくられることを示し，さらにこれらの立場から行列の分解やその標準的表現をあたえ，またそのいろいろな応用について説明したものである．

本書の構成は全部で6つの章からなる．第1章は，本書で必要とされる最低限の線形代数学の知識について解説する．第2章は射影行列について解説したものであるが，第2章および第3章以降で用いられる射影（または射影行列）という述語は一般的な斜交射影の意味で用いられているもので，ふつうに用いられる直交射影（または直交射影行列）はその特殊の場合である．しかし直交射影行列に関する多くの定理は，わずかの付加条件をつけることによって斜交射影についても成立する．そのことを示すのが第2章の目的である．

第3章では，(n, m)型行列Aを用いて，m次元ユークリッド空間E^mの元$\boldsymbol{x}$を，n次元ユークリッド空間E^nの元$\boldsymbol{y}$に移す線形変換$\boldsymbol{y}=A\boldsymbol{x}$を定義する．さらに，$S(A)=\{\boldsymbol{y} \mid \boldsymbol{y}=A\boldsymbol{x}\}$，$\mathrm{Ker}(A)=\{\boldsymbol{x} \mid A\boldsymbol{x}=\boldsymbol{0}\}$を定義すると

$$E^n = S(A) \oplus W, \qquad E^m = V \oplus \mathrm{Ker}(A) \tag{1}$$

を満たす補空間W, Vが無数に存在する．ここで空間Vと空間$S(A)$の次元は等しくなることからVと$S(A)$の対応は1対1になり，Vから$S(A)$の線形逆変換が定義される．これをE^nおよびE^m全体に拡大した線形逆変換が一般逆行列にほかならないが，その拡大の仕方は一通りではなく，したがって，行列Aの一般逆行列A^-も無数に存在する．その中で，$W=S(A)^\perp$（$S(A)$の直交補空間）および$V=\mathrm{Ker}(A)^\perp=S(A')$（$\mathrm{Ker}(A)$の直交補空間）で，しかも，$W$に含まれるベクトルを$\mathrm{Ker}(A)$のゼロベクトルに対応させる変換がムーア・ペンロ

ーズ逆行列となる．その他，VおよびWの構成の仕方，Wに含まれるベクトルをKer(A)のどの部分に対応させるかによって，さまざまな形の一般逆行列が作られることを示す．

第4章では，斜交射影行列と一般逆行列の一般形を論じ，(1)式におけるWとVを行列で表現したときの具体的表現をあたえる．

第5章では，$S(A)$と$S(A')=\mathrm{Ker}(A)^{\perp}$をたがいに直交する一次元の部分空間の直和，すなわち

$$S(A) = E_1 \oplus E_2 \oplus \cdots\cdots \oplus E_r$$
$$S(A') = F_1 \oplus F_2 \oplus \cdots\cdots \oplus F_r$$

という形に分解し，E_jが変換$\boldsymbol{y}=A\boldsymbol{x}$によって$F_j$に，また変換$\boldsymbol{x}=A\boldsymbol{y}$によって$F_j$を$E_j$に写せることができることを示す．このことを行列で表現したものが，行列の特異値分解にほかならない．

第6章では，第2章と第5章で示した諸概念が数値計算や多変量解析など，いくつかの応用分野において有効な役割を果たすことを述べる．

本書で解説された問題のいくつかについては，既存の線形代数学の教科書に述べられているものもあるが，比較的最近になって定式化されたものも少なくない．これらのトピックスについて，最初に述べたような統一的立場にたって体系的な説明をあたえた本書は，応用数学，統計学，情報工学および行動計量学を学ぶ研究者，実務家，学生にとって有益なものであると思われる．

なお，本書を読むにあたって必要とされる数学的素養は，第1章で示した線形代数学の基本的知識で十分で，その他の数学的知識は一切不要である．

本書の原稿の作成や校正の段階において，市川雅教(東京大学大学院)，緒方裕光(協栄生命)の両氏には大変お世話になった．とくに市川氏には一部の問題の作成や解答にもご協力頂いた．また東京大学出版会の大瀬令子，小池美樹彦の両氏にも大変お世話になった．あわせて，感謝の意を表したい．

1983年6月

著　　者

目　　次

第１章　線形数学の基礎

本章では，第２章以降に必要とされる線形数学の基本概念と主要な定理について述べる．

§1.1　ベクトルと行列

1.1.1　ベクトル

n 個の実数の値 $a_1, a_2, \cdots, a_n, b_1, b_2, \cdots, b_n$ を次のように１列に並べたものを n 次元列ベクトル n-dimensional column vector と呼ぶ．

$$\boldsymbol{a}=\begin{bmatrix} a_1 \\ a_2 \\ \vdots \\ a_n \end{bmatrix} \qquad \boldsymbol{b}=\begin{bmatrix} b_1 \\ b_2 \\ \vdots \\ b_n \end{bmatrix} \tag{1.1}$$

実数 $a_1, a_2, \cdots, a_n, b_1, b_2, \cdots, b_n$ は $\boldsymbol{a}, \boldsymbol{b}$ の成分 component または要素 element と呼ばれる．

$$\boldsymbol{a}'=(a_1, a_2, \cdots, a_n) \qquad \boldsymbol{b}'=(b_1, b_2, \cdots, b_n)$$

を n 次元行ベクトル n-dimensional row vector と呼ぶ．

次に，n 次元ベクトル $\boldsymbol{a}$ に対して，その長さを次のように定義しよう．

$$\|\boldsymbol{a}\|=\sqrt{{a_1}^2+{a_2}^2+\cdots+{a_n}^2} \tag{1.2}$$

これはベクトル $\boldsymbol{a}$ のノルム norm と呼ばれる．

また，二つのベクトル $\boldsymbol{a}, \boldsymbol{b}$ に対して，その内積 inner product は次のように定義される．

$$(\boldsymbol{a}, \boldsymbol{b})=a_1b_1+a_2b_2+\cdots+a_nb_n \tag{1.3}$$

内積に関しては，明らかに次の関係が成立する．

(ⅰ) $||\boldsymbol{a}||^2 = (\boldsymbol{a}, \boldsymbol{a})$, (ⅱ) $||\boldsymbol{a}+\boldsymbol{b}||^2 = ||\boldsymbol{a}||^2+||\boldsymbol{b}||^2+2(\boldsymbol{a}, \boldsymbol{b})$

(ⅲ) $(\alpha\boldsymbol{a}, \boldsymbol{b}) = (\boldsymbol{a}, \alpha\boldsymbol{b}) = \alpha(\boldsymbol{a}, \boldsymbol{b})$

(ⅳ) $||\boldsymbol{a}||^2 = 0 \Longleftrightarrow \boldsymbol{a} = \boldsymbol{0}$

次に，二つの n 次元ベクトル $\boldsymbol{a}, \boldsymbol{b}$ について，$\boldsymbol{a}$ と $\boldsymbol{b}$ の距離を

$$d(\boldsymbol{a}, \boldsymbol{b}) = ||\boldsymbol{a}-\boldsymbol{b}|| \tag{1.4}$$

によって定義すれば，明らかに $d(\boldsymbol{a}, \boldsymbol{b}) \geqq 0$ となり，

(ⅰ) $d(\boldsymbol{a}, \boldsymbol{b}) = 0 \Longleftrightarrow \boldsymbol{a} = \boldsymbol{b}$

(ⅱ) $d(\boldsymbol{a}, \boldsymbol{b}) = d(\boldsymbol{b}, \boldsymbol{a})$

(ⅲ) $d(\boldsymbol{a}, \boldsymbol{b})+d(\boldsymbol{b}, \boldsymbol{c}) \geqq d(\boldsymbol{a}, \boldsymbol{c})$

が成立する．上式の(i)～(iii)は距離の公理(distance axioms)と呼ばれるものである．

定理 1.1 次のことが成立する．

(ⅰ) $(\boldsymbol{a}, \boldsymbol{b})^2 \leqq ||\boldsymbol{a}||^2||\boldsymbol{b}||^2$ (1.5)

(ⅱ) $||\boldsymbol{a}+\boldsymbol{b}|| \leqq ||\boldsymbol{a}||+||\boldsymbol{b}||$ (1.6)

証明 (i) t を任意の実数とするとき，

$$||\boldsymbol{a}-t\boldsymbol{b}||^2 = ||\boldsymbol{a}||^2-2t(\boldsymbol{a}, \boldsymbol{b})+t^2||\boldsymbol{b}||^2 \geqq 0$$

上式が常に成立するためには

$$判別式 = (\boldsymbol{a}, \boldsymbol{b})^2-||\boldsymbol{a}||^2||\boldsymbol{b}||^2 \leqq 0$$

が必要十分である．よって，(1.5)式が示された．

(ⅱ) $(||\boldsymbol{a}||+||\boldsymbol{b}||)^2-||\boldsymbol{a}+\boldsymbol{b}||^2 = 2\{||\boldsymbol{a}||\cdot||\boldsymbol{b}||-(\boldsymbol{a}, \boldsymbol{b})\} \geqq 0$

よって，(1.6)式が示された． (証明終り)

(1.5)式は，コーシ・シュワルツ(Cauchy-Schwarz)の不等式，(1.6)式は三角不等式と呼ばれるものである．

ところで，二つの n 次元ベクトル $\boldsymbol{a}, \boldsymbol{b}(\boldsymbol{a} \neq \boldsymbol{0}, \boldsymbol{b} \neq \boldsymbol{0})$ の間に，次のようにして角度 θ を定義することができる．

定義 1.1 二つの n 次元ベクトル $\boldsymbol{a}, \boldsymbol{b}$ について，

$$\cos\theta = \frac{(\boldsymbol{a}, \boldsymbol{b})}{||\boldsymbol{a}||\,||\boldsymbol{b}||} \tag{1.7}$$

によって定義される角 θ を $\boldsymbol{a}$ と $\boldsymbol{b}$ のなす角度という．

1.1.2　行　　列

一般に，nm 個の実数を次のように並べたものを行列 matrix と呼ぶ．

$$A=\begin{bmatrix} a_{11}\cdots a_{1m} \\ a_{21}\cdots a_{2m} \\ \vdots \quad\quad \vdots \\ a_{n1}\cdots a_{nm} \end{bmatrix} \tag{1.8}$$

上記の行列において，数字の横のならびは行 row，縦のならびは列 column と呼ばれる．行列Aは，n 個の行ベクトルと m 個の列ベクトルを含むものであるから，一般に (n,m) 型行列とよばれる．また，$n=m$ のとき行列Aは正方行列 square matrix とよばれる．さらに，対角要素がすべて1で，その他のすべての成分がゼロの行列，すなわち

$$\mathrm{I_n}=\begin{bmatrix} 1 & 0 & 0 \cdots & 0 \\ 0 & 1 & & 0 \\ & & 1 & 0 \\ \vdots & & \ddots & \\ 0 & & & 1 \end{bmatrix}$$

n 個の1が対角線上にならぶ

を n 次の単位行列 identity matrix という．

ここで，m 個の n 次元ベクトルを

$$\boldsymbol{a}_1=\begin{bmatrix} a_{11} \\ a_{21} \\ \vdots \\ a_{n1} \end{bmatrix}, \quad \boldsymbol{a}_2=\begin{bmatrix} a_{12} \\ a_{22} \\ \vdots \\ a_{n2} \end{bmatrix}, \quad \cdots\cdots, \quad \boldsymbol{a}_m=\begin{bmatrix} a_{1m} \\ a_{2m} \\ \vdots \\ a_{nm} \end{bmatrix}$$

と定義すると，上式の m 個のベクトルは次のような (n,m) 型行列によって，表わすことができる．

$$A=[\boldsymbol{a}_1, \boldsymbol{a}_2, \cdots, \boldsymbol{a}_m] \tag{1.9}$$

また，行列の第 i 行，第 j 列にある a_{ij} はその (i,j) 成分と呼ばれるもので，これを用いて，行列Aの各要素を略記して，$A=(a_{ij})$ と書くことがある．

なお，行列Aの行と列の各成分を入れ替えた行列を A' と記し，これを転置行列 transposed matrix と呼ぶ．

また，二つの行列 $A=(a_{ij})$ と $B=(b_{jk})$ において，A が (n,m) 型行列，B が (m,p) 型行列のとき

$$C=AB \tag{1.10}$$

と定義すると，$C=(c_{ij})$（ただし，$c_{ij}=\sum_{k=1}^{m} a_{ik}b_{kj}$）となり，$C$ は (n,p) 型行列とな

る．なお，

$$A'A = O \Longleftrightarrow A = O \tag{1.11}$$

が成立する．ただし，ここで，Oはすべての要素が0である行列を表わし，それはゼロ行列と呼ばれる．

注意 n次元列ベクトル$\boldsymbol{a}$は$(n, 1)$型行列であるから，その転置行列$\boldsymbol{a}'$は$(1, n)$型行列となる．したがって，$\boldsymbol{a}$と$\boldsymbol{b}$の内積とノルムは次のように書き表わすことができる．

$$(\boldsymbol{a}, \boldsymbol{b}) = \boldsymbol{a}'\boldsymbol{b}, \quad \|\boldsymbol{a}\|^2 = (\boldsymbol{a}, \boldsymbol{a}) = \boldsymbol{a}'\boldsymbol{a}, \quad \|\boldsymbol{b}\|^2 = (\boldsymbol{b}, \boldsymbol{b}) = \boldsymbol{b}'\boldsymbol{b}$$

$A=(a_{ij})$がn次の正方行列のとき

$$\mathrm{tr}(A) = a_{11} + a_{22} + \cdots + a_{nn} \tag{1.12}$$

を行列Aのトレース(trace)という．なお，c, dを任意の実数としたとき同一の次数をもつ正方行列AおよびBのトレースについて

(i) $\mathrm{tr}(cA+dB) = c\,\mathrm{tr}(A) + d\,\mathrm{tr}(B)$ (1.13)

(ii) $\mathrm{tr}(AB) = \mathrm{tr}(BA)$ (1.14)

が成立する．さらに(1.9)式で定義される行列Aについて

(iii) $\|\boldsymbol{a}_1\|^2 + \|\boldsymbol{a}_2\|^2 + \cdots + \|\boldsymbol{a}_m\|^2 = \mathrm{tr}(A'A)$ (1.15)

上式から明らかに

(iv) $\mathrm{tr}(A'A) = \sum_{i=1}^{n} \sum_{j=1}^{m} a_{ij}^2$ (1.16)

が成立する．したがって次式が導かれる．

(v) $\mathrm{tr}(A'A) = 0 \Longleftrightarrow A = O$ (1.17 a)

また$A_1'A_1, A_2'A_2, \cdots, A_m'A_m$が同一の次数をもつ正方行列のとき

(vi) $\mathrm{tr}[A_1'A_1 + A_2'A_2 + \cdots + A_m'A_m] = 0 \Longleftrightarrow$

$A_j = O \ (j = 1, \cdots, m)$ (1.17 b)

が成立する．

ここで行列A, Bをともに(n, m)型行列としたとき，

$$\mathrm{tr}(A'A) = \sum_{i=1}^{n} \sum_{j=1}^{m} a_{ij}^2, \quad \mathrm{tr}(B'B) = \sum_{i=1}^{n} \sum_{j=1}^{m} b_{ij}^2,$$

$$\mathrm{tr}(A'B) = \sum_{i=1}^{n} \sum_{j=1}^{m} a_{ij} b_{ij}$$

が成立するから，定理1.1は次のように拡張される．

系1　(i)　$\mathrm{tr}(A'B) \leqq \sqrt{\mathrm{tr}(A'A)\,\mathrm{tr}(B'B)}$　(1.18 a)

(ii)　$\sqrt{\mathrm{tr}(A'A)}+\sqrt{\mathrm{tr}(B'B)} \geqq \sqrt{\mathrm{tr}\{(A+B)'(A+B)\}}$　(1.18 b)

(1.18 a)式はシュワルツの不等式の一つの一般形といえよう．

ところで，ノルムを定義した(1.2)式は，次のように一般化することができる．すなわち，Mをn次の非負定値行列(18 ページ参照)とするとき，

$$\|\boldsymbol{a}\|_M = \sqrt{\boldsymbol{a}'M\boldsymbol{a}} \tag{1.19}$$

さらに，$\boldsymbol{a}$と$\boldsymbol{b}$の内積を

$$(\boldsymbol{a},\boldsymbol{b})_M = \boldsymbol{a}'M\boldsymbol{b} \tag{1.20}$$

と定義すると，次の二つの系が成立する．

系2　$(\boldsymbol{a},\boldsymbol{b})_M \leqq \|\boldsymbol{a}\|_M\|\boldsymbol{b}\|_M$　(1.21)

さらに，系1の結果は非負定値行列Mによって次のように一般化される．

系3　(i)　$\mathrm{tr}(A'MB) \leqq \sqrt{\mathrm{tr}(A'MA)\,\mathrm{tr}(B'MB)}$　(1.22 a)

(ii)　$\sqrt{\mathrm{tr}(A'MA)}+\sqrt{\mathrm{tr}(B'MB)} \geqq \sqrt{\mathrm{tr}\{(A+B)'M(A+B)\}}$

(1.22 b)

この他，(1.15)式は

$$\|\boldsymbol{a}_1\|_M{}^2+\|\boldsymbol{a}_2\|_M{}^2+\cdots+\|\boldsymbol{a}_m\|_M{}^2 = \mathrm{tr}(A'MA) \tag{1.23}$$

となる．

§1.2　ベクトル空間と部分空間

m個のn次元ベクトル$\boldsymbol{a}_1, \boldsymbol{a}_2, \cdots, \boldsymbol{a}_m$が与えられているとき，それぞれのベクトルを定数$\alpha_1, \alpha_2, \cdots, \alpha_m$倍したものの和，

$$\boldsymbol{f} = \alpha_1\boldsymbol{a}_1+\alpha_2\boldsymbol{a}_2+\cdots+\alpha_m\boldsymbol{a}_m$$

を，ベクトルの線形1次結合 linear combination と呼ぶ．なお，上式は(1.9)式で示される行列Aと，定数ベクトル$\boldsymbol{\alpha}'=(\alpha_1, \alpha_2, \cdots, \alpha_m)$を用いると，$\boldsymbol{f}=A\boldsymbol{\alpha}$と表わすことができる．したがって，線形1次結合ベクトル$\boldsymbol{f}$のノルムは次式となる．

$$\|\boldsymbol{f}\|^2 = (\boldsymbol{f},\boldsymbol{f}) = \boldsymbol{f}'\boldsymbol{f} = (A\boldsymbol{\alpha})'A\boldsymbol{\alpha} = \boldsymbol{\alpha}'(A'A)\boldsymbol{\alpha}$$

ところで，m個のn次元ベクトル$\boldsymbol{a}_1, \boldsymbol{a}_2, \cdots, \boldsymbol{a}_m$に対して，すべてが0ではない定数$\alpha_1, \alpha_2, \cdots, \alpha_m$を用いて，

$$\alpha_1\boldsymbol{a}_1+\alpha_2\boldsymbol{a}_2+\cdots+\alpha_m\boldsymbol{a}_m=\boldsymbol{0} \tag{1.24}$$

となるとき，$\boldsymbol{a}_1, \boldsymbol{a}_2, \cdots, \boldsymbol{a}_m$ は1次従属 linearly dependent であるという．ベクトルの組が1次従属でないとき，すなわち，(1.24)式が成り立つならば必ず $\alpha_1=\alpha_2=\cdots=\alpha_m=0$ となるとき，それらは1次独立 linearly independent であるという．

$\boldsymbol{a}_1, \boldsymbol{a}_2, \cdots, \boldsymbol{a}_m$ が1次従属の場合，たとえば $\alpha_i\neq 0$ とすれば(1.24)式から，$\beta_k=-\alpha_k/\alpha_i\,(k=1,\cdots,m)$ とおくことができる．したがって

$$\boldsymbol{a}_i=\beta_1\boldsymbol{a}_1+\cdots+\beta_{i-1}\boldsymbol{a}_{i-1}+\beta_{i+1}\boldsymbol{a}_{i+1}+\cdots+\beta_m\boldsymbol{a}_m$$

となる．逆に，上式が成り立てば，$\boldsymbol{a}_1, \boldsymbol{a}_2, \cdots, \boldsymbol{a}_m$ が1次従属であることは明らかである．したがって，ベクトルの組が1次従属であることは，その中のいずれか一つのベクトルが他のベクトルの1次結合で表わされることに等しい．

ここで，m 個の1次独立のベクトルを，$\boldsymbol{a}_1, \boldsymbol{a}_2, \cdots, \boldsymbol{a}_m$ とおくとき，これらのベクトルの1次結合の集合を

$$W=\{\boldsymbol{d}\,|\,\boldsymbol{d}=\sum_{i=1}^{m}\alpha_i\boldsymbol{a}_i\}$$

とおくと，これはm次元の線形部分空間と呼ばれるものになる．

定義1.2　n 次元ベクトル全体の集合を E^n で表わすとき，E^n の部分集合 W が，

(1)　$\boldsymbol{a}\in W, \boldsymbol{b}\in W$ ならば，$\boldsymbol{a}+\boldsymbol{b}\in W$

(2)　$\boldsymbol{a}\in W$ ならば，$\alpha\boldsymbol{a}\in W$

の二つの条件を満たすとき，W を線形部分空間 linear sub-space，または単に部分空間 sub-space と呼ぶ．

任意の線形部分空間 W において，その中に1次独立な r 個のベクトルが存在し，W に属する任意の $(r+1)$ 個のベクトルが1次従属になるとき，部分空間 W の次元は r であるといい，これを $\dim W$ と表わす．

ここで，部分空間 W の次元が r，W に属する1次独立な r 個のベクトルを $\boldsymbol{a}_1, \boldsymbol{a}_2, \cdots, \boldsymbol{a}_r$ とするとき，それらを空間 W の基底 basis と呼ぶ．また，このとき空間 W は，これらの r 個のベクトルによって張られる(または生成される)という．そして，このことを

$$W=S(\boldsymbol{a}_1, \boldsymbol{a}_2, \cdots, \boldsymbol{a}_r)=S(A) \tag{1.25}$$

と表わす．

$A=[\boldsymbol{a}_1, \boldsymbol{a}_2, \cdots, \boldsymbol{a}_r]$とおくと，行列$A$に含まれる1次独立なベクトルの最大個数は行列$A$の階数rankと呼ばれ，rank Aと表わす．このとき，次の関係が成立する．

$$\dim S(A)=\mathrm{rank}\,A \tag{1.26}$$

ここで，次の定理を示そう．

定理1.2　r次元の部分空間Wに属するr個の1次独立なベクトルを$\boldsymbol{a}_1, \boldsymbol{a}_2, \cdots, \boldsymbol{a}_r$とするとき，$W$に属する任意のベクトル$\boldsymbol{b}$は，$\boldsymbol{a}_1, \boldsymbol{a}_2, \cdots, \boldsymbol{a}_r$の1次結合として一意に表現される．　(証明略)

すなわち，線形部分空間における任意のベクトルは，その空間における基底を定めることによって，一意に表現される．

一般に，基底の定め方は一通りでないが，$\boldsymbol{a}_1, \boldsymbol{a}_2, \cdots, \boldsymbol{a}_r$が空間の基底で，これらがすべて互いに直交するとき，これをWの直交基底orthogonal basisといい，さらに$\boldsymbol{b}_j=\boldsymbol{a}_j/\|\boldsymbol{a}_j\|$とおくと$\|\boldsymbol{b}_j\|=1(1\leqq j\leqq r)$となる．このような基準化された直交基底を正規直交基底orthonormal basisと呼ぶ．

なお，$\boldsymbol{b}_1, \boldsymbol{b}_2, \cdots, \boldsymbol{b}_r$が正規直交基底のとき，

$$(\boldsymbol{b}_i, \boldsymbol{b}_j)=\delta_{ij}$$

が成立する．δ_{ij}はクロネッカーのδとよばれるもので，

$$\delta_{ij}=1(i=j),\quad \delta_{ij}=0(i\neq j)$$

によって定義される．ここで$\boldsymbol{b}_1, \boldsymbol{b}_2, \cdots, \boldsymbol{b}_r$によって張られる部分空間

$$V=S(B)=S(\boldsymbol{b}_1, \boldsymbol{b}_2, \cdots, \boldsymbol{b}_r)\subset E^n$$

に含まれる任意のベクトル$\boldsymbol{x}$は，次のように表現される．

$$\boldsymbol{x}=(\boldsymbol{x}, \boldsymbol{b}_1)\boldsymbol{b}_1+(\boldsymbol{x}, \boldsymbol{b}_2)\boldsymbol{b}_2+\cdots+(\boldsymbol{x}, \boldsymbol{b}_r)\boldsymbol{b}_r \tag{1.27}$$

このとき$\boldsymbol{b}_1, \boldsymbol{b}_2, \cdots, \boldsymbol{b}_r$の直交性から次式が成立する．

$$\|\boldsymbol{x}\|^2=(\boldsymbol{x}, \boldsymbol{b}_1)^2+(\boldsymbol{x}, \boldsymbol{b}_2)^2+\cdots+(\boldsymbol{x}, \boldsymbol{b}_r)^2 \tag{1.28}$$

上式はパーセバルの等式Parseval's equationと呼ばれる．

次に，二つの部分空間の間の関係について考えることにしよう．二つのベクトルの組$A=(\boldsymbol{a}_1, \boldsymbol{a}_2, \cdots, \boldsymbol{a}_p)$と$B=(\boldsymbol{b}_1, \boldsymbol{b}_2, \cdots, \boldsymbol{b}_q)$によって張られる部分空間を$V_A=S(A)$, $V_B=S(B)$とするとき，これらの部分空間に属する二つのベクトルの和の集合を

$$V_A+V_B=\{\boldsymbol{a}+\boldsymbol{b}\,|\,\boldsymbol{a}\in V_A, \boldsymbol{b}\in V_B\} \tag{1.29}$$

と表わす．このとき，(1.29)式は，線形部分空間になるので，上式を二つの部分空間 V_A, V_B の和空間と呼び，次のように表わそう．

$$V_{A\cup B}=V_A+V_B=S(A:B) \tag{1.30}$$

また，二つの部分空間 V_A および V_B の共通部分のベクトルの集合，

$$V_{A\cap B}=\{\boldsymbol{x}\,|\,\boldsymbol{x}=A\boldsymbol{\alpha}=B\boldsymbol{\beta}\} \tag{1.31a}$$

はやはり一つの線形部分空間となり，明らかに

$$V_A+V_B\supset V_A(\text{または } V_B)\supset V_{A\cap B} \tag{1.31b}$$

が成立する．(1.31a)式を部分空間 V_A と V_B の積空間とよび，次のように表わそう．

$$V_{A\cap B}=V_A\cap V_B \tag{1.32}$$

ここで，$V_A\cap V_B=\{\boldsymbol{0}\}$，すなわち V_A と V_B の共通部分がゼロベクトルのみからなるとき，その部分空間は独立 independent，または，素 disjoint であるという．このとき，

$$V_{A\cup B}=V_A\oplus V_B \tag{1.33}$$

と書き，和空間 $V_{A\cup B}$ は V_A と V_B の直和 direct sum に分解されるという．

全空間 E^n が二つの空間 V と W の直和，すなわち

$$E^n=V\oplus W \tag{1.34}$$

と表わされるとき，W は V の補空間 complementary space（または，V は W の補空間）といい，$W=V^c$（または $V=W^c$）と書く．なお，$S(A)$ の補空間は $S(A)^c$ と書く．$V=S(A)$ が与えられたとき，(1.34)式を満たす補空間 $W=S(A)^c$ は無数に存在する．

さらに，W に属する任意のベクトルが V に属する任意のベクトルと直交するとき，$W=V^{\perp}$（または，$V=W^{\perp}$）は，V（または W）の直交補空間（ortho-complementary space）といい，次式で定義される．

$$V^{\perp}=\{\boldsymbol{a}\,|\,(\boldsymbol{a},\boldsymbol{b})=0, {}^{\forall}\boldsymbol{b}\in V\} \tag{1.35}$$

なお，全空間 E^n が r 個の素な空間 $W_j(j=1,\cdots,r)$ の直和によって表わされるとき，これを次のように表わす．

$$E^n=W_1\oplus W_2\oplus\cdots\oplus W_r \tag{1.36}$$

さらに，上式における W_i と $W_j(i\neq j)$ が直交するとき，(1.36)式と区別して次

のように示すことがある．

$$E^n = W_1 \dot{\oplus} W_2 \dot{\oplus} \cdots \dot{\oplus} W_r \tag{1.37}$$

この場合，全空間 E^n は r 個の空間の直交直和に分解されるという．

部分空間の次元に関して次の定理が成立する．

定理 1.3　(i)　$\dim(V_{A\cup B}) = \dim V_A + \dim V_B - \dim V_{A\cap B}$　(1.38)

(ii)　$\dim(V_A \oplus V_B) = \dim V_A + \dim V_B$　(1.39)

(iii)　$\dim V^C = n - \dim V$　(1.40)

次に，全空間 E^n が二つの部分空間 $V=S(A)$ と $W=S(B)$ の直和となる場合，$A\boldsymbol{x}+B\boldsymbol{y}=\mathbf{0}$ とすれば，$A\boldsymbol{x}=-B\boldsymbol{y}\in S(A)\cap S(B)=\{\mathbf{0}\}$ より，$A\boldsymbol{x}=B\boldsymbol{y}=\mathbf{0}$ となる．これを拡張すれば次の定理が導かれる．

定理 1.4　部分空間 $W_1=S(A_1), W_2=S(A_2), \cdots, W_r=S(A_r)$ が，たがいに素であるための必要十分条件は，

$$A_1\boldsymbol{a}_1 + A_2\boldsymbol{a}_2 + \cdots + A_r\boldsymbol{a}_r = \mathbf{0} \Longrightarrow A_j\boldsymbol{a}_j = \mathbf{0} \qquad (j=1, \cdots, r)$$

となることである．　(証明略)

系　$W=W_1\oplus\cdots\oplus W_r$ に含まれる任意のベクトル $\boldsymbol{x}$ は

$$\boldsymbol{x} = \boldsymbol{x}_1 + \boldsymbol{x}_2 + \cdots + \boldsymbol{x}_r,\ \text{ただし } \boldsymbol{x}_j \in W_j \qquad (j=1, \cdots, r)$$

と一意に表現される．

注意　上記の定理とその系は，ある部分空間をいくつかの部分空間の直和に分解することが，ベクトルの一次独立性の自然な拡張になっていることを示唆している．

部分空間の包含関係について，次の定理が成立する．

定理 1.5　V_1 と V_2 を $V_1\subset V_2$ を満たす E^n の部分空間，W を E^n 中の任意の部分空間としたとき次の関係が成立する．

$$V_1 + (V_2 \cap W) = (V_1 + W) \cap V_2 \tag{1.41}$$

証明　$\boldsymbol{y}\in V_1+(V_2\cap W)$ とすると $\boldsymbol{y}=\boldsymbol{y}_1+\boldsymbol{y}_2, \boldsymbol{y}_1\in V_1, \boldsymbol{y}_2\in(V_2\cap W)$ と分解される．$V_1\subset V_2$ より $\boldsymbol{y}_1\in V_2$，$\boldsymbol{y}_2\in V_2$ より $\boldsymbol{y}=\boldsymbol{y}_1+\boldsymbol{y}_2\in V_2$．したがって $\boldsymbol{y}\in(V_1+W)\cap V_2$ ゆえに $V_1+(V_2\cap W)\subset(V_1+W)\cap V_2$．一方，$\boldsymbol{x}\in(V_1+W)\cap V_2$ とすれば $\boldsymbol{x}\in V_1+W$ および $\boldsymbol{x}\in V_2$．したがって $\boldsymbol{x}=\boldsymbol{x}_1+\boldsymbol{y}(\boldsymbol{x}_1\in V_1, \boldsymbol{y}\in W)$ と分解される．これより $\boldsymbol{y}=\boldsymbol{x}-\boldsymbol{x}_1\in V_2\cap W \Longrightarrow \boldsymbol{x}\in V_1+(W\cap V_2) \Longrightarrow (V_1+W)$

$\cap V_2 \subset V_1+(V_2 \cap W)$. したがって(1.41)式が示される.

系　(a)　$V_1 \subset V_2$ のとき $V_2=V_1 \oplus \widetilde{W}$ を満たし，しかも $\widetilde{W} \subset V_2$ となる部分空間 $\widetilde{W}$ が存在する.

(b)　$V_1 \subset V_2$ のとき $V_2 = V_1 \dot{\oplus} (V_2 \cap V_1{}^{\perp})$　　(1.42)

が成立する.

証明　(a)　(1.41)式で $V_1 \oplus W \supset V_2$ となるように，W を選び $\widetilde{W}=V_2 \cap W$ とすればよい.

(b)　$W=V_1{}^{\perp}$ を選べばよい.　　（証明終り）

注意　上記の[系]の(*a*)は $V_1 \subset V_2$ のとき，A を $V_1=S(A)$ となる行列としたとき，$W=S(B)$ で，しかも $V=S(A) \oplus S(B)$ となる行列 B を選ぶことができることを意味し，(*b*) は $S(A)$ と $S(B)$ が直交するように選べることを意味している.

この他，E^n に含まれる部分空間 V, W, および K の間に次の関係式が成立する.

$$
\left.
\begin{array}{ll}
\text{(i)} & V \supset W \text{ ならば，} W = V \cap W \\
\text{(ii)} & V \supset W \text{ ならば，} V+K \supset W+K \text{（ただし，} K \in E^n\text{)} \\
\text{(iii)} & (V \cap W)^{\perp} = V^{\perp}+W^{\perp},\ V^{\perp} \cap W^{\perp} = (V+W)^{\perp} \\
\text{(iv)} & (V+W) \cap K \supseteqq V \cap K+W \cap K \\
\text{(v)} & K+(V \cap W) \subseteqq (K+V) \cap (K+W)
\end{array}
\right\} \quad (1.43)
$$

注意　上式の(iv)(v)においては，集合論のような分配の法則は，一般に成立しない. 等号の成立する条件については(定理2.19)を参照せよ.

§1.3　線　形　変　換

一般に，m 次元ベクトル変数 $\boldsymbol{x}$ に対して，n 次元ベクトル変数 $\boldsymbol{y}$ を対応させるような関係を考え，これを $\boldsymbol{y}=\phi(\boldsymbol{x})$ と書く. ϕ はベクトルの値をとる関数と考えてもよいが，普通には写像 mapping，あるいは変換 transformation と呼ばれ，ここでは，これを変換と呼ぶことに限定しよう. 二つの n 次元ベクトル $\boldsymbol{x}$, $\boldsymbol{y}$ について変換 ϕ が次のような性質を満たしているとき，ϕ を線形変換 linear transformation であるという.

(i)　$\phi(\alpha \boldsymbol{x}) = \alpha\phi(\boldsymbol{x})$　　(ii)　$\phi(\boldsymbol{x}+\boldsymbol{y}) = \phi(\boldsymbol{x})+\phi(\boldsymbol{y})$　　(1.44)

上記の二つの性質を組み合わせると，任意のn次元ベクトル$\boldsymbol{x}_1, \boldsymbol{x}_2, \cdots, \boldsymbol{x}_m$および定数$\alpha_1, \alpha_2, \cdots, \alpha_m$を用いて

$$\phi(\alpha_1\boldsymbol{x}_1+\alpha_2\boldsymbol{x}_2+\cdots+\alpha_m\boldsymbol{x}_m) = \alpha_1\phi(\boldsymbol{x}_1)+\cdots+\alpha_m\phi(\boldsymbol{x}_m)$$

となることがわかる.

定理 1.6 任意のm次元ベクトル$\boldsymbol{x}$をn次元ベクトル$\boldsymbol{y}$に対応させる一つの線形変換ϕは，m個のn次元ベクトルによって構成される(n, m)型行列$A=(\boldsymbol{a}_1, \boldsymbol{a}_2, \cdots, \boldsymbol{a}_m)$によって，$\boldsymbol{y}=A\boldsymbol{x}$と表わされる. (証明略)

ところで，m次元空間E^mのベクトル$\boldsymbol{h}$が，E^mの一つの基底$V=(\boldsymbol{v}_1, \boldsymbol{v}_2, \cdots, \boldsymbol{v}_m)$によって，

$$\boldsymbol{h} = x_1\boldsymbol{v}_1+x_2\boldsymbol{v}_2+\cdots+x_m\boldsymbol{v}_m = V\boldsymbol{x}$$

さらに，n次元空間E^nのベクトル$\boldsymbol{f}$がE^nの一つの基底$U=(\boldsymbol{u}_1, \boldsymbol{u}_2, \cdots, \boldsymbol{u}_n)$によって，

$$\boldsymbol{f} = y_1\boldsymbol{u}_1+y_2\boldsymbol{u}_2+\cdots+y_n\boldsymbol{u}_n = U\boldsymbol{y} \tag{1.45}$$

で表わされるものと仮定すれば，$\boldsymbol{h}\to\boldsymbol{f}$の線形変換$\phi$は次のように展開される.

$$\begin{aligned}\boldsymbol{f} &= \phi(\boldsymbol{h}) = x_1\phi(\boldsymbol{v}_1)+x_2\phi(\boldsymbol{v}_2)+\cdots+x_m\phi(\boldsymbol{v}_m)\\ &= (\phi(\boldsymbol{v}_1), \phi(\boldsymbol{v}_2), \cdots, \phi(\boldsymbol{v}_m))\boldsymbol{x}\\ &= (A\boldsymbol{v}_1, A\boldsymbol{v}_2, \cdots, A\boldsymbol{v}_m)\boldsymbol{x} = AV\boldsymbol{x}\end{aligned}$$

ところで，$\phi(\boldsymbol{v}_i)$はE^nに含まれるベクトルであるから，

$$\phi(\boldsymbol{v}_i) = b_{i1}\boldsymbol{u}_1+b_{i2}\boldsymbol{u}_2+\cdots+b_{in}\boldsymbol{u}_n \qquad (i=1, 2, \cdots, n)$$

と表わされるものと仮定すれば，

$$AV\boldsymbol{x} = UB\boldsymbol{x}$$

が任意の$\boldsymbol{x}$について成立するから，次式が導かれる.

$$AV = UB \tag{1.46}$$

なお，上式における等式の左辺のAは変換行列，右辺のBは変換行列Aを表現行列として表わしたもので，V, Uとしてともに正規直交基底を選べば，$A = UBV'$または$B=U'AV$となる.

なお，(1.45) および，(1.46)式より

$$\boldsymbol{f} = AV\boldsymbol{x} = UB\boldsymbol{x} = U\boldsymbol{y} \tag{1.47}$$

となるから，Uは正則行列より，$B\boldsymbol{x}=\boldsymbol{y}$が成立する.

したがって，$\phi(\boldsymbol{x})=A\boldsymbol{x}$という線形変換は，$\boldsymbol{h}(\in E^m)\to\boldsymbol{f}(\in E^n)$という二つの

ベクトル空間上の変換を示すというよりは，$\boldsymbol{f}, \boldsymbol{h}$ をそれぞれの空間の基底行列 U, V の線形1次結合ベクトル $\boldsymbol{f}=U\boldsymbol{y}$, $\boldsymbol{h}=V\boldsymbol{x}$ と表わしたとき，m 次元数ベクトル $\boldsymbol{x}$ から n 次元数ベクトル $\boldsymbol{y}$ への変換を示すものである．

次に，線形変換によって変換された写像によって構成される部分空間の次元を考察しよう．

一般に行列 A を (n, m) 型としたとき，$\boldsymbol{x}$ が m 次元空間 E^m 全体を動くとき $\boldsymbol{y}=A\boldsymbol{x}$ の動く全範囲を $W=S(A)$ とすると，$\boldsymbol{y}\in W$ ならば，$\alpha\boldsymbol{y}=A(\alpha\boldsymbol{x})\in W$，また，$\boldsymbol{y}_1, \boldsymbol{y}_2\in W$ ならば，$\boldsymbol{y}_1+\boldsymbol{y}_2=A(\boldsymbol{x}_1+\boldsymbol{x}_2)\in W$ となって，W は m 個のベクトル $\boldsymbol{a}_1, \boldsymbol{a}_2, \cdots, \boldsymbol{a}_m$ で張られる次元 $\dim W(=\operatorname{rank} A)$ をもつ線形部分空間になる．

また，$\boldsymbol{x}$ の動く範囲が $V(V\subset E^m, V\neq E^m)$ であるとき，すなわち，$\boldsymbol{x}$ が空間 E^m の全範囲を動かない場合，ベクトル $\boldsymbol{y}$ の動く範囲は，上記の空間 W の部分空間になる．したがって，一般に

$$W_V=\{\boldsymbol{y}\,|\,\boldsymbol{y}=A\boldsymbol{x}, \boldsymbol{x}\in V\} \tag{1.48}$$

とおくと，

$$\dim W_V \leqq \operatorname{Min}\{\operatorname{rank} A, \dim V\} \leqq \dim S(A) \tag{1.49}$$

注意　上記の W_V は $W_V=S_V(A)$ と書くこともある．また V の基底行列を B とすると，$W_V=S(AB)$ と表わすこともできる．

次に，線形変換 ϕ において一次変換行列を A としたとき，$A\boldsymbol{x}=\boldsymbol{0}$ となるようなベクトルの集合を考えよう．これを，

$$\operatorname{Ker}(A)=\{\boldsymbol{x}\,|\,A\boldsymbol{x}=\boldsymbol{0}\} \tag{1.50}$$

とおくと，$A(\alpha\boldsymbol{x})=\boldsymbol{0}$ より $\alpha\boldsymbol{x}\in\operatorname{Ker}(A)$ となる．また $\boldsymbol{x}, \boldsymbol{y}\in\operatorname{Ker}(A)$ のとき，$A(\boldsymbol{x}+\boldsymbol{y})=\boldsymbol{0}$ より $\boldsymbol{x}+\boldsymbol{y}\in\operatorname{Ker}(A)$ となる．よって，$\operatorname{Ker}(A)$ は E^m の中の一つの線形部分空間をなす．これは線形1次変換によってゼロベクトルに写像される m 次元ベクトル全体の集合を示すもので，変換行列 A の零空間 annihilation space または核 kernel という．なお，$A\boldsymbol{x}=\boldsymbol{0}$ のとき $BA\boldsymbol{x}=\boldsymbol{0}$ であるから

$$\operatorname{Ker}(A)\subset\operatorname{Ker}(BA)$$

が成立する．

部分空間の次元について，次の三つの定理が成立する．

定理 1.7 $\boldsymbol{x}\in E^n$ として $\mathrm{Ker}(A')=\{\boldsymbol{x}|A'\boldsymbol{x}=\boldsymbol{0}\}$ とおくとき

$$\mathrm{Ker}(A') = S(A)^{\perp} \tag{1.51}$$

証明 $\boldsymbol{y}_1\in\mathrm{Ker}(A')$ とすると，任意の $\boldsymbol{y}_2=A\boldsymbol{x}_2\in S(A)$ に対して

$\boldsymbol{y}_1'\boldsymbol{y}_2=\boldsymbol{y}_1'A\boldsymbol{x}_2=(A'\boldsymbol{y}_1)'\boldsymbol{x}_2=0$ ゆえに $\boldsymbol{y}_1\in S(A)^{\perp}\Longrightarrow \mathrm{Ker}(A')\subset S(A)^{\perp}$

逆に，$\boldsymbol{y}_1\in S(A)^{\perp}$ とすると，任意の $\boldsymbol{n}$ 次元ベクトル $\boldsymbol{x}_2$ に対して $A\boldsymbol{x}_2\in S(A)$ だから，

$$\boldsymbol{y}_1'A\boldsymbol{x}_2=(A'\boldsymbol{y}_1)'\boldsymbol{x}_2=0\Longrightarrow A'\boldsymbol{y}_1=\boldsymbol{0}\Longrightarrow \boldsymbol{y}_1\in\mathrm{Ker}(A')\Longrightarrow$$

$S(A')^{\perp}\subset\mathrm{Ker}(\mathrm{A}')$ 　したがって $\mathrm{Ker}(A')=S(A)^{\perp}$ が証明される．

系 (i) $\mathrm{Ker}(A)=S(A')^{\perp}$ (1.52)

(ii) $\{\mathrm{Ker}(A)\}^{\perp}=S(A')$ (1.53)

定理 1.8 $\mathrm{rank}\,A=\mathrm{rank}\,A'$ (1.54)

証明 (1.52)式を用いて，$\mathrm{rank}\,A'\geq\mathrm{rank}\,A$ を証明する．任意の $\boldsymbol{x}\in E^m$ について，$\boldsymbol{x}=\boldsymbol{x}_1+\boldsymbol{x}_2$(ただし，$\boldsymbol{x}_1\in S(A')$, $\boldsymbol{x}_2\in\mathrm{Ker}(A)$) と分解されるから，$\boldsymbol{y}=A\boldsymbol{x}=A\boldsymbol{x}_1$, したがって $V=S(A')$ とおくと $S(A)=S_V(A)$. したがって $\mathrm{rank}\,A=\dim S(A)=\dim S_V(A)\leqq\dim V=\mathrm{rank}\,A'$. 同様にして，(1.51)式を用いると，$\mathrm{rank}\,A\geqq\mathrm{rank}\,A'$ が示される(S_V については 12 ページの注意を参照のこと)．

(証明終り)

定理 1.9 $\dim(\mathrm{Ker}(A))=m-\mathrm{rank}\,A$ (1.55)

証明 (1.52)式と(1.54)式より明らか． (証明終り)

系 $\mathrm{rank}\,A=\mathrm{rank}\,(A'A)=\mathrm{rank}\,(AA')$ (1.56)

このほか，A, B を $(n,p), (p,q)$ 型行列にしたとき，

$$\mathrm{Max}\,(0,k)\leqq\mathrm{rank}\,(AB)\leqq\mathrm{Min}\,(\mathrm{rank}\,A,\mathrm{rank}\,B) \tag{1.57}$$

(ただし，$k=\mathrm{rank}\,A+\mathrm{rank}\,B-p$)

また U, V を正則行列(14 ページ参照)とすると次式が成立する．

$$\mathrm{rank}\,(UAV)=\mathrm{rank}\,A \tag{1.58}$$

さらに，A, B を同型の行列としたとき次式が成立する．

$$\mathrm{rank}\,(A+B)\leqq\mathrm{rank}\,A+\mathrm{rank}\,B \tag{1.59}$$

A, B, C を (n,p), (p,q), (q,r) 型行列としたとき，次の関係式が成立する．

$$\mathrm{rank}\,(ABC)\geqq\mathrm{rank}\,(AB)+\mathrm{rank}\,(BC)-\mathrm{rank}\,B \tag{1.60}$$

次に線形変換の中で，n 次元ベクトル $\boldsymbol{x}$ を n 次元ベクトル $\boldsymbol{y}$ に対応させるような変換行列 A を考えよう．これは，(n, n) 型行列，すなわち n 次の正方行列となる．

n 次の正方行列 A は $\mathrm{rank}\,A=n$ のとき，正則行列 regular matrix，さらに，$\mathrm{rank}\,A<n$ の正則でない場合，特異行列 singular matrix と呼ばれる．

定理 1.10　次の三つの条件は，いずれも A が正則であるための必要十分条件である．

i）　任意の n 次元ベクトル $\boldsymbol{y}$ に対して，$\boldsymbol{y}=A\boldsymbol{x}$ となる $\boldsymbol{x}$ が存在する．

ii）　A の零空間 $\mathrm{Ker}(A)$ の次元は 0，すなわち，それはゼロベクトルのみからなる．

iii）　$A\boldsymbol{x}_1=A\boldsymbol{x}_2$ ならば $\boldsymbol{x}_1=\boldsymbol{x}_2$ である．

（証明略）

上記の定理から明らかなように，正方行列 A が正則であれば線形変換 ϕ は 1 対 1 変換となり，これを単射であるという．したがって，線形変換 ϕ が単射であるための必要十分条件は，$\phi^{-1}(\mathbf{0})=\{\mathbf{0}\}$，すなわち，零空間がゼロのみであることを意味するものである．

ところで，n 次の正方行列 A を n 個の n 次元ベクトルとみなして，$A=(\boldsymbol{a}_1, \boldsymbol{a}_2, \cdots, \boldsymbol{a}_n)$ とおき，これらの n 個のベクトルの各成分の関数として，

$$\phi(\boldsymbol{a}_1, \boldsymbol{a}_2, \cdots, \boldsymbol{a}_n)=|A|$$

を定義しよう．ϕ は，各 $\boldsymbol{a}_i$ について線形で，しかも $\boldsymbol{a}_i$ と $\boldsymbol{a}_j$ を入れかえた場合に符号が逆転するようなスカラー値をとる関数であるとき，$|A|$ は正方行列 A の行列式 determinant と呼ばれ，$\det(A)$ と書かれることもある．

ϕ は各 $\boldsymbol{a}_i$ について線形で，次式が成立する．

$$\begin{aligned}\phi(\boldsymbol{a}_1, \cdots, \alpha\boldsymbol{a}_i+\beta\boldsymbol{b}_i, \cdots, \boldsymbol{a}_n)&=\alpha\phi(\boldsymbol{a}_1, \cdots, \boldsymbol{a}_i, \cdots, \boldsymbol{a}_n)\\&\quad+\beta\phi(\boldsymbol{a}_1, \cdots, \boldsymbol{b}_i, \cdots, \boldsymbol{a}_n)\end{aligned}$$

もし，$\boldsymbol{a}_1, \cdots, \boldsymbol{a}_n$ のうちに同じベクトルが二つ存在していると，

$$\phi(\boldsymbol{a}_1, \cdots, \boldsymbol{a}_n)=0$$

となる．なお，これを一般化すると，$\boldsymbol{a}_1, \boldsymbol{a}_2, \cdots, \boldsymbol{a}_n$ が 1 次従属，すなわち正方行列 A が正則でない場合には $|A|=0$ となる．

また，二つの正方行列 A, B の積の行列式は次のように，おのおのの行列式

の積に分解される.

$$|AB| = |A||B|$$

ところで，上記の定理1.10により，rank $A=n$ ならば，任意の $\boldsymbol{y}$ に対して $\boldsymbol{y}=A\boldsymbol{x}$ となるような $\boldsymbol{x}$ が一意的に求められる．さらに，$\boldsymbol{y}=A\boldsymbol{x}$ ならば，$\alpha\boldsymbol{y}=A(\alpha\boldsymbol{x})$，また $\boldsymbol{y}_1=A\boldsymbol{x}_1, \boldsymbol{y}_2=A\boldsymbol{x}_2$ ならば $\boldsymbol{y}_1+\boldsymbol{y}_2=A(\boldsymbol{x}_1+\boldsymbol{x}_2)$ となるので，n 次元ベクトル $\boldsymbol{y}$ に対して $\boldsymbol{x}$ を対応させる変換を $\boldsymbol{x}=\psi(\boldsymbol{y})$ と表わせば，これは一つの線形変換を与える．この変換を線形変換 $\boldsymbol{y}=A\boldsymbol{x}$ の逆変換 inverse transformation，その変換に対応する行列を A の逆行列 inverse matrix といい，A^{-1} で表わす．一般に $\boldsymbol{y}=\phi(\boldsymbol{x})$ を一つの線形変換，$\boldsymbol{x}=\psi(\boldsymbol{y})$ をその逆変換とすれば，$\psi\{\phi(\boldsymbol{x})\}=\psi(\boldsymbol{y})=\boldsymbol{x}, \phi\{\psi(\boldsymbol{y})\}=\phi(\boldsymbol{x})=\boldsymbol{y}$ となるから，結合変換 $\psi(\phi)$ および $\phi(\psi)$ は，ともに恒等変換になる．したがって，$AA^{-1}=A^{-1}A=I_n$ が成り立つ．行列の計算の上からは，行列 A との積が単位行列となる行列を逆行列と定義してもよい.

また，転置行列との積が単位行列となるような行列，すなわち，$T'T=TT'=I_n$ を満たす正方行列 T を直交行列 orthogonal matrix と呼ぶ.

ところで，A が正則行列の場合，次式が成立する.

$$|A^{-1}| = |A|^{-1}$$

また，A, B が同一の次数をもつ正則行列の場合

$$(AB)^{-1} = B^{-1}A^{-1}$$

が成立する．さらに，A, B, C, D をおのおの $(n, n), (n, m), (m, n), (m, m)$ 型行列とするとき，A と D が正則行列であれば次式に分解される.

$$\begin{vmatrix} A & B \\ C & D \end{vmatrix} = |A||D-CA^{-1}B| = |D||A-BD^{-1}C| \tag{1.61}$$

さらに，対称行列 $\begin{bmatrix} A & B \\ B' & C \end{bmatrix}$ の逆行列は，(1.61)式がゼロでなく，しかも A と C が正則行列の場合，

$$\begin{bmatrix} A & B \\ B' & C \end{bmatrix}^{-1} = \begin{bmatrix} A^{-1}+FE^{-1}F' & -FE^{-1} \\ -E^{-1}F' & E^{-1} \end{bmatrix} \tag{1.62 a}$$

(ただし，$E=C-B'A^{-1}B, F=A^{-1}B$)

または，

$$\begin{bmatrix} A & B \\ B' & C \end{bmatrix}^{-1} = \begin{bmatrix} H^{-1} & -H^{-1}G' \\ -GH^{-1} & C^{-1}+GH^{-1}G' \end{bmatrix} \tag{1.62 b}$$

$$(\text{ただし，} H=A-BC^{-1}B', G=C^{-1}B')$$

となる．

次に，行列Aが正方行列でない場合，さらには行列Aが正方行列であるが正則でない場合について，線形変換$\boldsymbol{y}=A\boldsymbol{x}$の逆変換$\boldsymbol{x}=\phi(\boldsymbol{y})$が一般逆行列として表わされるもので，これについては第3章で詳述する．

§1.4 固有値と固有ベクトル

定義1.3 n次の正方行列Aに対して，次のような関係

$$A\boldsymbol{x}=\lambda\boldsymbol{x} \tag{1.63}$$

を満たす定数λとn次元ベクトル$\boldsymbol{x}(\neq\boldsymbol{0})$をそれぞれ行列$A$の固有値 eigen value (または characteristic value) および固有ベクトル eigen vector (または characteristic vector) と呼ぶ．

上式はまた行列方程式と呼ばれるもので，線形変換Aによって方向が変わらないようなn次元ベクトルを定めるものである．

(1.63)式を満たすベクトル$\boldsymbol{x}$は，$(A-\lambda I_n)\boldsymbol{x}=\boldsymbol{0}$より，行列$\tilde{A}=(A-\lambda I_n)$の零空間になるもので，定理1.10より，この空間の次元が1以上であるためには$\tilde{A}$は特異行列で，その行列式が0にならなければならない．これより，

$$|A-\lambda I_n|=0$$

となる．ところで，この左辺の行列式を

$$\varphi_A(\lambda)=\begin{vmatrix} a_{11}-\lambda & a_{12}\cdots\cdots a_{1n} \\ a_{21} & a_{22}-\lambda\cdots a_{2n} \\ \vdots & \ddots \quad \vdots \\ a_{n1}\cdots\cdots\cdots & a_{nn}-\lambda \end{vmatrix} \tag{1.64}$$

とおくと，上式は明らかにλのn次の多項式で，λの最高次の係数は$(-1)^n$となるから，

$$\varphi_A(\lambda)=(-1)^n\lambda^n+\alpha_1(-1)^{n-1}\lambda^{n-1}+\cdots+\alpha_n \tag{1.65}$$

とおくことができる．これをAの固有多項式 eigen polynomial といい，固有多項式を0とおいた式$\varphi_A(\lambda)=0$を固有方程式 eigen equation という．Aの固有値はその固有方程式の根になっている．したがって，固有方程式を解けば固有値が得られる．

ここで，Aの固有多項式の係数について次の性質が成り立つ．まず(1.65)式

において$\lambda=0$とおくと，

$$\phi_A(0) = \alpha_n = |A|$$

また，$|A-\lambda I_n|$を展開した式で，対角線要素の積$(a_{11}-\lambda)\cdots(a_{nn}-\lambda)$以外の項はすべて$\lambda$の$(n-2)$次以下の式になるから，$\phi_A(\lambda)$の$\lambda^{n-1}$の係数は，このような積の$\lambda^{n-1}$の係数に等しい．すなわち，次式が成立する．

$$\alpha_1 = \mathrm{tr}\,(A) = a_{11}+a_{22}+\cdots+a_{nn} \tag{1.66}$$

ここで，必ずしも対称でないn次の正方行列Aがn個の相異なる固有値$\lambda_i(i=1, \cdots, n)$を持つ場合，

$$A\boldsymbol{u}_i = \lambda_i\boldsymbol{u}_i \quad (i=1, \cdots, n) \tag{1.67a}$$

を満たす$\boldsymbol{u}_i$を右固有ベクトル，

$$A'\boldsymbol{v}_i = \lambda_i\boldsymbol{v}_i \qquad (i=1, \cdots, n) \tag{1.67b}$$

を満たす$\boldsymbol{v}_i$を左固有ベクトルという．このとき，

$$(\boldsymbol{u}_i, \boldsymbol{v}_j) = 0 \qquad (i \neq j), \tag{1.68a}$$

$$(\boldsymbol{u}_i, \boldsymbol{v}_i) \neq 0 \qquad (i=1, \cdots, n) \tag{1.68b}$$

が成立する．ここで，$\boldsymbol{u}_i'\boldsymbol{v}_i=1$となるように$\boldsymbol{u}_i, \boldsymbol{v}_i$を定めるとき，

$$U = [\boldsymbol{u}_1, \boldsymbol{u}_2, \cdots, \boldsymbol{u}_n], \quad V = [\boldsymbol{v}_1, \boldsymbol{v}_2, \cdots, \boldsymbol{v}_n]$$

とおけば，(1.68)式の関係式により

$$V'U = I_n \tag{1.69}$$

となる．さらに，$\boldsymbol{v}_j'A\boldsymbol{u}_i=0\,(j \neq i), \boldsymbol{v}_j'A\boldsymbol{u}_j=\lambda_j\boldsymbol{v}_j'\boldsymbol{u}_j=\lambda_j$より，

$$V'AU = \begin{bmatrix} \lambda_1 & & & 0 \\ & \lambda_2 & & \\ & & \ddots & \\ 0 & & & \lambda_n \end{bmatrix} = \varDelta \tag{1.70}$$

となるから，上式の左からU，右からV'をかけ，$V'U=I_n \Longrightarrow UV'=I_n$に注意すると，次の定理が導かれる．

定理 1.11　Aの固有値$\lambda_1, \lambda_2, \cdots, \lambda_n$がすべて異なり，それらに対する右固有ベクトルを$U=[\boldsymbol{u}_1, \boldsymbol{u}_2, \cdots, \boldsymbol{u}_n]$，左固有ベクトルを$V=[\boldsymbol{v}_1, \boldsymbol{v}_2, \cdots, \boldsymbol{v}_n]$とすると，次の分解が成立する．

$$\begin{aligned} A &= U\varDelta V' \ (\text{または}\ A=U\varDelta U^{-1}) \\ &= \lambda_1\boldsymbol{u}_1\boldsymbol{v}_1'+\lambda_2\boldsymbol{u}_2\boldsymbol{v}_2'+\cdots+\lambda_n\boldsymbol{u}_n\boldsymbol{v}_n' \end{aligned} \tag{1.71}$$

$$I_n = UV' = \boldsymbol{u}_1\boldsymbol{v}_1'+\boldsymbol{u}_2\boldsymbol{v}_2'+\cdots+\boldsymbol{u}_n\boldsymbol{v}_n' \tag{1.72}$$

(証明略)

ところで，$A=A'$，すなわち対称行列の場合，右固有ベクトル $\boldsymbol{u}_j$ と左固有ベクトル $\boldsymbol{v}_j$ が同一になり，$(\boldsymbol{u}_i, \boldsymbol{v}_j)=0\ (i \neq j)$ が成立するから次の系が導かれる．

系　$A=A'$ のとき，次の分解が成立する．

$$A = U\Delta U'$$

$$= \lambda_1\boldsymbol{u}_1\boldsymbol{u}_1'+\lambda_2\boldsymbol{u}_2\boldsymbol{u}_2'+\cdots+\lambda_n\boldsymbol{u}_n\boldsymbol{u}_n' \quad (1.73\,\text{a})$$

$$I_n = UU' = \boldsymbol{u}_1\boldsymbol{u}_1'+\boldsymbol{u}_2\boldsymbol{u}_2'+\cdots+\boldsymbol{u}_n\boldsymbol{u}_n' \quad (1.73\,\text{b})$$

ところで，(1.73a)式または(1.73b)式を行列 A のスペクトル分解 spectral resolution という．

対称行列 A の固有値がすべて正のとき，A は正則行列となり正定値行列 positive definite matrix と呼ばれ，またすべての固有値が非負のとき非負定値行列 non-negative definite matrix という．次に非負定値行列の性質に関する定理を示そう．

定理 1.12　正方行列Aが非負定値行列になるための必要十分条件は，

$$A = B'B \quad (1.74)$$

と表わせる行列Bが存在することである．　(証明略)

第1章　練 習 問 題

問題1　(a)　行列 A および C を n 次，m 次の正則行列とし，B を $n\times m$ 型行列とするとき，次式が成り立つことを示せ．

$$(A+BCB')^{-1} = A^{-1}-A^{-1}B\,(B'A^{-1}B+C^{-1})^{-1}B'A^{-1} \quad (1.75)$$

(b)　上記の結果を用いて次式を示せ．

$$(A+\boldsymbol{c}\boldsymbol{c}')^{-1} = A^{-1}-A^{-1}\boldsymbol{c}\boldsymbol{c}'A^{-1}/(1+\boldsymbol{c}'A^{-1}\boldsymbol{c})$$

問題2　$A = \begin{bmatrix} 1 & 2 \\ 2 & 1 \\ 3 & 3 \end{bmatrix}$，$B = \begin{bmatrix} 3 & -2 \\ 1 & 3 \\ 2 & 5 \end{bmatrix}$のとき，$S(A)\cap S(B)$，を求めよ．

問題3　M が正定値行列のとき，次式を示せ．

$$\{\text{tr}(A'B)\}^2 \leqq \text{tr}(A'MA)\,\text{tr}(B'M^{-1}B)$$

問題4　$E^n=V\oplus W$ のとき，次の命題の是非について調べよ．

(a)　$E^n=V^{\perp}\oplus W^{\perp}$ が成立する．

(b)　$\boldsymbol{x} \notin V$ のとき $\boldsymbol{x} \in W$ である.

(c)　$\boldsymbol{x} \in V$ のとき $\boldsymbol{x}=\boldsymbol{x}_1+\boldsymbol{x}_2$ と分割すると，$\boldsymbol{x}_1 \in V, \boldsymbol{x}_2 \in V$ である.

(d)　$V=S(A)$ のとき $V \cap \mathrm{Ker}(A)=\{\mathbf{0}\}$ である.（ただし A は n 次の正方行列.）

問題 5　$E^n=V_1 \oplus W_1=V_2 \oplus W_2$ のとき

$$\begin{aligned}&\dim(V_1+V_2)+\dim(W_1 \cap W_2)\\&\quad+\dim(W_1+W_2)+\dim(V_1 \cap V_2)=2n\end{aligned} \tag{1.76}$$

となることを示せ.

問題 6　(a)　A が(n, m)型，B が(m, p)型行列のとき，次のことを示せ.

$$\mathrm{Ker}(AB)=\mathrm{Ker}(B) \Longleftrightarrow S(B) \cap \mathrm{Ker}(A)=\{\mathbf{0}\}$$

(b)　A が n 次の正方行列のとき，次のことを示せ.

$$\mathrm{Ker}(A) \cap S(A)=\{\mathbf{0}\} \Longleftrightarrow \mathrm{Ker}(A)=\mathrm{Ker}(A^2)$$

問題 7　(a)　$\mathrm{rank}\begin{bmatrix} A & AB \\ CA & O \end{bmatrix}=\mathrm{rank}\, A+\mathrm{rank}(CAB)$ を示せ.

(b)　$\mathrm{rank}(A-ABA)=\mathrm{rank}\, A+\mathrm{rank}(I_n-BA)-n$

$\qquad\qquad=\mathrm{rank}\, A+\mathrm{rank}(I_m-AB)-m$ を示せ.

(ただし，A, B, C は (m, n), (n, m), (r, m) 型行列)

問題 8　A を(n, m)型行列，B を(m, r)型行列とするとき，次の問いに答えよ.

(a)　$W_1=\{\boldsymbol{x} \mid A\boldsymbol{x}=\mathbf{0}$, ただし，$\boldsymbol{x} \in S(B)\}$

$W_2=\{A\boldsymbol{x} \mid \boldsymbol{x} \in S(B)\}$

のとき，$\dim W_1+\dim W_2=\mathrm{rank}(B)$ となることを示せ.

(b)　(a)を用いて $\mathrm{rank}(AB)=\mathrm{rank}\, A-\dim(S(A') \cap S(B)^{\perp})$ を示せ.

問題 9　(a)　正方行列 A の全ての固有値の絶対値が 1 より小さいとき，次式を示せ.

$$(I-A)^{-1}=I+A+A^2+\cdots$$

(b)　$B=\begin{bmatrix} 1 & 1 & 1 & 1 & 1 \\ 0 & 1 & 1 & 1 & 1 \\ 0 & 0 & 1 & 1 & 1 \\ 0 & 0 & 0 & 1 & 1 \\ 0 & 0 & 0 & 0 & 1 \end{bmatrix}$のとき，$B^{-1}$ を求めよ.

（ヒント：

$A=\begin{bmatrix} 0 & 1 & 0 & 0 & 0 \\ 0 & 0 & 1 & 0 & 0 \\ 0 & 0 & 0 & 1 & 0 \\ 0 & 0 & 0 & 0 & 1 \\ 0 & 0 & 0 & 0 & 0 \end{bmatrix}$として上記の公式を用いよ.）

問題 10　A を(m, n)型行列とするとき，$\mathrm{rank}\, A=r$ であれば，適当な(m, r)型行列

M, (r, n)型行列 N によって $A=MN$ が成立することを示せ．（これを行列 A の階数分解という.）

問題 11　E^p, E^n において，それぞれ二組の基底行列 U, $\tilde{U}$, V, $\tilde{V}$ があるとき，それぞれの基底の間に $\tilde{U}=UT_1$, $\tilde{V}=VT_2$ という関係が成立する．このとき行列 A が，U, V に関する表現行列であれば，$\tilde{U}$, $\tilde{V}$ に関する表現行列は，

$$\tilde{A} = T_1{}^{-1}AT_2{}'$$

となることを示せ．

第2章　射 影 行 列

§2.1　射影行列とその定義

定義 2.1　$E^n=V\oplus W$ のとき，E^n に含まれる任意のベクトル $\boldsymbol{x}$ は

$$\boldsymbol{x} = \boldsymbol{x}_1+\boldsymbol{x}_2\ (\text{ただし，}\boldsymbol{x}_1\in V, \boldsymbol{x}_2\in W)$$

と一意に分解される．このとき，$\boldsymbol{x}$ を $\boldsymbol{x}_1$ に移す変換を W に沿ったVへの射影子(projector)と呼び，$P_{V\cdot W}$ で表わす．明らかに

$$P_{V\cdot W}(a_1\boldsymbol{x}_1+a_2\boldsymbol{x}_2) = a_1P_{V\cdot W}\boldsymbol{x}_1+a_2P_{V\cdot W}\boldsymbol{x}_2(\boldsymbol{x}_1, \boldsymbol{x}_2\in \boldsymbol{E}^n) \qquad (2.1)$$

したがって，この変換 $P_{V\cdot W}$ は線形であるから，それに対応する射影子は行列で表現され，それを射影行列(projection matrix)という．さらに，射影行列 $P_{V\cdot W}$ によって変換されたベクトル $\boldsymbol{x}_1=P_{V\cdot W}\boldsymbol{x}$ を射影(projection)という．

定理 2.1　n 次の正方行列P が $W=\mathrm{Ker}\,(P)$ に沿った $V=S(P)$ への射影行列となるための必要十分条件は次式で与えられる．

$$P^2 = P \qquad (2.2)$$

定理 2.1 を証明するためには次の補助定理が必要である．

補助定理 2.1　P が n 次の正方行列で，(2.2)式が成立するとき

(i)　$E^n = S(P) \oplus \mathrm{Ker}\,(P)$ 　(2.3)

(ii)　$\mathrm{Ker}\,(P) = S(I_n-P)$ 　(2.4)

が成立する．

補助定理の証明　(i)　$\boldsymbol{x}\in S(P)$, $\boldsymbol{y}\in \mathrm{Ker}\,(P)$ とすると，$\boldsymbol{x}=P\boldsymbol{a}$より $P\boldsymbol{x}=P^2\boldsymbol{a}=P\boldsymbol{a}=\boldsymbol{x}$ および $P\boldsymbol{y}=\boldsymbol{0}$．したがって，$\boldsymbol{x}+\boldsymbol{y}=\boldsymbol{0}\Rightarrow P\boldsymbol{x}+P\boldsymbol{y}=\boldsymbol{0}$, $P\boldsymbol{y}=\boldsymbol{0}$ より $P\boldsymbol{x}=\boldsymbol{x}=\boldsymbol{0}\Rightarrow \boldsymbol{y}=\boldsymbol{0}$．したがって，$S(P)\cap \mathrm{Ker}\,(P)=\{\boldsymbol{0}\}$．一方，$\dim\,(S(P))+\dim\,(\mathrm{Ker}\,(P))=\mathrm{rank}\,(P)+(n-\mathrm{rank}\,P)=n$ より，$E^n=S(P)\oplus\mathrm{Ker}\,(P)$.

(ii) $P\boldsymbol{x}=\boldsymbol{0}\Rightarrow\boldsymbol{x}=(I_n-P)\boldsymbol{x}\Rightarrow \mathrm{Ker}\,(P)\subset S(I_n-P)$. 一方，$P(I_n-P)=O\Rightarrow S(I_n-P)\subset\mathrm{Ker}\,(P)$. よって $\mathrm{Ker}\,(P)=S(I_n-P)$ となる. (証明終り)

注意 (2.4)式が成り立てば，$P(I_n-P)=O\Rightarrow P^2=P$. したがって，(2.2)式は(2.4)式が成立するための必要十分条件になっている.

定理 2.1 の証明 (必要性) ${}^\forall\boldsymbol{x}\in E^n$ について，$\boldsymbol{y}=P\boldsymbol{x}\in V$ となるから，$\boldsymbol{y}=\boldsymbol{y}+\boldsymbol{0}$ に注意すると，

$$P(P\boldsymbol{x})=P\boldsymbol{y}=\boldsymbol{y}=P\boldsymbol{x}\Longrightarrow P^2\boldsymbol{x}=P\boldsymbol{x}\Longrightarrow P^2=P$$

(十分性) $V=\{\boldsymbol{y}|\boldsymbol{y}=P\boldsymbol{x},\boldsymbol{x}\in E^n\}$ および $W=\{\boldsymbol{y}|\boldsymbol{y}=(I_n-P)\boldsymbol{x},\boldsymbol{x}\in E^n\}$ とおくと，補助定理 2.1 より，V と W は素となる. これに注意すると，任意の $\boldsymbol{x}\in E^n$ は $\boldsymbol{x}=P\boldsymbol{x}+(I-P)\boldsymbol{x}=\boldsymbol{x}_1+\boldsymbol{x}_2$ (ただし，$\boldsymbol{x}_1\in V,\boldsymbol{x}_2\in W$) と一意に分解される. したがって定義 2.1 により P は $W=\mathrm{Ker}\,(P)$ に沿った V への射影行列となる. (証明終り)

ところで，上記の定義から，$E^n=V\oplus W$ が成立する場合，V に沿った W への射影行列，すなわち $\boldsymbol{x}=\boldsymbol{x}_1+\boldsymbol{x}_2$ で $\boldsymbol{x}_1\in V$, $\boldsymbol{x}_2\in W$ の場合，$\boldsymbol{x}$ を $\boldsymbol{x}_2$ に移す射影行列を $P_{W\cdot V}$ とすると，

$$\boldsymbol{x}=P_{V\cdot W}\boldsymbol{x}+P_{W\cdot V}\boldsymbol{x}=(P_{V\cdot W}+P_{W\cdot V})\boldsymbol{x} \tag{2.5}$$

が任意の $\boldsymbol{x}$ について成立するから，

$$I_n=P_{V\cdot W}+P_{W\cdot V}$$

したがって，正方行列 P が W に沿った V への射影行列であれば，$Q=(I_n-P)$ とおくと，$Q^2=(I_n-P)^2=I_n-2P+P^2=I_n-P=Q$ より，Q は V に沿った W への射影行列となることがわかる. また，このとき

$$PQ=P(I_n-P)=P-P^2=O \tag{2.6}$$

が成立するので，$S(Q)$ は P の零空間となる. 同様にして $QP=O$ より，$S(P)$ は Q の零空間となる.

定理 2.2 $E^n=V\oplus W$ のとき，n 次の正方行列 P が W に沿った V への射影行列となるための必要十分条件は

$$\text{(i)}\quad P\boldsymbol{x}=\boldsymbol{x},{}^\forall\boldsymbol{x}\in V \qquad \text{(ii)}\quad P\boldsymbol{x}=\boldsymbol{0},{}^\forall\boldsymbol{x}\in W \tag{2.7}$$

である.

証明　(十分性)　$P_{V\cdot W}$ を W に沿った V, および $P_{W\cdot V}$ を V に沿った W への射影行列とする．ここで(2.5)式の左から P をかけると, (i), (ii) および $P_{V\cdot W}\boldsymbol{x}\in V, P_{W\cdot V}\boldsymbol{x}\in W$ より，$P(P_{V\cdot W}\boldsymbol{x})=P_{V\cdot W}\boldsymbol{x}$ および $P(P_{W\cdot V}\boldsymbol{x})=\boldsymbol{0}$ が成立する．したがって，$P\boldsymbol{x}=P_{V\cdot W}\boldsymbol{x}$ が任意の $\boldsymbol{x}$ について成立するから $P=P_{V\cdot W}$ となる．

(必要性)　任意の $\boldsymbol{x}\in V$ について，$\boldsymbol{x}=\boldsymbol{x}+\boldsymbol{0}$ とおくと，$P\boldsymbol{x}=\boldsymbol{x}$, 同様にして，任意の $\boldsymbol{y}\in W$ について，$\boldsymbol{y}=\boldsymbol{0}+\boldsymbol{y}$ とおくと，$P\boldsymbol{y}=\boldsymbol{0}$ となる．　(証明終り)

〔例 2.1〕　図 2.1 において，$\overrightarrow{OA}$ はベクトル $\boldsymbol{z}$ を $\{\boldsymbol{y}\}$ に沿って $\{\boldsymbol{x}\}$ へ射影したもので，$\overrightarrow{OA}=P_{\{\boldsymbol{x}\}\cdot\{\boldsymbol{y}\}}\boldsymbol{z}$ となる．なお，$P_{\{\boldsymbol{x}\}\cdot\{\boldsymbol{y}\}}$ は $\{\boldsymbol{y}\}$ に沿った $\{\boldsymbol{x}\}$ への射影行列である．また明らかに，$\overrightarrow{OB}=(I_2-P_{\{\boldsymbol{x}\}\cdot\{\boldsymbol{y}\}})\boldsymbol{z}$.

〔例 2.2〕　$\overrightarrow{OA}$ はベクトル $\boldsymbol{z}$ を一次元の部分空間 $\{\boldsymbol{y}\}$ に沿って部分空間 $V=\{\boldsymbol{x}|\boldsymbol{x}=\alpha_1\boldsymbol{x}_1+\alpha_2\boldsymbol{x}_2\}$ に射影したもので $\overrightarrow{OA}=P_{V\cdot\{\boldsymbol{y}\}}\boldsymbol{z}$ (ただし，$P_{V\cdot\{\boldsymbol{y}\}}$ は $\{\boldsymbol{y}\}$ に沿った V への射影行列)

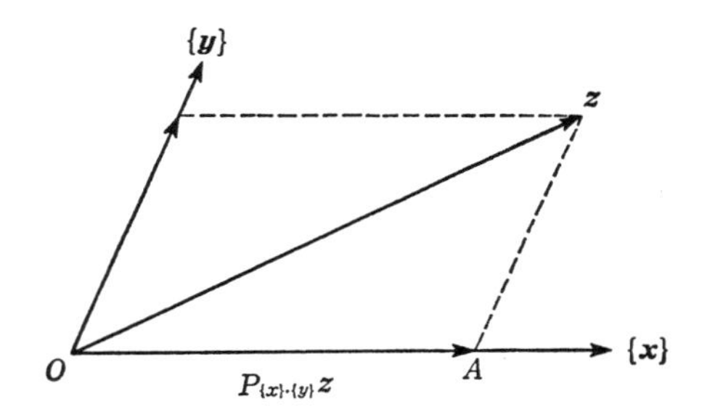

図 2.1　$\{\boldsymbol{y}\}$ に沿った 1 次元空間 $\{\boldsymbol{x}\}$ への射影

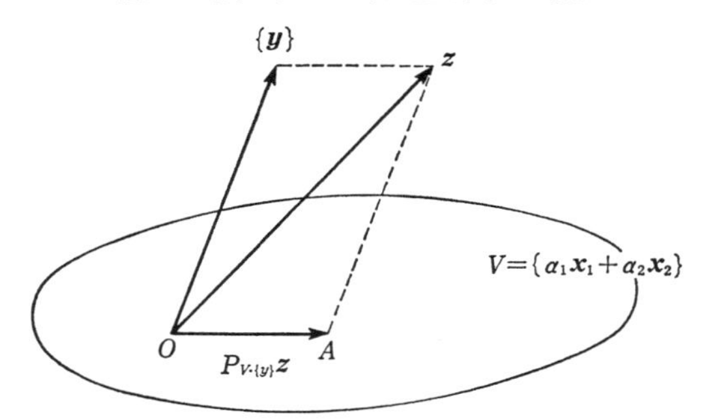

図 2.2　$\{\boldsymbol{y}\}$ に沿った 2 次元空間 V への射影

定理 2.3　n 次の正方行列 P が $\dim V=r$ となる任意の部分空間 V への射影行列となるための必要十分条件は，次式で与えられる．

$$P = T\Delta_r T^{-1} \tag{2.8}$$

ただし，T は n 次の正則行列および $\Delta_r = \begin{bmatrix} 1 & & & & & & \\ & 1 & & & & & \\ & & 1 & & & & \\ & & & \ddots & & & \\ & & & & 1 & & \\ & & & & & 0 & \\ & & & & & & \ddots \\ & & & & & & & 0 \end{bmatrix}$（$r$ 個の 1） $(1 \leqq r \leqq n)$

証明　（必要性）　$E^n=V\oplus W$ となる部分空間 V と W の基底となる 1 次独立なベクトルを $A=(\boldsymbol{a}_1, \boldsymbol{a}_2, \cdots, \boldsymbol{a}_r), B=(\boldsymbol{b}_1, \boldsymbol{b}_2, \cdots, \boldsymbol{b}_{n-r})$ として，$T=(A, B)$ とおくと，$\mathrm{rank}\,A+\mathrm{rank}\,B=\mathrm{rank}\,T$ より T は正則行列となる．したがって ${}^\forall\boldsymbol{x}\in V$ および，${}^\forall\boldsymbol{y}\in W$ は

$$\boldsymbol{x} = A\boldsymbol{\alpha} = (A, B)\begin{pmatrix}\boldsymbol{\alpha}\\ \boldsymbol{0}\end{pmatrix} = T\begin{pmatrix}\boldsymbol{\alpha}\\ \boldsymbol{0}\end{pmatrix}$$

$$\boldsymbol{y} = B\boldsymbol{\beta} = (A, B)\begin{pmatrix}\boldsymbol{0}\\ \boldsymbol{\beta}\end{pmatrix} = T\begin{pmatrix}\boldsymbol{0}\\ \boldsymbol{\beta}\end{pmatrix}$$

と表わすことができるから，

$$P\boldsymbol{x} = \boldsymbol{x} \Longrightarrow PT\begin{pmatrix}\boldsymbol{\alpha}\\ \boldsymbol{0}\end{pmatrix} = T\begin{pmatrix}\boldsymbol{\alpha}\\ \boldsymbol{0}\end{pmatrix} = T\Delta_r\begin{pmatrix}\boldsymbol{\alpha}\\ \boldsymbol{0}\end{pmatrix}$$

$$P\boldsymbol{y} = \boldsymbol{0} \Longrightarrow PT\begin{pmatrix}\boldsymbol{0}\\ \boldsymbol{\beta}\end{pmatrix} = \begin{pmatrix}\boldsymbol{0}\\ \boldsymbol{0}\end{pmatrix} = T\Delta_r\begin{pmatrix}\boldsymbol{0}\\ \boldsymbol{\beta}\end{pmatrix}$$

したがって，上の二つの式を加えあわせると

$$PT\begin{pmatrix}\boldsymbol{\alpha}\\ \boldsymbol{\beta}\end{pmatrix} = T\Delta_r\begin{pmatrix}\boldsymbol{\alpha}\\ \boldsymbol{\beta}\end{pmatrix}$$

$\begin{pmatrix}\boldsymbol{\alpha}\\ \boldsymbol{\beta}\end{pmatrix}$ は n 次元空間 E^n の任意のベクトルであるから

$$PT = T\Delta_r \Longrightarrow P = T\Delta_r T^{-1}$$

なお，$V=S(A), W=S(B)$ を $V\oplus W=E^n$ となるように任意に選ぶことにより，T は任意の正則行列でよい．

（十分性）　$P^2=P, \mathrm{rank}\,(P)=r$，したがって，定理 2.1 より P は射影行列となる．（定理 2.2 を用いても同様に証明することができる）．　　　（証明終り）

補助定理 2.2　P を射影行列とするとき

$$\operatorname{rank}(P) = \operatorname{tr}(P) \tag{2.9}$$

証明　$\operatorname{rank}(P) = \operatorname{rank}(T\Delta_r T^{-1}) = \operatorname{rank}(\Delta_r) = \operatorname{tr}(\Delta_r) = \operatorname{tr}(T\Delta_r T^{-1}) = \operatorname{tr}(P)$

（証明終り）

したがって，次の定理が成立する．

定理 2.4　P が n 次の正方行列のとき次の三つの命題は互いに同値である．

$$\left.\begin{array}{ll} \text{(i)} & P^2 = P \\ \text{(ii)} & \operatorname{rank}(P) + \operatorname{rank}(I_n - P) = n \\ \text{(iii)} & E^n = S(P) \oplus S(I_n - P) \end{array}\right\} \tag{2.10}$$

証明　(i)→(ii)：$\operatorname{rank}(P) = \operatorname{tr}(P)$ より明らか．

(ii)→(iii)：$V = S(P)$, $W = S(I_n - P)$ とおくと，$\dim(V+W) = \dim V + \dim W - \dim(V \cap W)$．任意の n 次元ベクトル $\boldsymbol{x}$ について，$\boldsymbol{x} = P\boldsymbol{x} + (I_n - P)\boldsymbol{x}$ より $E^n = V + W$．したがって，$\operatorname{rank} P + \operatorname{rank}(I_n - P) = n$ より $\dim(V \cap W) = 0 \Rightarrow V \cap W = \{\boldsymbol{0}\}$．

したがって(iii)が示された．

(iii)→(i)　$I_n = P + (I_n - P)$ に右から P をかけると $P = P^2 + (I_n - P)P \Rightarrow P(I_n - P) - (I_n - P)P = O$，ところで，$P(I_n - P)$ は $S(P)$, $(I_n - P)P$ は $S(I_n - P)$ に含まれることから，$P(I_n - P) = O$ および $(I_n - P)P = O \Rightarrow P = P^2$　（証明終り）

系　$P^2 = P \Longleftrightarrow \operatorname{Ker}(P) = S(I_n - P)$　(2.11)

証明　(⇒)補助定理 2.1 より明らか．

(⇐) $\operatorname{Ker}(P) = S(I_n - P)$ (⇔) $P(I_n - P) = O \Rightarrow P^2 = P$　（証明終り）

§2.2　直交射影行列の定義

一般に，E^n に一つの部分空間 V を特定化した場合にも，その補空間 $V^c = W$ を定める方法は無数にある．その具体的な方法は第4章に詳述するが，そのうち本節では V と W が直交する場合，すなわち $W = V^\perp$ の場合についてのみ考察しよう．

$\boldsymbol{x}, \boldsymbol{y} \in E^n$ を，$\boldsymbol{x} = \boldsymbol{x}_1 + \boldsymbol{x}_2$, $\boldsymbol{y} = \boldsymbol{y}_1 + \boldsymbol{y}_2$（ただし，$\boldsymbol{x}_1, \boldsymbol{y}_1 \in V$, $\boldsymbol{x}_2, \boldsymbol{y}_2 \in V^\perp$）と分解しよう．ここで，$P$ を $V^\perp$ に沿った V への射影行列とするとき，$\boldsymbol{x}_1 = P\boldsymbol{x}$, $\boldsymbol{y}_1 = P\boldsymbol{y}$．したがって，$(\boldsymbol{x}_2, P\boldsymbol{y}) = (\boldsymbol{y}_2, P\boldsymbol{x}) = 0$ より，

$$(\boldsymbol{x}, P\boldsymbol{y}) = (P\boldsymbol{x} + \boldsymbol{x}_2, P\boldsymbol{y}) = (P\boldsymbol{x}, P\boldsymbol{y})$$

$$= (P\boldsymbol{x}, P\boldsymbol{y}+\boldsymbol{y}_2) = (P\boldsymbol{x}, \boldsymbol{y}) = (\boldsymbol{x}, P'\boldsymbol{y})$$

が任意のベクトル $\boldsymbol{x}$ と $\boldsymbol{y}$ について成立するから，次の関係が成立する．

$$P' = P \tag{2.12}$$

定理 2.5　n 次の正方行列 P が直交射影行列となるための必要十分条件は次式で与えられる．

$$\text{(i)}\quad P^2 = P \qquad \text{(ii)}\quad P' = P$$

証明　(必要性)　$P^2=P$ は射影行列の定義より明らか．$P'=P$ は，上記に示した通り．(十分性)　$\boldsymbol{x}=P\boldsymbol{a}\in S(P)$ のとき，$P\boldsymbol{x}=P^2\boldsymbol{a}=P\boldsymbol{a}=\boldsymbol{x}$．一方，$\boldsymbol{y}\in S(P)^{\perp}$ のとき $(P\boldsymbol{x}, \boldsymbol{y})=\boldsymbol{x}'P'\boldsymbol{y}=\boldsymbol{x}'P\boldsymbol{y}=0$ が任意の $\boldsymbol{x}$ について成立するから，$P\boldsymbol{y}=\boldsymbol{0}$．したがって，定理 2.2 より，$P$ は $S(P)^{\perp}$ に沿った $S(P)$ への射影行列，すなわち $S(P)$ への直交射影行列となる．

定義 2.2　$P^2=P$ と $P'=P$ がともに成立する射影行列 P を直交射影行列 (orthogonal projector) という．さらに，P によって変換されたベクトル $P\boldsymbol{x}$ は正射影 (orthogonal projection) と呼ばれる．なお，直交射影行列 P は，正確にいえば $S(P)^{\perp}$ に沿った $S(P)$ への射影行列となるが，ふつう P は単に $S(P)$ への直交射影行列と呼ばれる．

注意　$P'=P$ を満たさない射影行列を，直交射影行列と区別して，斜交射影行列と呼ぶことがある．

定理 2.6　$\boldsymbol{a}_1, \boldsymbol{a}_2, \cdots, \boldsymbol{a}_m$ を 1 次独立なベクトルとしたとき，(n, m) 型行列 $A=(\boldsymbol{a}_1, \boldsymbol{a}_2, \cdots, \boldsymbol{a}_m)$ で張られる空間 $V=S(A)$ への直交射影行列は次式となる．

$$P = A(A'A)^{-1}A' \tag{2.13}$$

証明　$\boldsymbol{x}_1\in S(A)$ のとき $\boldsymbol{x}_1=A\boldsymbol{\alpha}$ であるから $P\boldsymbol{x}_1=\boldsymbol{x}_1=A\boldsymbol{\alpha}=A(A'A)^{-1}A'\boldsymbol{x}_1$．一方，$\boldsymbol{x}_2\in S(A)^{\perp}$ のとき $A'\boldsymbol{x}_2=\boldsymbol{0} \Longrightarrow A(A'A)^{-1}A'\boldsymbol{x}_2=\boldsymbol{0}$．したがって $\boldsymbol{x}=\boldsymbol{x}_1+\boldsymbol{x}_2$ とおくと $P\boldsymbol{x}_2=\boldsymbol{0}$ より，$P\boldsymbol{x}=A(A'A)^{-1}A'\boldsymbol{x}$ となり，$\boldsymbol{x}$ は任意であるから与式が導かれる．　(証明終り)

また，$Q=I_n-P$ は，$S(A)$ の直交補空間 $S(A)^{\perp}$ への直交射影行列となる．

例 2.3　$(\boldsymbol{1}_n)'=(1, 1, \cdots, 1)$　(n 個の 1 を要素とするベクトル) とするとき，$V_M=S(\boldsymbol{1}_n)$ への直交射影行列を P_M とおくと，

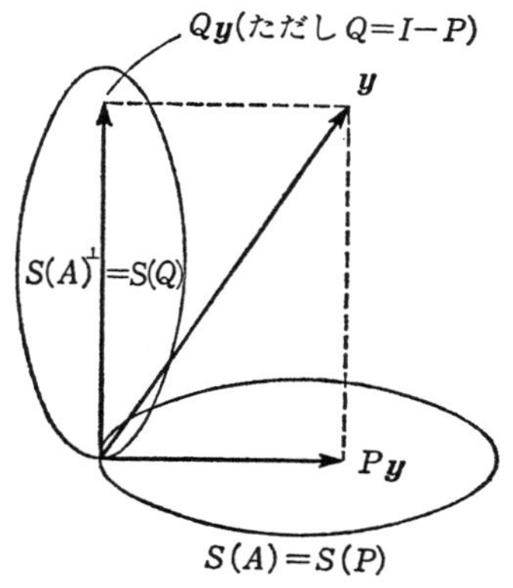

図 2.3　直交射影

$$P_M = \mathbf{1}_n(\mathbf{1}_n{}'\mathbf{1}_n)^{-1}\mathbf{1}_n{}' = \begin{bmatrix} \frac{1}{n} & \frac{1}{n} & \cdots & \frac{1}{n} \\ \vdots & & \ddots & \vdots \\ \frac{1}{n} & \frac{1}{n} & \cdots & \frac{1}{n} \end{bmatrix} \tag{2.14}$$

$V_M=S(\mathbf{1}_n)$ の直交補空間 $V_M{}^{\perp}=S(\mathbf{1}_n)^{\perp}$ への直交射影行列は

$$I_n-P_M = \begin{bmatrix} 1-\frac{1}{n} & -\frac{1}{n} & \cdots & -\frac{1}{n} \\ -\frac{1}{n} & 1-\frac{1}{n} & \ddots & -\frac{1}{n} \\ \vdots & & & \vdots \\ -\frac{1}{n} & -\frac{1}{n} & \cdots & 1-\frac{1}{n} \end{bmatrix} \tag{2.15}$$

となり，上式を

$$Q_M = I_n-P_M \tag{2.16}$$

とおくと，明らかに P_M, Q_M は対称行列となり，次式が成立する．

$$P_M{}^2 = P_M, Q_M{}^2 = Q_M, P_MQ_M = Q_MP_M = O \tag{2.17}$$

注意　(2.16)式は，$P_M{}^{\perp}$ と記述されることもある．

例 2.4

$$\boldsymbol{x}_R = \begin{bmatrix} x_1 \\ x_2 \\ \vdots \\ x_n \end{bmatrix}, \quad \boldsymbol{x} = \begin{bmatrix} x_1-\bar{x} \\ x_2-\bar{x} \\ \vdots \\ x_n-\bar{x} \end{bmatrix} \qquad \text{ただし}\ \bar{x} = \frac{1}{n}\sum_{j=1}^{n} x_j$$

とおくと

$$\boldsymbol{x} = Q_M \boldsymbol{x}_R \tag{2.18}$$

が成立し，したがって

$$\sum_{i=1}^{n} (x_i - \bar{x})^2 = \|\boldsymbol{x}\|^2 = \boldsymbol{x}'\boldsymbol{x} = \boldsymbol{x}_R' Q_M \boldsymbol{x}_R$$

となる．（証明略）

§2.3 部分空間と射影行列の関連

本節では，n 次元空間 E^n がいくつかの部分空間の和に分解される場合，部分空間と射影行列の関連を考察しよう．

2.3.1 部分空間による直和分解が与えられている場合

補助定理 2.3
$$E^n = V_1 \oplus W_1 = V_2 \oplus W_2 \tag{2.19}$$
の二通りの直和分解が存在するとき $V_1 \subset W_2$ または $V_2 \subset W_1$ であれば次の関係が成立する．

$$E^n = (V_1 \oplus V_2) \oplus (W_1 \cap W_2) \tag{2.20 a}$$

証明 $V_1 \subset W_2$ であれば，定理1.5より次式が成立する．

$$V_1 + (W_1 \cap W_2) = (V_1 + W_1) \cap W_2 = E^n \cap W_2 = W_2.$$

一方，$V_1 \cap (W_1 \cap W_2) = (V_1 \cap W_1) \cap W_2 = \{\mathbf{0}\}$ であるから

$W_2 = V_1 \oplus (W_1 \cap W_2)$．ゆえに，次式が成立する．

$$E^n = V_2 \oplus W_2 = V_2 \oplus V_1 \oplus (W_1 \cap W_2)$$
$$= (V_1 \oplus V_2) \oplus (W_1 \cap W_2)$$

$V_2 \subset W_2$ のときは，$W_1 = V_2 \oplus (W_1 \cap W_2)$ となることを用いればよい．

（証明終り）

系 $\mathrm{V}_1 \subset \mathrm{V}_2$，または $\mathrm{W}_2 \subset \mathrm{W}_1$ のとき

$$E^n = (V_1 \oplus W_2) \oplus (V_2 \cap W_1) \tag{2.20 b}$$

証明 補助定理2.3の証明において W_2 と V_2 の役割を交換すればよい．

（証明終り）

定理 2.7 P_1 を W_1 に沿った V_1 への射影行列，P_2 を W_2 に沿った V_2 への射影行列としたとき，次の三つの命題は互いに同値である．

（i） $P_1 + P_2$ は $W_1 \cap W_2$ に沿った $V_1 \oplus V_2$ への射影行列である．

（ii） $P_1P_2 = P_2P_1 = O$．

(iii)　$V_1 \subset W_2,\ V_2 \subset W_1$（このとき V_1 と V_2 は互いに素な空間となる）.

証明　(i)→(ii) $(P_1+P_2)^2=P_1+P_2,\ P_1^2=P_1,\ P_2^2=P_2$ より，$P_1P_2=-P_2P_1$. 両辺に左と右から P_1 をかけると，$P_1P_2=-P_1P_2P_1,\ P_1P_2P_1=-P_2P_1 \Rightarrow P_1P_2=P_2P_1$. これと $P_1P_2=-P_2P_1$ より，$P_1P_2=P_2P_1=O$ となる.

(ii)→(iii)：任意のベクトル $\boldsymbol{x} \in V_1$ のとき，$P_1\boldsymbol{x} \in V_1$ より，$P_1\boldsymbol{x}=\boldsymbol{x}$，したがって $P_2P_1\boldsymbol{x}=P_2\boldsymbol{x}=\boldsymbol{0} \Rightarrow \boldsymbol{x} \in W_2$，したがって，$V_1 \subset W_2$. 一方，$\boldsymbol{x} \in V_2$ のとき，$P_2\boldsymbol{x} \in V_2$ となるから，$P_1P_2\boldsymbol{x}=P_1\boldsymbol{x}=\boldsymbol{0} \Rightarrow \boldsymbol{x} \in W_1$，したがって $V_2 \subset W_1$.

(iii)→(ii)：$\boldsymbol{x} \in E^n$ とすると，$P_1\boldsymbol{x} \in V_1 \Rightarrow (I_n-P_2)P_1\boldsymbol{x}=P_1\boldsymbol{x}$. この式が任意の $\boldsymbol{x}$ について成立するから，$(I_n-P_2)P_1=P_1 \Rightarrow P_2P_1=O$，一方，$\boldsymbol{x} \in E^n \Rightarrow P_2\boldsymbol{x} \in V_2 \Rightarrow (I_n-P_1)P_2\boldsymbol{x}=P_2\boldsymbol{x}$，この式が任意の n 次元ベクトル $\boldsymbol{x}$ について成立するから $(I_n-P_1)P_2=P_2 \Rightarrow P_1P_2=O$

(ii)→(i)：任意のベクトル $\boldsymbol{x} \in (V_1 \oplus V_2)$ は $\boldsymbol{x}=\boldsymbol{x}_1+\boldsymbol{x}_2(\boldsymbol{x}_1 \in V_1,\ \boldsymbol{x}_2 \in V_2)$ と一意に分解される．ところで，$P_1\boldsymbol{x}_2=P_1P_2\boldsymbol{x}=\boldsymbol{0},\ P_2\boldsymbol{x}_1=P_2P_1\boldsymbol{x}=\boldsymbol{0}$ より，$(P_1+P_2)\boldsymbol{x}=(P_1+P_2)(\boldsymbol{x}_1+\boldsymbol{x}_2)=P_1\boldsymbol{x}_1+P_2\boldsymbol{x}_2=\boldsymbol{x}_1+\boldsymbol{x}_2=\boldsymbol{x}$. 一方，$\boldsymbol{x} \in W_1 \cap W_2$ に対して $P_1=P_1(I_n-P_2),\ P_2=P_2(I_n-P_1)$ に注意すると，$(P_1+P_2)\boldsymbol{x}=P_1(I_n-P_2)\boldsymbol{x}+P_2(I_n-P_1)\boldsymbol{x}=\boldsymbol{0}$. ところで，$V_1 \subset W_2,\ V_2 \subset W_1$ より (2.20a) 式の右辺の分解が成立する．したがって，定理 2.2 を用いると，(P_1+P_2) は $W_1 \cap W_2$ に沿った $(V_1 \oplus V_2)$ への射影行列となることがわかる.

注意　上記の定理において，(ii)の $P_1P_2=O$ は，必ずしも $P_2P_1=O$ を意味しない．$P_1P_2=O$ は(iii)における $V_2 \subset W_1$ に対応し，$P_2P_1=O$ は $V_1 \subset W_2$ に対応する．したがって，$V_1 \subset W_2 \Longleftrightarrow V_2 \subset W_1$ とならないことは明らかである.

定理 2.8　(2.19)式の分解が与えられているとき，次の三つの命題はたがいに同値である.

(ⅰ)　P_2-P_1 は，$(V_1 \oplus W_2)$ に沿った $(V_2 \cap W_1)$ への射影行列である.

(ⅱ)　$P_1P_2=P_2P_1=P_1$

(iii)　$V_1 \subset V_2,\ W_2 \subset W_1$

証明　(i)→(ii)：$(P_2-P_1)^2=P_2-P_1 \Rightarrow 2P_1=P_1P_2+P_2P_1$. 右と左から P_2 をかけると，$P_1P_2=P_2P_1P_2,\ P_2P_1=P_2P_1P_2 \Rightarrow P_1P_2=P_2P_1=P_1$.

(ii)→(iii) : ${}^{\forall}\boldsymbol{x}\in E^n \Rightarrow P_1\boldsymbol{x}\in V_1 \Rightarrow P_1\boldsymbol{x}=P_2P_1\boldsymbol{x}\in V_2 \Rightarrow V_1\subset V_2$. 一方，$P_1P_2=P_1 \Rightarrow Q_j=I_n-P_j(j=1,2)$とおくと$Q_1Q_2=Q_2$より，$Q_2\boldsymbol{x}\in W_2 \Rightarrow Q_2\boldsymbol{x}=Q_1Q_2\boldsymbol{x}\in W_1 \Rightarrow W_2\subset W_1$.

(iii)→(ii) : $V_1\subset V_2$より，${}^{\forall}\boldsymbol{x}\in E^n$について$P_1\boldsymbol{x}\in V_1\subset V_2 \Rightarrow P_2(P_1\boldsymbol{x})=P_1\boldsymbol{x} \Rightarrow P_2P_1=P_1$. 一方，$W_2\subset W_1$より，${}^{\forall}\boldsymbol{x}\in E^n$について$Q_2\boldsymbol{x}\in W_2\subset W_1 \Rightarrow Q_1Q_2\boldsymbol{x}=Q_2\boldsymbol{x} \Rightarrow Q_1Q_2=Q_2 \Rightarrow (I_n-P_1)(I_n-P_2)=(I_n-P_2) \Rightarrow P_1P_2=P_1$.

(ii)→(i) : $\boldsymbol{x}\in V_2\cap W_1$について，$(P_2-P_1)\boldsymbol{x}=Q_1P_2\boldsymbol{x}=Q_1\boldsymbol{x}=\boldsymbol{x}$. 一方，$\boldsymbol{x}=\boldsymbol{y}+\boldsymbol{z}$(ただし，$\boldsymbol{y}\in V_1$, $\boldsymbol{z}\in W_2$)について$(P_2-P_1)\boldsymbol{x}=(P_2-P_1)\boldsymbol{y}+(P_2-P_1)\boldsymbol{z}=P_2Q_1\boldsymbol{y}+Q_1P_2\boldsymbol{z}=\boldsymbol{0}$. したがって，$(P_2-P_1)$は，空間$V_1\oplus W_2$に沿った空間$V_2\cap W_1$への射影行列となる. (証明終り)

注意 定理2.7と同様に，$P_1P_2=P_1$は必ずしも，$P_2P_1=P_1$を意味しない. $P_1P_2=P_1 \Longleftrightarrow W_2\subset W_1$, $P_2P_1=P_1 \Longleftrightarrow V_1\subset V_2$の対応関係があることに注意してほしい.

定理 2.9 (2.19)および(2.20a)式の分解が成立するとき

$$P_1P_2 = P_2P_1 \tag{2.21}$$

ならば，P_1P_2(またはP_2P_1)は，W_1+W_2に沿った$V_1\cap V_2$への射影行列となる.

証明 $P_1P_2=P_2P_1 \Rightarrow (P_1P_2)^2=P_1P_2P_1P_2=P_1{}^2P_2{}^2=P_1P_2$. よって，$P_1P_2$は射影行列の条件を満たす. 一方，$\boldsymbol{x}\in V_1\cap V_2$とすると，$P_1(P_2\boldsymbol{x})=P_1\boldsymbol{x}=\boldsymbol{x}$. さらに，$\boldsymbol{x}\in W_1+W_2$とおくと，$\boldsymbol{x}=\boldsymbol{x}_1+\boldsymbol{x}_2$(ただし，$\boldsymbol{x}_1\in W_1$, $\boldsymbol{x}_2\in W_2$). したがって，$P_1P_2\boldsymbol{x}=P_1P_2\boldsymbol{x}_1+P_1P_2\boldsymbol{x}_2=\boldsymbol{0}+P_2P_1\boldsymbol{x}=\boldsymbol{0}$. ところで，補助定理2.3の系より$E^n=(V_1\cap V_2)\oplus(W_1\oplus W_2)$となるから，$P_1P_2$は，$W_1\oplus W_2$に沿った$V_1\cap V_2$への射影行列となる. (証明終り)

注意 上記の定理を用いると，定理2.7における(ii)→(i)は次のように証明することもできる. すなわち，$P_1P_2=O$より

$$Q_1Q_2 = (I_n-P_1)(I_n-P_2) = I_n-P_1-P_2 = Q_2Q_1.$$

したがって，Q_1Q_2は$V_1\oplus V_2$に沿った$W_1\cap W_2$への射影行列, $P_1+P_2=I_n-Q_1Q_2$は，$W_1\cap W_2$に沿った$V_1\oplus V_2$への射影行列となる.

上記の三つの定理において，$W_1=(V_1)^{\perp}$, $W_2=(V_2)^{\perp}$の場合, P_1, P_2はそれぞ

れ V_1, V_2 への直交射影行列となる．

定理 2.10 P_1, P_2 が V_1, V_2 への直交射影行列のとき，次の三つの命題は互いに同値である．

(i) P_1+P_2 は，$V_1 \dot{\oplus} V_2$ への直交射影行列である．

(ii) $P_1P_2=P_2P_1=O$.

(iii) V_1 と V_2 は直交する．

定理 2.11 次の三つの命題は同値である．

(i) (P_2-P_1) は，空間 $V_2 \cap V_1^{\perp}$ への直交射影行列である．

(ii) $P_1P_2=P_2P_1=P_1$.

(iii) V_1 は V_2 の部分空間，すなわち，$V_1 \subset V_2$ である．

上記の二つの定理の証明は，定理 2.7, 2.8 において $W_1=(V_1)^{\perp}, W_2=(V_2)^{\perp}$ とおけばよい．

定理 2.12 P_1P_2 が $V_1 \cap V_2$ への直交射影行列であるための必要十分条件は (2.21) 式が成立することである．

証明 十分条件については，定理 2.9 より明らか．必要条件は，P_1P_2 が直交射影行列であることから，$P_1P_2=(P_1P_2)' \Rightarrow P_1P_2=P_2P_1$ （証明終り）

次に，全空間 E^n が m 個の部分空間の直和に分解される場合，すなわち

$$E^n = V_1 \dot{\oplus} V_2 \dot{\oplus} \cdots \dot{\oplus} V_m \tag{2.22}$$

の場合に定義される射影行列に関する定理を示そう．

定理 2.13 $P_j (j=1, \cdots, m)$ を

$$P_1+P_2+\cdots+P_m = I_n \tag{2.23}$$

を満たす n 次の正方行列とするとき，次の三つの条件は同値である．

(i) $P_iP_j = O (i \neq j)$ (2.24)

(ii) $P_i^2 = P_i (i = 1, \cdots, m)$ (2.25)

(iii) $\text{rank}\, P_1+\text{rank}\, P_2+\cdots+\text{rank}\, P_m = n$ (2.26)

証明 (i)→(ii)：P_i を (2.23) 式にかければよい．

(ii)→(iii)：$P_i=P_i^2$ のとき，$\text{rank}\, P_i=\text{tr}(P_i)$ を用いると

$$\sum_{i=1}^{m} \text{rank}\, P_i = \sum_{i=1}^{m} \text{tr}(P_i) = \text{tr}(\sum_{i=1}^{m} P_i) = \text{tr}(I_n) = n.$$

(iii)→(i), (ii)：$V_j=S(P_j)$ とおくと，$\text{rank}\, P_j=\dim V_j$ より，$\dim V_1+\dim V_2$

$+\cdots+\dim V_m=n$. すなわち，E^n は(2.22)式のようにm個のたがいに素な空間の直和に分解される．ここで，(2.23)式に右から P_j をかけると，

$$P_1P_j+P_2P_j+\cdots+P_j(P_j-I_n)+\cdots+P_mP_j=O$$

$S(P_1), S(P_2), \cdots, S(P_m)$ はたがいに素であるから，定理1.4により，(2.24)式と(2.25)式が成立する． （証明終り）

注意 なお，定理2.13における P_i は射影行列となる．より詳しく言えば，$E^n=V_1\oplus\cdots\oplus V_r$ で，しかも

$$V_{(j)}=V_1\oplus V_2\oplus\cdots\oplus V_{j-1}\oplus V_{j+1}\oplus\cdots\oplus V_r \tag{2.27}$$

とおくとき，$E^n=V_j\oplus V_{(j)}$ となるから，$V_{(j)}$ に沿った V_j への射影行列を $P_{j\cdot(j)}$ と定義すると，それは，(2.23)～(2.26)の四つの式を満たす P_j に一致する．

このとき，次の関係式が成立する．

系1 (i) $P_{1\cdot(1)}+P_{2\cdot(2)}+\cdots+P_{m\cdot(m)}=I_n$ (2.28)

(ii) $P_{i\cdot(i)}^2=P_{i\cdot(i)} \quad (i=1,\cdots,m)$ (2.29)

(iii) $P_{i\cdot(i)}P_{j\cdot(j)}=O \quad (i\neq j)$ (2.30)

系2 $P_{(j)\cdot j}$ を V_j に沿った $V_{(j)}$ への射影行列とするとき，次式が成立する．

$$P_{(j)\cdot j}=P_{1\cdot(1)}+\cdots+P_{j-1\cdot(j-1)}+P_{j+1\cdot(j+1)}+\cdots P_{m\cdot(m)} \tag{2.31}$$

証明 $P_{j\cdot(j)}+P_{(j)\cdot j}=I_n$ となることを用いればよい． （証明終り）

注意 部分空間 $V_{(j)}$ に沿った V_j への射影行列 $P_{j\cdot(j)}$ は，一意に表現される．なぜならば，もし，二通りの表現 $P_{j\cdot(j)}$ と $P_{j\cdot(j)}^*$ が可能であったとすると，次式が成立する．

$$P_{1\cdot(1)}+P_{2\cdot(2)}+\cdots+P_{m\cdot(m)}=P_{1\cdot(1)}^*+P_{2\cdot(2)}^*+\cdots+P_{m\cdot(m)}^*$$

これより，

$$(P_{1\cdot(1)}-P_{1\cdot(1)}^*)+(P_{2\cdot(2)}-P_{2\cdot(2)}^*)+\cdots+(P_{m\cdot(m)}-P_{m\cdot(m)}^*)=O$$

このとき，上式の各項は，それぞれ互いに素な空間 $V_1, V_2, \cdots, V_m$ に属する．したがって定理1.4より，$P_{j\cdot(j)}=P_{j\cdot(j)}^*(j=1,\cdots,m)$ が導かれる．なお，このことは，全空間の E^n について一つの直和表現が与えられた場合，それに応じて，単位行列が一意に分解され，しかも，射影行列が一意に定められることを示しているものである．

定理2.13を一般化したものに，Khatri (1968)による次の定理がある．

定理 2.14 P_j を n 次の正方行列として

$$P = P_1 + P_2 + \cdots + P_m \tag{2.32}$$

を満たすとき，次の四つの命題

(i) $P_i^2 = P_i (i=1, \cdots, m)$

(ii) $P_iP_j = O (i \neq j)$ および $\mathrm{rank}\, P_i^2 = \mathrm{rank}\, P_i$

(iii) $P^2 = P$

(iv) $\mathrm{rank}\, P = \mathrm{rank}\, P_1 + \cdots + \mathrm{rank}\, P_m$

のうち，(i), (ii), (iii) の任意の二つから他のすべての命題が導かれ，また (iii) と (iv) から，(i) と (ii) が導かれる．

証明 (i), (ii)→(iii) は明らか．(ii), (iii)→(iv) は (2.32) 式より

$$P^2 = P_1^2 + P_2^2 + \cdots + P_m^2 \text{ および } P = P^2$$

となることを用いればよい．

(ii), (iii)→(i)：(2.32) 式に右から P_i をかけると $PP_i = P_i^2$，これより $P^2P_i = P_i^2 \Rightarrow P_i^3 = P_i^2$．ところで，$\mathrm{rank}\,(P_i^2) = \mathrm{rank}\,(P_i)$ であるから，$(P_i^2)W_i = P_i$ となる W_i が存在するから，$P_i^3 = P_i^2 \Rightarrow P_i^3W_i = P_i^2W_i \Rightarrow P_i(P_i^2W_i) = P_i^2W \Rightarrow P_i^2 = P_i$．

(iii), (iv)→(i), (ii)：$P^2 = P$ より，$S(P) \oplus S(I_n - P) = E^n$，

したがって，次の恒等式

$$P_1 + P_2 + \cdots + P_m + (I_n - P) = I_n$$

に右から P_j をかければ，$P_i^2 = P_i, P_iP_j = O (i \neq j)$ が導かれる． （証明終り）

次に，部分空間に次のような包含関係がある場合を考察しよう．

定理 2.15

$$E^n = V_k \supset V_{k-1} \supset \cdots \supset V_2 \supset V_1 \supset V_0 = \{0\} \tag{2.33}$$

が成立するとき，V_j の補空間を W_j, P_j を W_j に沿った V_j への射影行列，$P_j^* = P_j - P_{j-1}$ とおくと，次の関係が成立する（ただし $P_0 = O, P_k = I_n$）

(i) $I_n = P_1^* + P_2^* + \cdots + P_k^*$

(ii) $(P_j^*)^2 = P_j^* \quad (j = 1, \cdots k)$

(iii) $(P_i^*)(P_j^*) = (P_j^*)(P_i^*) = O \quad (i \neq j)$

(iv) P_j^* は，$V_{j-1} \oplus W_j$ に沿った $V_j \cap W_{j-1}$ への射影行列である．

証明 (i) 自明である．(ii) $P_jP_{j-1} = P_{j-1}P_j = P_{j-1}$ の関係を用いればよい．

(iii) $(P_j{}^*)^2=P_j{}^*$ より，$\mathrm{rank}\,P_j{}^*=\mathrm{tr}\,(P_j{}^*)=\mathrm{tr}\,(P_j-P_{j-1})=\mathrm{tr}\,(P_j)-\mathrm{tr}\,(P_{j-1})$. したがって，$\sum_{j=1}^{k}\mathrm{rank}\,P_j{}^*=\mathrm{tr}\,(P_k)-\mathrm{tr}\,(P_0)=n$. これより，定理2.13を用いると，$(P_i{}^*)(P_j{}^*)=O\ (i\neq j)$ が導かれる．(iv) 定理2.8(i)より明らかである．

(証明終り)

注意 上記の定理は，P_j が必ずしも直交射影行列であることを仮定していないが，$W_j=(V_j)^{\perp}$ の場合，$P_j, P_j{}^*$ は直交射影行列となり，このとき，$P_j{}^*$ は，$V_j\cap(V_{j-1})^{\perp}$ への直交射影行列となる．

2.3.2 素でない部分空間による分解が与えられている場合

次に，前節で示した定理を用いて，必ずしも素でない部分空間の和空間の分解に応じて，射影行列がどのように分解されるかを示すいくつかの定理を，射影行列の交換可能性と結びつけながら解説していこう．

まず(2.19)式で与えられた空間 E^n の2通りの直和分解

$$E^n = V_1 \oplus W_1 = V_2 \oplus W_2$$

が存在する場合を考察しよう．V_1 と V_2 の積空間を $V_{12}=V_1\cap V_2$, E^n における V_1+V_2 の補空間を V_3 とする．このとき，P_{1+2} を V_3 に沿った $V_{1+2}=(V_1+V_2)$ への射影行列，$P_j(j=1,2)$ を $W_j(j=1,2)$ に沿った V_j への射影行列とすると，次の定理が導かれる．

定理 2.16 (i) $P_{1+2}=P_1+P_2-P_1P_2$ が成立するための必要十分条件は

$$V_{1+2} \cap W_2 \subset V_1 \oplus V_3 \tag{2.34}$$

(ii) $P_{1+2}=P_1+P_2-P_2P_1$ が成立するための必要十分条件は

$$V_{1+2} \cap W_1 \subset V_2 \oplus V_3 \tag{2.35}$$

証明 まず，(i)の(2.34)式を証明しよう．$V_{1+2}\supset V_1$ および $V_{1+2}\supset V_2$ が成立するから，定理2.8を用いると $(P_{1+2}-P_1)$ は $V_1\oplus V_3$ に沿った $V_{1+2}\cap W_1$ への射影行列になり，$P_{1+2}P_1=P_1, P_{1+2}P_2=P_2$ が成り立つ．次に $(P_{1+2}-P_2)$ は $V_2\oplus V_3$ に沿った $V_{1+2}\cap W_2$ への射影行列となる．したがって，定理2.8の注意により

$$(P_{1+2}-P_1-P_2+P_1P_2) = O \Longleftrightarrow (P_{1+2}-P_1)(P_{1+2}-P_2) = O$$

さらに

$$(P_{1+2}-P_1)(P_{1+2}-P_2) = O \Longleftrightarrow V_{1+2} \cap W_2 \subset V_1 \oplus V_3$$

が成立する．同様に(2.35)式については，$(P_{1+2}-P_1-P_2+P_2P_1)=O \Leftrightarrow (P_{1+2}-P_2)(P_{1+2}-P_1)=O \Leftrightarrow V_{1+2}\cap W_1 \subset V_2 \oplus V_3$ となる．　（証明終り）

上記の定理から次の系が導かれる．

系　$E^n=V_1\oplus W_1=V_2\oplus W_2$ の分解が存在する場合，$P_1P_2=P_2P_1$ が成立するための必要十分条件は，(2.34)式および(2.35)式が成立することである．

（証明略）

上記の定理から次の定理が導かれる．

定理 2.17　$E^n=(V_1+V_2)\oplus V_3$ のとき，$V_1=V_{11}\oplus V_{12}$, $V_2=V_{22}\oplus V_{12}$（ただし，$V_{12}=V_1\cap V_2$）が成立する場合，$P_{1\cup 2}{}^*$ を V_3 に沿った V_1+V_2 への射影行列，$P_1{}^*$ を $V_3\oplus V_{22}$ に沿った V_1 への射影行列，$P_2{}^*$ を $V_3\oplus V_{11}$ に沿った V_2 への射影行列とすると，次式が成立する．

(i)　$P_1{}^*P_2{}^* = P_2{}^*P_1{}^*$　(2.36)

(ii)　$P_{1\cup 2}{}^* = P_1{}^*+P_2{}^*-P_1{}^*P_2{}^*$　(2.37)

証明　$V_{11}\subset V_1$, $V_{22}\subset V_2$ であるから，定理 2.16 において $W_1=V_{22}\oplus V_3$, $W_2=V_{11}\oplus V_3$ と選ぶことにより，

$$V_{1+2}\cap W_2 = V_{11} \subset V_1\oplus V_3,\ V_{1+2}\cap W_1 = V_{22}\subset V_2\oplus V_3$$

が成立するから，(2.36)式および(2.37)式が成立する．

別証　$\boldsymbol{y}\in E^n$ を $\boldsymbol{y}=\boldsymbol{y}_1+\boldsymbol{y}_2+\boldsymbol{y}_{12}+\boldsymbol{y}_3$（$\boldsymbol{y}_1\in V_{11}$, $\boldsymbol{y}_2\in V_{22}$, $\boldsymbol{y}_{12}\in V_{12}$, $\boldsymbol{y}_3\in V_3$）と分解して，$(P_1{}^*P_2{}^*)\boldsymbol{y}=(P_2{}^*P_1{}^*)\boldsymbol{y}$ が成立することを示せばよい．（証明終り）

なお，$P_j\,(j=1,2)$ を空間 W_j に沿った空間 V_j への射影行列と定義した場合，$E^n=V_1\oplus W_1=V_2\oplus W_2$ となり，しかも $V_1+V_2=V_{11}\oplus V_{22}\oplus V_{12}$ が成立する場合，$V_1=V_{11}\oplus V_{12}$ であるからといって，必ずしも $W_1=V_{22}$ が成立するとは限らない．つまり，(V_1+V_2) における V_1, V_2 の補空間を，それぞれ V_{22}, V_{11}，すなわち $W_1=V_{22}$, $W_2=V_{11}$ とおくときに限って(2.36)式および(2.37式)が成立する．

定理 2.18　P_1, P_2 を空間 V_1, V_2 への直交射影行列，P_{1+2} を空間 V_{1+2} への直交射影行列，$V_{12}=V_1\cap V_2$ としたとき，次の三つの命題は互いに同値である．

(i)　$P_1P_2 = P_2P_1$

(ii)　$P_{1+2} = P_1+P_2-P_1P_2$

(iii)　$V_{11}=V_1\cap V_{12}{}^{\perp}$ および $V_{22}=V_2\cap V_{12}{}^{\perp}$ は直交する．

証明 (i)→(ii)：定理 2.16 の系より明らか.

(ii)→(iii)：$P_{1+2}=P_1+P_2-P_1P_2 \Rightarrow (P_{1+2}-P_1)(P_{1+2}-P_2)=(P_{1+2}-P_2)(P_{1+2}-P_1)$ $=O \Rightarrow V_{11}$ と V_{22} は直交する.

(iii)→(i)：V_{11} と V_2, V_1 と V_{22} は直交するから定理 2.17 において，$V_3=(V_1+V_2)^{\perp}$ とおけばよい. (証明終り)

したがって，P_1, P_2, P_{1+2} が直交射影行列の場合は，次の系が成立する.

系 $P_{1+2}=P_1+P_2-P_1P_2 \Longleftrightarrow P_1P_2=P_2P_1$

2.3.3 射影行列が交換可能な場合

ここで，以下に直交射影行列の場合に限定して，定理 2.18 とその系のもつ意味と，三つ以上の部分空間が存在する場合の一般化を考察しよう.

定理 2.19 P_j を V_j への直交射影行列とするとき，$P_1P_2=P_2P_1, P_1P_3=P_3P_1, P_2P_3=P_3P_2$ が成立すれば，次の関係が成立する(竹内，1981).

(i) $V_1+(V_2 \cap V_3)=(V_1+V_2)\cap(V_1+V_3)$ (2.38)

(ii) $V_2+(V_1 \cap V_3)=(V_1+V_2)\cap(V_2+V_3)$ (2.39)

(iii) $V_3+(V_1 \cap V_2)=(V_1+V_3)\cap(V_2+V_3)$ (2.40)

証明 $V_1+(V_2\cap V_3)$ への射影行列を $P_{1\cup(2\cap3)}$ とすると，$V_2\cap V_3$ への射影行列が P_2P_3 (または P_3P_2) となり，$P_1P_2=P_2P_1 \Rightarrow P_1P_2P_3=P_2P_3P_1$ が成立することから，定理 2.18 により，

$$P_{1\cup(2\cap3)}=P_1+P_2P_3-P_1P_2P_3$$

となる. 一方，V_1+V_2, V_1+V_3 への射影行列は，$P_1P_2=P_2P_1, P_1P_3=P_3P_1$ より，

$$P_{1\cup2}=P_1+P_2-P_1P_2, \quad P_{1\cup3}=P_1+P_3-P_1P_3$$

となるから，$P_{1\cup2}P_{1\cup3}=P_{1\cup3}P_{1\cup2}$ が成立し，したがって，$(V_1+V_2)\cap(V_1+V_3)$ への直交射影行列は，

$$(P_1+P_2-P_1P_2)(P_1+P_3-P_1P_3)=P_1+P_2P_3-P_1P_2P_3$$

となって，$P_{1\cup(2\cap3)}=P_{1\cup2}P_{1\cup3}$. ところで射影行列と部分空間は1対1に対応するから(2.38)式が成立する.

(2.39)式は $(P_1+P_2-P_1P_2)(P_2+P_3-P_2P_3)=P_2+P_1P_3-P_1P_2P_3$

(2.40)式は $(P_1+P_3-P_1P_3)(P_2+P_3-P_2P_3)=P_3+P_1P_2-P_1P_2P_3$

が成立することに注意すれば同様に証明される. (証明終り)

(2.38)～(2.40)の三つの式は，部分空間に関する分配法則を示すもので，こ

の結果から，直交射影行列の可換性が成立する場合にのみ部分空間の分配法則が成立することがわかる．

次に，部分空間 V_1, V_2, V_3 の和空間 $(V_1+V_2+V_3)$ 上に定義される直交射影行列の分割に関する定理を示そう．

定理 2.20　$P_{1\cup2\cup3}$ を空間 $(V_1+V_2+V_3)$ への直交射影行列，P_1, P_2, P_3 をそれぞれ空間 V_1, V_2, V_3 への直交射影行列とするとき，次のような分解

$$P_{1\cup2\cup3} = P_1+P_2+P_3-P_1P_2-P_2P_3-P_3P_1+P_1P_2P_3 \tag{2.41}$$

が存在するための十分条件は，

$$P_1P_2 = P_2P_1, \quad P_2P_3 = P_3P_2, \quad P_1P_3 = P_3P_1 \tag{2.42}$$

が成立することである．

証明　$P_1P_2=P_2P_1 \Rightarrow P_{1\cup2}=P_1+P_2-P_1P_2$, $P_2P_3=P_3P_2 \Rightarrow P_{2\cup3}=P_2+P_3-P_2P_3$. したがって，$P_{1\cup2}P_{2\cup3}=P_{2\cup3}P_{1\cup2}$ が導かれる．ところで，$V_1+V_2+V_3=(V_1+V_2)+(V_1+V_3)$．32 ページの注意より $P_{1\cup2\cup3}=P_{(1\cup2)\cup(1\cup3)}$ が成立するから

$$\begin{aligned}P_{1\cup2\cup3} &= P_{(1\cup2)\cup(1\cup3)} = P_{1\cup2}+P_{1\cup3}-P_{1\cup2}P_{1\cup3}\\ &= (P_1+P_2-P_1P_2)+(P_1+P_3-P_1P_3)-(P_2P_3+P_1-P_1P_2P_3)\\ &= P_1+P_2+P_3-P_1P_2-P_2P_3-P_1P_3+P_1P_2P_3\end{aligned}$$

別証　$P_1P_{2\cup3}=P_{2\cup3}P_1$ が成立するから $P_{1\cup2\cup3}=P_1+P_{2\cup3}-P_1P_{2\cup3}$ これに $P_{2\cup3}=P_2+P_3-P_2P_3$ を代入すると (2.41) 式が満たされる．　（証明終り）

なお，(2.42) 式が成立するとき，

$$\begin{aligned}&P_{\tilde{1}} = P_1-P_1P_2-P_1P_3+P_1P_2P_3, P_{\tilde{2}} = P_2-P_2P_3-P_1P_2+P_1P_2P_3\\ &P_{\tilde{3}} = P_3-P_1P_3-P_2P_3+P_1P_2P_3, P_{12(3)} = P_1P_2-P_1P_2P_3,\\ &P_{13(2)} = P_1P_3-P_1P_2P_3, P_{23(1)} = P_2P_3-P_1P_2P_3, P_{123} = P_1P_2P_3\end{aligned}$$

とおくと，

$$P_{1\cup2\cup3} = P_{\tilde{1}}+P_{\tilde{2}}+P_{\tilde{3}}+P_{12(3)}+P_{13(2)}+P_{23(1)}+P_{123} \tag{2.43}$$

が成立する．なお，(2.43) 式の右辺の行列は，すべて直交射影行列の条件 ($P^2=P$, および $P'=P$) を満たし，さらに (2.43) 式における任意の二つの行列の積はゼロ行列となる．

注意

$$\begin{aligned}&P_{\tilde{1}} = P_1(I-P_{2\cup3}), \qquad P_{\tilde{2}} = P_2(I_n-P_{1\cup3})\\ &P_{\tilde{3}} = P_3(I-P_{1\cup2}), \qquad P_{12(3)} = P_1P_2(I-P_3)\\ &P_{13(2)} = P_1P_3(I-P_2), \qquad P_{23(1)} = P_2P_3(I-P_1)\end{aligned}$$

となることから，(2.43)式による射影行列の分解は，次の空間の分解

$$V_1+V_2+V_3=V_{\tilde{1}}\dot{\oplus}V_{\tilde{2}}\dot{\oplus}V_{\tilde{3}}\dot{\oplus}V_{12(3)}\dot{\oplus}V_{13(2)}\dot{\oplus}V_{23(1)}\dot{\oplus}V_{123} \tag{2.44}$$

に対応する．ただし

$$V_{\tilde{1}}=V_1\cap(V_2+V_3)^{\perp},\qquad V_{\tilde{2}}=V_2\cap(V_1+V_3)^{\perp}$$
$$V_{\tilde{3}}=V_3\cap(V_1+V_2)^{\perp},\qquad V_{12(3)}=V_1\cap V_2\cap V_3^{\perp}$$
$$V_{13(2)}=V_1\cap V_2^{\perp}\cap V_3,\qquad V_{23(1)}=V_1^{\perp}\cap V_2\cap V_3$$
$$V_{123}=V_1\cap V_2\cap V_3.$$

定理 2.20 は，次のように一般化される．

系 2.18 $V=V_1+V_2+\cdots+V_s(s\geqq 2)$ のとき，P_V を V への直交射影行列，P_j を V_j への直交射影行列とするとき

$$P_V=\sum_{j=1}^{s}P_j-\sum_{i<j}P_iP_j+\sum_{i<j<k}P_iP_jP_k+\cdots+(-1)^{s-1}P_1P_2P_3\cdots P_s \tag{2.45}$$

が成立する十分条件は次式が成立することである

$$P_iP_j=P_jP_i \qquad (i\neq j) \tag{2.46}$$

（証明略）

2.3.4 射影行列が交換可能でない場合

次に互いに素でない二つの空間 V_1, V_2 とこれらの空間への射影行列 P_1, P_2 が与えられている場合で，必ずしも $P_1P_2=P_2P_1$ が成立しない場合を考えよう．このとき $Q_j=I_n-P_j(j=1,2)$ とおくと，次の補助定理が成立する．

補助定理 2.4

$$V_1+V_2=S(P_1)\oplus S(Q_1P_2) \tag{2.47}$$
$$=S(Q_2P_1)\oplus S(P_2) \tag{2.48}$$

証明 $(P_1,Q_1P_2)=(P_1,P_2)\begin{bmatrix}I_n & -P_2\\ O & I_n\end{bmatrix}=(P_1,P_2)S$

$$(Q_2P_1,P_2)=(P_1,P_2)\begin{bmatrix}I_n & O\\ -P_1 & I_n\end{bmatrix}=(P_1,P_2)T$$

と分解され，右辺の正方行列 S と T は，明らかに正則であるから，

$$\mathrm{rank}(P_1,P_2)=\mathrm{rank}(P_1,Q_1P_2)=\mathrm{rank}(Q_2P_1,P_2)$$

より

$$V_1+V_2=S(P_1,Q_1P_2)=S(Q_2P_1,P_2)$$

となる．

また，$P_1\boldsymbol{x}+Q_1P_2\boldsymbol{y}=\boldsymbol{0}$ の左辺から P_1 をかけると，$P_1Q_1=O$ より，$P_1\boldsymbol{x}=\boldsymbol{0}\Rightarrow Q_1P_2\boldsymbol{y}=\boldsymbol{0}$. したがって，$S(P_1)$ と $S(Q_1P_2)$ は (V_1+V_2) の直和分解を与え，同様にして，$S(Q_2P_1)$ と $S(P_2)$ も V_1+V_2 の直和分解となることも証明できる.

（証明終り）

上記の補助定理を用いると，次の定理が導かれる.

定理 2.21　$E^n=(V_1+V_2)\oplus W$ とし，さらに，

$$V_{2[1]}=\{\boldsymbol{x}|\boldsymbol{x}=Q_1\boldsymbol{y},\boldsymbol{y}\in V_2\}, \tag{2.49}$$

$$V_{1[2]}=\{\boldsymbol{x}|\boldsymbol{x}=Q_2\boldsymbol{y},\boldsymbol{y}\in V_1\} \tag{2.50}$$

したがって，$Q_j=I_n-P_j(j=1,2)$ で，P_j は V_j への直交射影行列としたとき，P^* を W に沿った (V_1+V_2) への射影行列，$P_1{}^*$ を $V_{2[1]}\oplus W$ に沿った V_1 への射影行列，$P_2{}^*$ を $V_{1[2]}\oplus W$ に沿った V_2 への射影行列，$P_{1[2]}{}^*$ を $V_2\oplus W$ に沿った $V_{1[2]}$ への射影行列，$P_{2[1]}{}^*$ を $V_1\oplus W$ に沿った $V_{2[1]}$ への射影行列とすると

$$P^*=P_1{}^*+P_{2[1]}{}^* \tag{2.51}$$

または，

$$=P_{1[2]}{}^*+P_2{}^* \tag{2.52}$$

が成立する.

注意　$W=(V_1+V_2)^\perp$ のときは，$P_j{}^*$ は V_j への直交射影行列，$P_{j[i]}$ は $V_{j[i]}$ への直交射影行列となる.

系　P が $V=V_1\oplus V_2$ への直交射影行列，P_j が $V_j(j=1,2)$ への直交射影行列のとき，V_1 と V_2 が直交すれば次式が成立する.

$$P=P_1+P_2 \tag{2.53}$$

§2.4　射影ベクトルのノルムに関する性質

次に，射影行列 P によって射影されたベクトル $P\boldsymbol{x}(\boldsymbol{x}\in E^n)$ のノルムに関する定理を述べよう.

補助定理 2.5　$P'=P$ および $P^2=P\Longleftrightarrow P'P=P$

証明は明らかである.

定理 2.22　P が $P^2=P$ を満たす n 次の射影行列のとき，任意の n 次元ベク

トル $\boldsymbol{x}\in E^n$ について，

$$\|P\boldsymbol{x}\| \leqq \|\boldsymbol{x}\| \tag{2.54}$$

が成立するための必要十分条件は，

$$P' = P \tag{2.55}$$

である．

証明　(十分性)　$\boldsymbol{x}=P\boldsymbol{x}+(I_n-P)\boldsymbol{x}$ と分解すると，補助定理2.5より，$P'=P\Rightarrow P'P=P'$ となるから，$(P\boldsymbol{x})'(I_n-P)\boldsymbol{x}=\boldsymbol{x}'(P'-P'P)\boldsymbol{x}=0$．したがって，

$$\|\boldsymbol{x}\|^2 = \|P\boldsymbol{x}\|^2+\|(I_n-P)\boldsymbol{x}\|^2 \geqq \|P\boldsymbol{x}\|^2$$

(必要性)　仮定より，$\boldsymbol{x}'(I_n-P'P)\boldsymbol{x}\geqq 0$．したがって，$(I_n-P'P)$ は非負定値行列となり，その固有値はすべて非負となる．ここで，$P'P$ の固有値を $\lambda_1, \lambda_2, \cdots, \lambda_n$ とすると，$(1-\lambda_j)\geqq 0$ より，$0\leqq\lambda_j\leqq 1(j=1,\cdots n)$．したがって，$\sum_{j=1}^{n}\lambda_j{}^2\leqq\sum_{j=1}^{n}\lambda_j$ となるから，$\mathrm{tr}\,(P'P)^2\leqq\mathrm{tr}\,(P'P)$．

一方，一般化されたシュワルツの不等式((1.18a)式)と $P^2=P$ より，

$$(\mathrm{tr}\,(P'P))^2 = (\mathrm{tr}\,(PP'P))^2 \leqq \mathrm{tr}\,(P'P)\,\mathrm{tr}\,(P'P)^2$$

したがって，$\mathrm{tr}\,(P'P)\leqq\mathrm{tr}\,(P'P)^2 \Rightarrow \mathrm{tr}\,(P'P)=\mathrm{tr}\,(P'P)^2$．これより，$\mathrm{tr}\,\{(P-P'P)'(P-P'P)\}=\mathrm{tr}\,\{P'P-P'P-P'P+(P'P)^2\}=\mathrm{tr}\,\{P'P-(P'P)^2\}=0$ となることから，$P=P'P\Rightarrow P'=P$．　　(証明終り)

系　定理2.22において，$\|\boldsymbol{x}\|^2$ のノルムを

$$\|\boldsymbol{x}\|_M{}^2 = \boldsymbol{x}'M\boldsymbol{x} \qquad (\text{ただし，}M\text{ は正定値行列}) \tag{2.56}$$

とするとき，任意の n 次元ベクトル $\boldsymbol{x}$ について，$P^2=P$ を満たす射影行列が

$$\|P\boldsymbol{x}\|_M{}^2 \leqq \|\boldsymbol{x}\|^2{}_M \tag{2.57}$$

を満たす必要十分条件は，次式となる．

$$(MP)' = MP \tag{2.58}$$

証明　M を $M=U\Delta^2U'$ とスペクトル分解して，$M^{1/2}=\Delta U'$ とおくと $M^{-1/2}=U\Delta^{-1}$ となる．$\boldsymbol{y}=M^{1/2}\boldsymbol{x}$ と定義し，$\tilde{P}=M^{1/2}PM^{-1/2}$ とおくと，$(\tilde{P})^2=\tilde{P}$，さらに(2.57)式は，$\|\tilde{P}\boldsymbol{y}\|^2\leqq\|\boldsymbol{y}\|^2$ となって，定理2.22により(2.57)式が成立するための必要十分条件は，

$$(\tilde{P})' = \tilde{P} \Longrightarrow (M^{1/2}PM^{-1/2})' = M^{1/2}PM^{-1/2} \tag{2.59}$$

したがって，(2.58)式が導かれる．

注意 $P'=P$ を満たさない一般の射影行列を P とすると，$\|P\boldsymbol{x}\| \geqq \|\boldsymbol{x}\|$ となることがある．例えば，

$$P=\begin{bmatrix}1 & 1\\ 0 & 0\end{bmatrix}, \quad \boldsymbol{x}=\begin{bmatrix}1\\ 1\end{bmatrix}$$

とおくと，$\|P\boldsymbol{x}\|=2, \|\boldsymbol{x}\|=\sqrt{2}$ となる．

定理 2.23 P_1, P_2 を V_1, V_2 への直交射影行列とするとき，任意の $\boldsymbol{x}\in E^n$ について，次の関係が成立する．

(i) $\|P_2P_1\boldsymbol{x}\| \leqq \|P_1\boldsymbol{x}\| \leqq \|\boldsymbol{x}\|$ (2.60)

(ii) $V_2 \subset V_1$ であれば，$\|P_2\boldsymbol{x}\| \leqq \|P_1\boldsymbol{x}\|$ (2.61)

証明 (i) 定理 2.22 における $\boldsymbol{x}$ を $P_1\boldsymbol{x}$ とみなせばよい．(ii) 定理 2.11 より，$P_1P_2=P_2$ となることを用いればよい． (証明終り)

ここで，E^n に含まれる p 個の n 次元ベクトルを $X=[\boldsymbol{x}_1, \cdots, \boldsymbol{x}_p]$ と表わすとき，(1.15)式と $P=P'P$ より次式が成立する．

$$\|P\boldsymbol{x}_1\|^2+\|P\boldsymbol{x}_2\|^2+\cdots+\|P\boldsymbol{x}_p\|^2 = \mathrm{tr}\,(X'PX) \tag{2.62}$$

上式と定理 2.23 から次の系が導かれる．

系 (i) $V_2\subset V_1$ であれば，$\mathrm{tr}\,(X'P_2X)\leqq \mathrm{tr}\,(X'P_1X)\leqq \mathrm{tr}\,(X'X)$

(ii) P を E^n に含まれる任意の空間への直交射影行列とするとき，

$$V_1 \supset V_2 \text{ であれば，} \mathrm{tr}\,(P_1P) \geqq \mathrm{tr}\,(P_2P)$$

証明 (i)は定理 2.23 より明らか．(ii)は，$\mathrm{tr}\,(P_jP)=\mathrm{tr}\,(P_jP^2)=\mathrm{tr}\,(PP_jP)(j=1,2)$．そして，$(P_1-P_2)^2=P_1-P_2$ となることを用いると，次式が成立する．

$$\mathrm{tr}\,(PP_1P)-\mathrm{tr}\,(PP_2P) = \mathrm{tr}\,(SS') \geqq 0 \quad (\text{ただし，} S=(P_1-P_2)P)$$

したがって，$\mathrm{tr}\,(P_1P)\geqq \mathrm{tr}\,(P_2P)$ が成立する． (証明終り)

つづいて，二つの直交射影行列のトレースに関する定理を示そう．

定理 2.24 P_1, P_2 を n 次の直交射影行列とするとき，次式が成立する．

$$\mathrm{tr}\,(P_1P_2) = \mathrm{tr}\,(P_2P_1) \leqq \mathrm{Min}\,(\mathrm{tr}\,(P_1), \mathrm{tr}\,(P_2)) \tag{2.63}$$

証明 $\mathrm{tr}\,(P_1)-\mathrm{tr}\,(P_1P_2)=\mathrm{tr}\,(P_1(I_n-P_2))=\mathrm{tr}\,(P_1Q_2)=\mathrm{tr}\,(P_1Q_2P_1)=\mathrm{tr}\,(S'S)\geqq 0$ (ただし，$S=Q_2P_1$)．したがって，$\mathrm{tr}\,(P_1)\geqq \mathrm{tr}\,(P_1P_2)$．同様にして，$\mathrm{tr}\,(P_2)\geqq \mathrm{tr}\,(P_1P_2)=\mathrm{tr}(P_2P_1)$ が成立するから(2.63)式が成立する． (証明終り)

注意 (1.18a)式を用いると

$$\mathrm{tr}(P_1P_2) \leqq \sqrt{\mathrm{tr}(P_1)\mathrm{tr}(P_2)} \tag{2.64}$$

が導かれるが，$\sqrt{\mathrm{tr}(P_1)\mathrm{tr}(P_2)} \geqq \mathrm{Min}(\mathrm{tr}(P_1), \mathrm{tr}(P_2))$ より，(2.64)式より(2.63)式の方がより一般性のある命題である．

§2.5 行列ノルムと射影行列

(n, p) 型行列 $A=(a_{ij})$ についてのユークリッドノルム(フロベニウスノルムとも呼ばれる)

$$\|A\| = \{\mathrm{tr}\,(A'A)\}^{1/2} = \sqrt{\sum_{i=1}^{n}\sum_{j=1}^{p} {a_{ij}}^2} \tag{2.65}$$

を定義しよう．このとき，次の補助定理が成立する．

補助定理 2.6 (i) $\|A\| \geqq 0$ (2.66)

(ii) $\|CA\| \leqq \|C\|\,\|A\|$ (2.67)

(iii) A と B がともに (n, p) 型行列のとき，

$$\|A+B\| \leqq \|A\|+\|B\| \tag{2.68}$$

(iv) U, V がそれぞれ n 次，p 次の直交行列のとき，

$$\|UAV\| = \|A\| \tag{2.69}$$

証明 (i), (ii) は明らか．(iii) については，(1.18 a)式の関係を用いればよい．(iv) については，

$$\mathrm{tr}\,(V'A'U'UAV) = \mathrm{tr}\,(A'AVV') = \mathrm{tr}\,(A'A)$$

の関係より明らかである． (証明終り)

注意 (2.65)式の行列のノルムの定義を一般化すると，M を n 次の非負定値行列としたとき，

$$\|A\|_M = \{\mathrm{tr}(A'MA)\}^{1/2} \tag{2.70}$$

を行列 M に関しての A のノルムと呼ぶことができる．このとき，やはり上記の補助定理は成立する．

さらに，行列の A のノルムとしては，

(i) $\|A\|_1 = \max\limits_{j} \sum_{i=1}^{n} |a_{ij}|$

(ii) $\|A\|_2 = \mu_1(A)$，$\mu_1(A)$ は行列 A の最大特異値(第5章参照)

(iii)　$||A||_3=\max_i \sum_{j=1}^{p} |a_{ij}|$

があるが，これらのノルムもすべて，補助定理 2.6 の, (i), (ii), (iii)が満たされる．(なお，(iv)については $||A||_2$ のみが満たす)．

補助定理 2.7　P を n 次の直交射影行列，$\tilde{P}$ を p 次の直交射影行列とするとき，次の関係が成立する．

(i)　$||PA|| \leqq ||A||$　(2.71)

ただし，$PA=A$ のとき等号が成立する．

(ii)　$||A\tilde{P}|| \leqq ||A||$　(2.72)

ただし，$A\tilde{P}=A$ のとき等号が成立する．

証明　(i)　両辺を2乗して，右辺から左辺をひくと，

$$\mathrm{tr}\,(A'A)-\mathrm{tr}\,(A'PA) = \mathrm{tr}\,[A'(I_n-P)A]$$
$$= \mathrm{tr}\,(A'QA) = \mathrm{tr}\,(QA)'(QA) \geqq 0 \qquad (Q=I_n-P)$$

(ii)　$||A\tilde{P}||^2=\mathrm{tr}\,(\tilde{P}'A'A\tilde{P})=\mathrm{tr}\,(A\tilde{P}A')=||\tilde{P}A'||^2$ となることを用いれば，(i)と同様にして証明される．なお，等号が成立するのは，(i) の場合，$QA=O \Longleftrightarrow PA=A$．(ii) の場合，$\tilde{Q}=I_n-\tilde{P}$ として $\tilde{Q}A'=O \Leftrightarrow \tilde{P}A'=A' \Longleftrightarrow A\tilde{P}=A$ となる．　(証明終り)

上記の二つの補助定理より次の定理が導かれる．

定理 2.25　A を (n,p) 型，B, Y を (n,r) 型，C, X を (r,p) 型行列とするとき，次の関係が成立する．

(i)　$||A-BX|| \geqq ||(I_n-P_B)A||$　(2.73)

ただし，P_B は $S(B)$ への直交射影行列で，等号が成立するのは，$BX=P_BA$ の場合である．

(ii)　$||A-YC|| \geqq ||A(I_p-P_{C'})||$　(2.74)

ただし，$P_{C'}$ は $S(C')$ への直交射影行列で，等号が成立するのは，$YC=AP_{C'}$ のときである．

(iii)　$||A-BX-YC|| \geqq ||(I_n-P_B)A(I_p-P_{C'})||$　(2.75)

等号が成立するのは，

$$P_B(A-YC) = BX, (I_n-P_B)AP_{C'} = (I_n-P_B)YC \qquad (2.76)$$

または，

$$(A-BX)P_{C'}=YC,\ P_BA(I_p-P_{C'})=BX(I_p-P_{C'}) \qquad (2.77)$$

のときである.

証明 (i) $(I_n-P_B)(A-BX)=A-BX-P_BA+BX=(I_n-P_B),\ A(I_n-P_B)$ は直交射影行列であるから,補助定理2.7の(i)より,$\|A-BX\|\geqq\|(I_n-P_B)(A-BX)\|=\|(I_n-P_B)A\|$ が成立する.等号が成立するのは,$(I_n-P_B)(A-BX)=A-BX$. すなわち,$P_BA=BX$ のときである.

(ii) $(A-YC)(I_p-P_{C'})=A(I_p-P_{C'})$ となることと,補助定理2.7の(ii)を用いればよい.また等号が成立するのは,$(A-YC)(I_p-P_{C'})=A-YC \Rightarrow YC=AP_{C'}$

(iii)
$$\begin{aligned}\|A-BX-YC\| &\geqq \|(I_n-P_B)(A-YC)\|\\ &\geqq \|(I_n-P_B)A(I_p-P_{C'})\|\end{aligned}$$

または,

$$\begin{aligned}\|(A-BX-YC)\| &\geqq \|(A-BX)(I_p-P_{C'})\|\\ &\geqq \|(I_n-P_B)A(I_p-P_{C'})\|\end{aligned}$$

最初の関係式から等号条件(2.76)式が,2番目の関係式から等号条件(2.77)式が導かれる. (証明終り)

注意 (i),(ii),(iii)の証明は,もちろん最小2乗法によって解くこともできる.ここで,(iii)の場合についてのみ証明しよう.

$$\begin{aligned}\|A-BX-YC\|^2 &= \mathrm{tr}\{(A-BX-YC)'(A-BX-YC)\}\\ &= \mathrm{tr}(A-YC)'(A-YC)-2\mathrm{tr}(BX)'(A-YC)+\mathrm{tr}(BX)'(BX)\end{aligned}$$

であるから,上式を X の各要素について偏微分すると,$B'(A-YC)=B'BX$. 左から $B(B'B)^-$ をかけると,$P_B(A-YC)=BX$. さらに,上式を

$$\mathrm{tr}(A-BX)'(A-BX)-2\mathrm{tr}(YC(A-BX)')+\mathrm{tr}(YC)(YC)'$$

と展開して,Y の各要素について偏微分すると,

$$C(A-BX)'=CC'Y' \Rightarrow (A-BX)C'=YCC'$$

両式の右から$(CC')^-C'$ をかけると$(A-BX)P_{C'}=YC$. これを,$P_B(A-YC)=BX$ に代入して整理すると,$P_BA(I_p-P_{C'})=BX(I_p-P_{C'})$となる.また,逆に $BX=P_B(A-YC)$ を$(A-BX)P_{C'}=YC$ に代入すると,$(I_n-P_B)AP_{C'}=(I_n-P_B)YC$ が得られる.

§2.6　射影行列の一般的表現

これまでに述べてきたところの射影行列の定義は，定義2.1にもとづくもので，$P^2=P$，すなわち，べき等性を満たさなければならないものであったが，本節ではRao (1974)，Rao & Yanai (1979) にもとづいて，必ずしも $P^2=P$ を満たさない，より一般化された射影行列の定義を与えよう．

定義2.3　E^n に含まれる一つの部分空間 V（ただし，$E^n \neq V$）が，$V=V_1 \oplus V_2 \oplus \cdots \oplus V_m$ と m 個の部分空間の直和に分解される場合，任意のベクトル $\boldsymbol{y} \in V$ を V_j へ移す写像 P_j^* を，空間 $V_{(j)}=V_1 \oplus \cdots \oplus V_{j-1} \oplus V_{j+1} \oplus \cdots \oplus V_m$ に沿った V_j への射影行列と呼ぶ．

このとき，n 次の正方行列 P_j^* が射影行列であるための必要十分条件は，

（i）　$\boldsymbol{x} \in V_j$ のとき $P_j^*\boldsymbol{x} = \boldsymbol{x}$　　$(j=1, \cdots, m)$　　(2.78)

（ii）　$\boldsymbol{x} \in V_{(j)}$ のとき $P_j^*\boldsymbol{x}=\boldsymbol{0}$　　$(j=1, \cdots, m)$　　(2.79)

が成立することである．したがって，$^\forall \boldsymbol{x} \in V$ は，$\boldsymbol{x}_j \in V_j$ としたとき，

$$\boldsymbol{x} = \boldsymbol{x}_1+\boldsymbol{x}_2+\cdots+\boldsymbol{x}_m = (P_1^*+P_2^*+\cdots+P_m^*)\boldsymbol{x}$$

と表わされるが，上式に左から P_i^* をかけると，$S(P_1), S(P_2), \cdots, S(P_m)$ は素であるから，任意の n 次元ベクトル $\boldsymbol{x} \in V$ について

$$P_i^*P_j^*\boldsymbol{x} = \boldsymbol{0} \quad (i \neq j), \quad (P_i^*)^2\boldsymbol{x} = P_i^*\boldsymbol{x} \quad (i=1, \cdots, m) \tag{2.80}$$

が成立する．ところで，$\boldsymbol{x}$ は空間 E^n 全体を覆わないから，上式から，$(P_i^*)^2= P_i^*$，または $P_i^*P_j^*=O$ $(i \neq j)$ が導かれることにはならない．

E^3 において，$\boldsymbol{e}_1'=(0, 0, 1), \boldsymbol{e}_2'=(0, 1, 0)$ で張られる空間を V_1, V_2 とする．ここで，

$$P^* = \begin{bmatrix} a & 0 & 0 \\ b & 0 & 0 \\ c & 0 & 1 \end{bmatrix}$$

とすると，$P^*\boldsymbol{e}_1=\boldsymbol{e}_1, P^*\boldsymbol{e}_2=\boldsymbol{0}$ となって，P^* は，定義2.3の意味で，V_2 に沿った V_1 への射影行列となるが，明らかに，$a=b=0$，または $a=1, c=0$ の場合を除いては $(P^*)^2=P^*$ とはならない．したがって，V が全空間 E^n を覆わない場合，定義2.3の意味での射影行列 P_j^* はべき等行列にならないが，V の一つの補空間を定めることによって，P_j^* から次のようにして，べき等行列を構成するこ

とができる.

定理 2.26　$P_j^*(j=1, \cdots, m)$ を定義 2.3 の意味での射影行列，E^n における $V=V_1 \oplus V_2 \oplus \cdots \oplus V_m$ の一つの補空間を V_{m+1} とするとき，P を V_{m+1} に沿った V への射影行列とすれば，

$$P_j = P_j^* P \qquad (j=1, \cdots, m), \qquad P_{m+1} = I_n - P \tag{2.81}$$

は，空間 $V_{(j)}^* = V_1 \oplus \cdots \oplus V_{j-1} \oplus V_{j+1} \oplus \cdots \oplus V_{m+1}$ に沿った $V_j(j=1, \cdots, m+1)$ への射影行列となる.

証明　$\boldsymbol{x} \in V$ のとき，$\boldsymbol{x} \in V_j(j=1, \cdots, m)$ であれば，$P_j^* P\boldsymbol{x} = P_j^* \boldsymbol{x} = \boldsymbol{x}$. 一方，$\boldsymbol{x} \in V_i(i \neq j, i=1, \cdots, m)$ であれば $P_j^* P\boldsymbol{x} = P_j^* \boldsymbol{x} = \boldsymbol{0}$. さらに，$\boldsymbol{x} \in V_{m+1}$ のとき $P_j^* P\boldsymbol{x} = \boldsymbol{0}\,(j=1, \cdots, m)$. 一方，$\boldsymbol{x} \in V$ のとき，$P_{m+1}\boldsymbol{x} = (I_n - P)\boldsymbol{x} = \boldsymbol{x} - \boldsymbol{x} = \boldsymbol{0}$. $\boldsymbol{x} \in V_{m+1}$ のとき，$P_{m+1}\boldsymbol{x} = (I_n - P)\boldsymbol{x} = \boldsymbol{x} - \boldsymbol{0} = \boldsymbol{x}$ となるから，定理 2.2 より，$P_j(j=1, \cdots, m+1)$ は，$V_{(j)}^*$ に沿った V_j への射影行列となる.（証明終り）

第2章　練習問題

問題 1　$\tilde{A} = \begin{bmatrix} A_1 & O \\ O & A_2 \end{bmatrix}$, $A = \begin{bmatrix} A_1 \\ A_2 \end{bmatrix}$ のとき，$P_{\tilde{A}} P_A = P_A$ を示せ.

問題 2　$P_A P_B = P_B P_A$ は，$S(A) = \{S(A) \cap S(B)\} \dot{\oplus} \{S(A) \cap S(B)^{\perp}\}$ となるための必要十分条件であることを示せ.（ただし，P_A, P_B は $S(A), S(B)$ への直交射影行列である.）（竹内 1981）

問題 3　P を $P^2 = P$ を満たす n 次の正方行列，$\boldsymbol{x}$ を任意の n 次元ベクトルとして

$$\|P\boldsymbol{x}\| \leqq \|\boldsymbol{x}\|$$

が成立するとき，次のことを示せ.

（i）　$\boldsymbol{x} \in (\mathrm{Ker}(P))^{\perp}$ のとき $P\boldsymbol{x} = \boldsymbol{x}$

（ii）　$P' = P$

問題 4　$S(A) = S(A_1) \dot{\oplus} \cdots \dot{\oplus} S(A_m)$ で，$P_j(j=1, \cdots, m)$ を空間 $S(A_j)$ への直交射影行列とするとき，${}^{\forall}\boldsymbol{x} \in E^n$ について次式が成り立つことを示せ.

（i）　$\|\boldsymbol{x}\|^2 \geqq \|P_1\boldsymbol{x}\|^2 + \|P_2\boldsymbol{x}\|^2 + \cdots + \|P_m\boldsymbol{x}\|^2$　(2.82)

さらに等号が成立するのは，$E^n = S(A)$ のときであることを示せ.

（ii）　$S(A) = S(A_1) \oplus S(A_2) \oplus \cdots \oplus S(A_m)$ の条件で(2.82)式が成立するとき，$S(A_i)$ と $S(A_j)$ $(i \neq j)$ は直交することを示せ.

（iii）　$P_{[j]} = P_1 + P_2 + \cdots + P_j$ とおくとき

$$\|P_{[m]}\boldsymbol{x}\| \geqq \|P_{[m-1]}\boldsymbol{x}\| \geqq \cdots \geqq \|P_{[2]}\boldsymbol{x}\| \geqq \|P_{[1]}\boldsymbol{x}\|$$

が成り立つことを示せ．

問題5 $E^n = V_1 \oplus W_1 = V_2 \oplus W_2 = V_3 \oplus W_3$ の三通りの直和分解が与えられ，P_j を W_j に沿った $V_j (j=1,2,3)$ への射影行列とするとき，次のことを示せ．

(i) $P_i P_j = O (i \neq j)$ のとき $(P_1+P_2+P_3)$ は $W_1 \cap W_2 \cap W_3$ に沿った $V_1+V_2+V_3$ への射影行列である．

(ii) $P_1P_2 = P_2P_1$, $P_1P_3 = P_3P_1$, $P_2P_3 = P_3P_2$ のとき $P_1P_2P_3$ は $(W_1+W_2+W_3)$ に沿った $V_1 \cap V_2 \cap V_3$ への射影行列である．

(iii) (ii)の三つの式が成立し，$W_1 \cap W_2 \cap W_3$ に沿った $V_1+V_2+V_3$ への射影行列を P_{1+2+3} とするとき次式が成り立つことを示せ．

$$P_{1+2+3} = P_1+P_2+P_3-P_1P_2-P_2P_3-P_3P_1+P_1P_2P_3$$

問題6 $E^n = V_1 \oplus W_1 = V_2 \oplus W_2$ のとき，次のことを示せ(Ben–Israel, 1974)

(i) $P_{V_1 \cdot W_1} P_{V_2 \cdot W_2} = P_{V_1 \cap V_2 \cdot W_1 + W_2} \Longleftrightarrow V_2 = V_1 \cap V_2 \oplus W_1 \cap V_2$

(ii) $P_{V_2 \cdot W_2} P_{V_1 \cdot W_1} = P_{V_1 \cap V_2 \cdot W_1 + W_2} \Longleftrightarrow V_1 = V_1 \cap V_2 \oplus W_2 \cap V_1$

第3章　一般逆行列

§3.1　線形変換による一般逆行列の定義

すでに述べたように，A を n 次の正方行列としたとき，A が正則であれば $\mathrm{Ker}\,(A)=\{\mathbf{0}\}$ となり，$\boldsymbol{y}=A\boldsymbol{x}$ の解ベクトルは $\boldsymbol{x}=A^{-1}\boldsymbol{y}$ と一意に定められる．このとき，A の逆行列 A^{-1} は，$\boldsymbol{y}\in E^n\to\boldsymbol{x}\in E^n$ への逆変換を定義するものとなる．ところで，A を (n, m) 型行列としたとき，$A\boldsymbol{x}=\boldsymbol{y}$ の解 $\boldsymbol{x}$ は $\boldsymbol{y}\in S(A)$ のときは解をもつが，その場合でも，$\mathrm{Ker}\,(A)\neq\{\mathbf{0}\}$ の場合，$A\boldsymbol{x}_0=\mathbf{0}$ を満たす $\boldsymbol{x}_0$ の存在によって $A(\boldsymbol{x}+\boldsymbol{x}_0)=\boldsymbol{y}$ により $A\boldsymbol{x}=\boldsymbol{y}$ の解ベクトル $\boldsymbol{x}$ は一通りに定めることはできない．さらに，$\boldsymbol{y}\notin S(A)$ の場合，解ベクトル $\boldsymbol{x}$ は存在しない．

そこで，$\boldsymbol{y}\in S(A)$ のとき線形方程式 $A\boldsymbol{x}=\boldsymbol{y}$ の解が $\boldsymbol{x}=G\boldsymbol{y}$ と表わされるような線形変換を考えよう．このような変換の存在は，次のようにして確かめることができる．すなわち，$\mathrm{rank}\,A=\dim S(A)=r$ とし，$\boldsymbol{y}_1, \cdots, \boldsymbol{y}_r$ を $S(A)$ の基底とすると，$A\boldsymbol{x}_i=\boldsymbol{y}_i (i=1, \cdots, r)$ となるような $\boldsymbol{x}_i$ が存在する．そこで任意の $\boldsymbol{y}\in S(A)$ を $\boldsymbol{y}=c_1\boldsymbol{y}_1+\cdots+c_r\boldsymbol{y}_r$ と表わすとき，$\boldsymbol{y}$ を $\boldsymbol{x}=c_1\boldsymbol{x}_1+\cdots+c_r\boldsymbol{x}_r$ に対応させる変換を考えれば，これは線形変換であって，かつ

$$A\boldsymbol{x} = c_1A\boldsymbol{x}_1+\cdots+c_rA\boldsymbol{x}_r = c_1\boldsymbol{y}_1+\cdots+c_r\boldsymbol{y}_r = \boldsymbol{y}$$

となる．

定義 3.1　A を (n, m) 型行列とする線形方程式 $A\boldsymbol{x}=\boldsymbol{y}$ が解 $\boldsymbol{x}$ をもつような $\boldsymbol{y}$ に対して，$\boldsymbol{x}=A^-\boldsymbol{y}$ がこの方程式の一つの解となる場合，(m, n) 型行列 A^- を A の一般逆行列という．

定理 3.1　(m, n) 型行列 A^- が (n, m) 型行列 A の一般逆行列であるための必要十分条件は

$$AA^{-}A = A \tag{3.1}$$

である．

証明　(必要性)　線形方程式 $A\boldsymbol{x}=\boldsymbol{y}$ の解を $\boldsymbol{x}=A^{-}\boldsymbol{y}$ と表わすと，$\boldsymbol{y}\in S(A)$ は $\boldsymbol{y}=A\boldsymbol{\alpha}$ と表わすことができるから，$AA^{-}A\boldsymbol{\alpha}=A\boldsymbol{\alpha}\Rightarrow AA^{-}A=A$.

(十分性)　$AA^{-}A=A\Rightarrow AA^{-}A\boldsymbol{\alpha}=A\boldsymbol{\alpha}$．ここで，$\boldsymbol{y}=A\boldsymbol{\alpha}$ とおくと $AA^{-}\boldsymbol{y}=\boldsymbol{y}$．これから解ベクトル $\boldsymbol{x}=A^{-}\boldsymbol{y}$ が得られる．　(証明終り)

(3.1)式による一般逆行列の定義は Rao (1962) によって与えられたもので最も包括的な一般逆行列の定義といえる．明らかに，A が正方行列で，しかも正則の場合，逆行列 A^{-1} は(3.1)式を満たす．したがって，逆行列は一般逆行列の特殊な場合に相当することがわかる．また，定義から明らかなように，一般逆行列は A が正方行列でない場合にも定義されるものである．

注意　a を任意の実数としたとき

$$aba = a$$

を満たす b は $a\neq 0$ のとき $b=a^{-1}$, $a=0$ のとき $b=k$ (k は任意の実数)となる．上式は，(3.1)式の特別な場合であるが，上式を満たす b は，a の一般逆数と呼ぶべきものであろう．

上記の(3.1)式による一般逆行列の定義は，$\boldsymbol{y}\in S(A)$ の場合 $\boldsymbol{y}\to\boldsymbol{x}\in E^m$ への線形変換が一般逆行列 A^{-} によって与えられることを示すものであるが，A^{-} は $\boldsymbol{y}\notin S(A)$ の場合にも $\boldsymbol{y}\to\boldsymbol{x}\in E^m$ の変換として次のように定義することができ

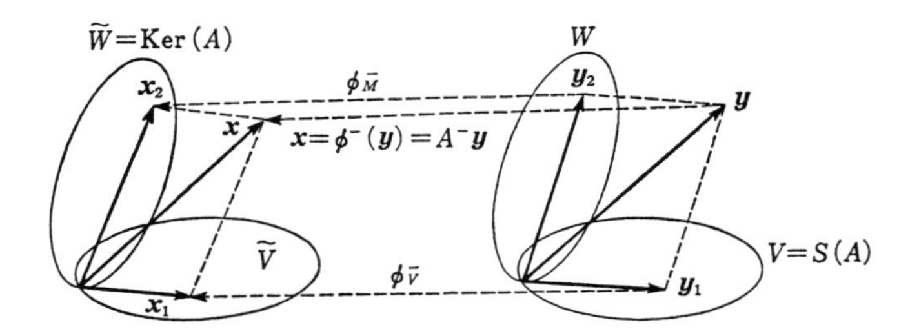

図3.1　一般逆行列 A^{-} の表現
V, $\tilde{W}$ は行列 A によって一意的に定まるが，W, $\tilde{V}$ は(3.2)式を満たすものであれば任意に選ぶことができる．また，$\phi_{M}{}^{-}$ の選択にも任意性がある．

る．

すなわち，$V=S(A)$, A の零空間を $\widetilde{W}=\mathrm{Ker}\,(A)$ としたとき，E^n における $V=S(A)$ のある補空間を W，E^m における $\widetilde{W}$ のある補空間を $\tilde{V}$ とすると，

$$E^n = S(A) \oplus W,\ \ E^m = \tilde{V} \oplus \widetilde{W} \tag{3.2}$$

と分解できる．任意の $\boldsymbol{y}=\boldsymbol{y}_1+\boldsymbol{y}_2(\boldsymbol{y}_1\in S(A), \boldsymbol{y}_2\in W)$ に対して，$\boldsymbol{y}_1$ を $\boldsymbol{x}_1\in \tilde{V}$ に，$\boldsymbol{y}_2$ を $\boldsymbol{x}_2\in \widetilde{W}$ に対応させることによって，$\boldsymbol{y}$ を $\boldsymbol{x}=\boldsymbol{x}_1+\boldsymbol{x}_2$ に対応させる変換は E^n から E^m への線形変換となっている．より詳しく言えば，$\boldsymbol{x}\in E^m$ を $\boldsymbol{x}=\boldsymbol{x}_1+\boldsymbol{x}_2(\boldsymbol{x}_1\in \tilde{V}, \boldsymbol{x}_2\in \widetilde{W})$ と分解すると，$A\boldsymbol{x}=A(\boldsymbol{x}_1+\boldsymbol{x}_2)=A\boldsymbol{x}_1=\boldsymbol{y}_1\in V=S(A)$ となる．このとき，$A\boldsymbol{x}=A\boldsymbol{x}_1\Rightarrow A(\boldsymbol{x}-\boldsymbol{x}_1)=\boldsymbol{0}\Rightarrow \boldsymbol{x}-\boldsymbol{x}_1\in \tilde{V}\cap \widetilde{W}=\{\boldsymbol{0}\}$ より $\boldsymbol{x}=\boldsymbol{x}_1$．したがって，$\tilde{V}\rightarrow V$ への対応は1対1となることから，$A\boldsymbol{x}_1=\boldsymbol{y}_1$ の逆変換も一意に定まり，それを $\boldsymbol{x}_1=\phi_V^-(\boldsymbol{y}_1)$ と表わす．次に $W\rightarrow \widetilde{W}=\mathrm{Ker}\,(A)$ への線形変換 ϕ_M^- を任意に一つ定める．ここで $\boldsymbol{y}\in E^n$ を $\boldsymbol{y}=\boldsymbol{y}_1+\boldsymbol{y}_2(\boldsymbol{y}_1\in V, \boldsymbol{y}_2\in W)$ と分解して，$\boldsymbol{y}_1$ の ϕ_V^- による像を $\boldsymbol{x}_1$，$\boldsymbol{y}_2$ の ϕ_M^- による像を $\boldsymbol{x}_2$，すなわち

$$\boldsymbol{x} = \phi_V^-(\boldsymbol{y}_1)+\phi_M^-(\boldsymbol{y}_2) = \phi^-(\boldsymbol{y}) \tag{3.3}$$

によって，E^n のベクトル $\boldsymbol{y}$ を E^m のベクトル $\boldsymbol{x}$ に対応させる写像 ϕ^- が定義される．線形写像 ϕ^- に対応する行列 A^- を行列 A の一般逆行列と定義することができる．この定義から明らかに W, $\tilde{V}$ および ϕ_M^- の選択の任意性に応じて，A^- の選択に任意性があることになる．（図3.1参照）

補助定理 3.1　$\boldsymbol{y}_1\in S(A), \boldsymbol{y}_2\in W$ のとき

$$\phi_V^-(\boldsymbol{y}_1) = A^-\boldsymbol{y}_1,\ \ \phi_M^-(\boldsymbol{y}_2) = A^-\boldsymbol{y}_2 \tag{3.4}$$

証明　$\boldsymbol{y}_1=\boldsymbol{y}_1+\boldsymbol{0}, \boldsymbol{y}_2=\boldsymbol{0}+\boldsymbol{y}_2$ を(3.3)式に代入すればよい．　（証明終り）

逆に次のことが成立する．

定理 3.2　A の任意の一般逆行列 A^- に対して $V=S(A)$, $\widetilde{W}=\mathrm{Ker}\,(A)$ とすると，ある分解 $E^n=V\oplus W$, $E^m=\tilde{V}\oplus \widetilde{W}$ が存在して $\boldsymbol{y}=\boldsymbol{y}_1+\boldsymbol{y}_2(\boldsymbol{y}_1\in V, \boldsymbol{y}_2\in W)$ とするとき，

$$\boldsymbol{x} = A^-\boldsymbol{y} = \boldsymbol{x}_1+\boldsymbol{x}_2\,(\boldsymbol{x}_1 \in \tilde{V}, \boldsymbol{x}_2 \in \widetilde{W}) \tag{3.5}$$

とすれば

$$\boldsymbol{x}_1 = A^-\boldsymbol{y}_1 \quad \text{および} \quad \boldsymbol{x}_2 = A^-\boldsymbol{y}_2 \tag{3.6}$$

となる．

証明　$E^n=V\oplus W$ を任意の直和分解として，ϕ_V^- による V の像を $S(A_V^-)$

と記して $S(A_V^-)=\tilde{V}$ とおくと，任意の $\boldsymbol{y}=\boldsymbol{y}_1+\boldsymbol{y}_2(\boldsymbol{y}_1\in V, \boldsymbol{y}_2\in W)$ に対して $\boldsymbol{y}_1\in S(A)$ だから $A^-\boldsymbol{y}_1=\boldsymbol{x}_1\in\tilde{V}$ で，かつ $A\boldsymbol{x}_1=\boldsymbol{y}_1$ となる．次に，$\boldsymbol{y}_1\neq\boldsymbol{0}$ ならば $\boldsymbol{y}_1=A\boldsymbol{x}_1\neq\boldsymbol{0}$ であるから，$\boldsymbol{x}_1\notin\widetilde{W}$ ゆえに $\tilde{V}\cap\widetilde{W}=\{\boldsymbol{0}\}$．更に $\boldsymbol{x}_1, \tilde{\boldsymbol{x}}_1\in V(\boldsymbol{x}_1\neq\tilde{\boldsymbol{x}}_1)$ のとき $\boldsymbol{x}_1-\tilde{\boldsymbol{x}}_1\notin\widetilde{W}$ であるから $A(\boldsymbol{x}_1-\tilde{\boldsymbol{x}}_1)\neq\boldsymbol{0}\Rightarrow A\boldsymbol{x}_1\neq A\tilde{\boldsymbol{x}}_1$．ゆえに，$V\to\tilde{V}$ の対応は1対1である．したがって，$\dim\tilde{V}=\dim V$ より $\dim\widetilde{W}=m-\mathrm{rank}\,A$ だから $\tilde{V}\oplus\widetilde{W}=E^m$ となる．　　（証明終り）

定理 3.3　$E^n=V\oplus W$，$E^m=\tilde{V}\oplus\widetilde{W}$（ただし，$V=S(A)$，$\widetilde{W}=\mathrm{Ker}\,(A)$）が成り立つ場合，任意の $\boldsymbol{y}=\boldsymbol{y}_1+\boldsymbol{y}_2(\boldsymbol{y}_1\in V, \boldsymbol{y}_2\in W)$ に対し，

$$A^-\boldsymbol{y}=A^-\boldsymbol{y}_1+A^-\boldsymbol{y}_2=\boldsymbol{x}_1+\boldsymbol{x}_2\ (\text{ただし } \boldsymbol{x}_1\in\tilde{V}, \boldsymbol{x}_2\in\widetilde{W}) \quad (3.7)$$

が成り立つとき，次の三つの命題は互いに同値である．

（i）　A^- は A の一般逆行列である．

（ii）　AA^- は W に沿った V への射影行列である．

（iii）　A^-A は $\widetilde{W}$ に沿った $\tilde{V}$ への射影行列である．

証明　(i)→(ii)　A^- は A の一般逆行列であるから，定理3.2により $A^-\boldsymbol{y}_1=\boldsymbol{x}_1, A^-\boldsymbol{y}_2=\boldsymbol{x}_2$ が成立する．したがって，(3.7)式に左から A をかけ(3.6)式を用いると

$$AA^-\boldsymbol{y}_1=A\boldsymbol{x}_1=\boldsymbol{y}_1 \text{ および } AA^-\boldsymbol{y}_2=A\boldsymbol{x}_2=\boldsymbol{0}.$$

したがって，定理2.2より(ii)が証明される．

(ii)→(iii)　$A\boldsymbol{x}_1=\boldsymbol{y}_1\Rightarrow A^-A\boldsymbol{x}_1=A^-\boldsymbol{y}_1=\boldsymbol{x}_1$

一方，$\widetilde{W}$ に含まれる任意のベクトルを $\boldsymbol{x}_2$ とするとき，$A\boldsymbol{x}_2=\boldsymbol{0}\Rightarrow A^-A\boldsymbol{x}_2=\boldsymbol{0}$．したがって，定理2.2より(iii)が示される．

(iii)→(i)　$\boldsymbol{y}=\boldsymbol{y}_1+\boldsymbol{y}_2\ (\boldsymbol{y}_1\in V, \boldsymbol{y}_2\in W)$ と分解すると，

$$A^-\boldsymbol{y}=A^-\boldsymbol{y}_1+A^-\boldsymbol{y}_2=\boldsymbol{x}_1+\boldsymbol{x}_2\ (\text{ただし，} \boldsymbol{x}_1\in\tilde{V}, \boldsymbol{x}_2\in\widetilde{W})$$

したがって，$A^-A\boldsymbol{x}_1=\boldsymbol{x}_1\Rightarrow A^-\boldsymbol{y}_1=\boldsymbol{x}_1$．したがって $A^-\boldsymbol{y}_2=\boldsymbol{x}_2$ となり，補助定理3.1および定理3.2で示された一般逆行列の性質から明らかに A^- は一般逆行列となることがわかる．　　（証明終り）

§3.2　一般逆行列の一般的性質

(3.1)式を満たす一般逆行列 A^- についての種々の性質を調べよう．

3.2.1　一般逆行列の性質

定理 3.4　$H=AA^-, F=A^-A$ とおくとき次の関係が成立する.

（i）　$H^2=H,\quad F^2=F$　(3.8)

（ii）　$\mathrm{rank}\, H=\mathrm{rank}\, F=\mathrm{rank}\, A$　(3.9)

（iii）　$\mathrm{rank}\, A^- \geqq \mathrm{rank}\, A$　(3.10)

（iv）　$\mathrm{rank}\,(A^-AA^-)=\mathrm{rank}\, A$　(3.11)

証明　（i）　一般逆行列の定義より明らか.

（ii）　$\mathrm{rank}\, A \geqq \mathrm{rank}\,(AA^-)=\mathrm{rank}\, H, \mathrm{rank}\, A=\mathrm{rank}\,(AA^-A)=\mathrm{rank}\,(HA)$ $\leqq \mathrm{rank}\, H$ より $\mathrm{rank}\, H=\mathrm{rank}\, A$. $\mathrm{rank}\, F=\mathrm{rank}\, A$ も同様に証明される.

（iii）　$\mathrm{rank}\, A=\mathrm{rank}(AA^-A) \leqq \mathrm{rank}\,(AA^-) \leqq \mathrm{rank}\, A^-$

（iv）　$\mathrm{rank}\,(A^-AA^-) \leqq \mathrm{rank}\,(A^-A)$, 一方 $\mathrm{rank}\,(A^-AA^-) \geqq \mathrm{rank}\,(A^-AA^-A)$ $=\mathrm{rank}(A^-A)$ より $\mathrm{rank}\,(A^-AA^-)=\mathrm{rank}\,(A^-A)=\mathrm{rank}\, A$　（証明終り）

例 3.1　$A=\begin{bmatrix}1 & 1\\1 & 1\end{bmatrix}$の一般逆行列を求めよ.

解　$A^-=\begin{bmatrix}a & b\\c & d\end{bmatrix}$とおくと$\begin{bmatrix}1 & 1\\1 & 1\end{bmatrix}\begin{bmatrix}a & b\\c & d\end{bmatrix}\begin{bmatrix}1 & 1\\1 & 1\end{bmatrix}=\begin{bmatrix}1 & 1\\1 & 1\end{bmatrix}$より

$a+b+c+d=1$ となる. したがって,

$$A^-=\begin{bmatrix}a & b\\c & 1-a-b-c\end{bmatrix}\quad (a, b, c \text{ は任意の実数})$$

となる.

注意　上記の例から明らかなように, A の一般逆行列 A^- は, 一般には一通りに定まらない. したがって, A^- が一通りに定まらない場合, A の一般逆行列の集合を $\{A^-\}$ と記すことがある.

$$A=\begin{bmatrix}1 & 1\\1 & 1\end{bmatrix}\text{ のとき }\quad A_1=\begin{bmatrix}\frac{1}{4} & \frac{1}{4}\\[4pt]\frac{1}{4} & \frac{1}{4}\end{bmatrix},\ A_2=\begin{bmatrix}2 & 1\\-1 & -1\end{bmatrix}\text{ とおくと}$$

$A_1, A_2 \in \{A^-\}$ である.

次に, 一般逆行列 A^- についてのいくつかの基本定理を導こう.

定理 3.5　A の任意の一般逆行列 A^- について, 次の関係が成立する.

（i）　$\{(A^-)'\} = \{(A')^-\}$　　(3.12)

（ii）　$A(A'A)^-A'A = A$　　(3.13)

（iii）　$(A(A'A)^-A')' = A(A'A)^-A'$　　(3.14)

証明　（i）　$AA^-A=A \Rightarrow A'(A^-)'A'=A'$ したがって $\{(A^-)'\} \subset \{(A')^-\}$．ところで，$A'(A')^-A'=A'$ より $((A')^-)' \in \{A^-\} \Rightarrow \{(A')^-\} \subset \{(A^-)'\}$．したがって，$\{(A^-)'\} = \{(A')^-\}$

（ii）　$G=(I_n-A(A'A)^-A')A=A(I_n-(A'A)^-A'A)$ とおくと

$$G'G = (I_n-(A'A)^-A'A)'(A'A-A'A(A'A)^-A'A) = O$$

したがって，$G=O$ となって(3.13)式が成立する．

(iii)　$A'A$ の一つの一般逆行列を G とすると，G' も $A'A$ の一般逆行列となるから $S=(1/2)(G+G')$ は $A'A$ の対称な一般逆行列である．ここで，$H=ASA'-A(A'A)^-A'$ とおくと，(ii) の結果を用いて

$$H'H = (ASA'-A(A'A)^-A')'(ASA'-A(A'A)^-A')$$
$$= (AS-A(A'A)^-)(A'ASA'-A'A(A'A)^-A') = O$$

したがって，$H=O$ より(3.14)式が証明される．　　（証明終り）

なお，上記の定理より次の系が導かれる．

系　（i）　$P_A = A(A'A)^-A'$　　(3.15)

（ii）　$P_{A'} = A'(AA')^-A$　　(3.16)

としたとき，$P_A, P_A{}'$ は部分空間 $S(A), S(A')$ 上への直交射影行列である．

注意　$S(A)=S(\tilde{A})$ のとき $P_A=P_{\tilde{A}}$ が成立するから，P_A は行列 A の関数ではなく，部分空間 $S(A)$ に対応するもので，P_A は正確には $P_{S(A)}$ と記述すべきものであるが，繁雑さを回避するために P_A と記すことにする．

3.2.2　部分空間の一般逆行列による表現

まず，次の補助定理を示す．

補助定理 3.2　A^- が任意の一般逆行列のとき

$$V = S(A) = S(AA^-) \qquad (3.17)$$

証明　$S(A) \supset S(AA^-)$ は明らか．一方 $\text{rank}(AA^-) \geqq \text{rank}(AA^-A) = \text{rank}\ A$ より，$S(AA^-) \supset S(A) \Rightarrow S(A)=S(AA^-)$　　（証明終り）

定理 3.6　$V=S(A)$ の任意の補空間 W は A のある一般逆行列 A^- を用いて，次のように表現される．

$$W = S(I_n - AA^-) \tag{3.18}$$

証明　（十分性）　$AA^-\boldsymbol{x}+(I_n-AA^-)\boldsymbol{y}=\boldsymbol{0}$ とすると，左から AA^- をかけることにより，$AA^-\boldsymbol{x}=\boldsymbol{0} \Rightarrow (I_n-AA^-)\boldsymbol{y}=\boldsymbol{0}$．一方，$P=AA^-$ とおくと $P^2=P$ より，$\mathrm{rank}\,(AA^-)+\mathrm{rank}\,(I_n-AA^-)=n$．よって，$E^n=V \oplus W$.

（必要性）　$P=AA^-$ とおくと $P^2=P$，したがって，補助定理 2.1 より行列 P の零空間は $S(I_n-P)$ で $S(P)\cap S(I_n-P)=\{\boldsymbol{0}\}$ となるから，$S(I_n-P)$ は $S(P)$ の補空間の一般表現を与える．したがって(3.18)式が導かれる．　（証明終り）

なお，補助定理 2.1 と同様に，次の定理も一般逆行列を線形変換との関連で把握するうえできわめて有用である．

補助定理 3.3　(i)　$\mathrm{Ker}\,(A)=\mathrm{Ker}\,(A^-A)$　(3.19)

(ii)　$\mathrm{Ker}\,(A) = S(I_m - A^-A)$　(3.20 a)

(iii)　$\tilde{W}=\mathrm{Ker}\,(A)$ の補空間は，A のある一般逆行列により次式となる．

$$\tilde{V} = S(A^-A) \tag{3.20 b}$$

証明　(i)　$A\boldsymbol{x}=\boldsymbol{0} \Rightarrow A^-A\boldsymbol{x}=\boldsymbol{0} \Rightarrow \mathrm{Ker}\,(A)\subset \mathrm{Ker}\,(A^-A)$

一方，$A^-A\boldsymbol{x}=\boldsymbol{0} \Rightarrow AA^-A\boldsymbol{x}=A\boldsymbol{x}=\boldsymbol{0} \Rightarrow \mathrm{Ker}\,(A^-A)\subset \mathrm{Ker}\,(A)$

したがって，$\mathrm{Ker}\,(A)=\mathrm{Ker}(A^-A)$

(ii)　(i) と補助定理 2.1 (ii) を用いればよい．

(iii)　$(I_m-A^-A)^2=I_m-A^-A$ より定理 3.6 を用いると $\{\mathrm{Ker}\,(A)\}^C=\{S\,(I-(I-A^-A))\}^C=S\,(A^-A)$　（証明終り）

上記の定理と補助定理より，次の定理が導かれる．

定理 3.7　A が (n, m) 型行列のとき，次式が成立する．

(i)　$S(AA^-)\oplus S(I_n-AA^-) = E^n$　(3.21)

(ii)　$S(A^-A)\oplus S(I_m-A^-A) = E^m$　(3.22)

証明　$\mathrm{Ker}\,(AA^-)=S(I_n-AA^-)$, $\mathrm{Ker}\,(A^-A)=S(I_m-A^-A)$ より明らかである．　（証明終り）

注意　(3.21)式は $E^n=V\oplus W$, (3.22)式は $E^m=\tilde{V}\oplus\tilde{W}$ に対応する．E^n における $V=S(A)=S(AA^-)$ の補空間 $W=S(I_n-AA^-)$ は一意に定まらないが A の零空間 $\tilde{W}$

は $S(I_m-A^-A)=S(I_m-A'(AA')^-A)=S(A')^\perp$ により一意に定められる．しかし，$\tilde{W}$ の補空間 $\tilde{V}=S(A^-A)$ は一意には定められない．（例3.2を参照のこと）

注意　(3.22)式は

$$\text{rank}(A^-A)+\text{rank}(I_m-A^-A)=m$$

を意味するもので，$\text{rank}(A^-A)=\text{rank}\ A$，$\text{rank}(I_m-A^-A)=\dim S(I_m-A^-A)=\dim(\text{Ker}(A))$ により，定理1.9(1.55式)が成立することを意味している．

例3.2　$A=\begin{bmatrix}1 & 1\\ 1 & 1\end{bmatrix}$ のとき，(i) $W=S(I_2-AA^-)$，(ii) $\tilde{W}=S(I_2-A^-A)$，(iii) $\tilde{V}=S(A^-A)$ を求めよ．

解　（i）　例3.1より

$$A^-=\begin{bmatrix}a & b\\ c & 1-a-b-c\end{bmatrix}$$

したがって

$$I_2-AA^-=\begin{bmatrix}1 & 0\\ 0 & 1\end{bmatrix}-\begin{bmatrix}1 & 1\\ 1 & 1\end{bmatrix}\begin{bmatrix}a & b\\ c & 1-a-b-c\end{bmatrix}$$

$$=\begin{bmatrix}1 & 0\\ 0 & 1\end{bmatrix}-\begin{bmatrix}a+c & 1-a-c\\ a+c & 1-a-c\end{bmatrix}=\begin{bmatrix}1-a-c & -(1-a-c)\\ -(a+c) & (a+c)\end{bmatrix}$$

したがって，$x=1-(a+c)$ とおくと $W=S(I_2-AA^-)$ はベクトル $(x, x-1)'$ によって張られる一次元空間である．（x の値が任意に変化することにより $S(I_2-AA^-)$ は一意に定まらない）

(ii)　$$I_2-A^-A=\begin{bmatrix}1-a-b & -(a+b)\\ -(1-a-b) & (a+b)\end{bmatrix}=\begin{bmatrix}1 & -1\\ -1 & 1\end{bmatrix}\begin{bmatrix}1-a-b & 0\\ 0 & a+b\end{bmatrix}$$

したがって $\tilde{W}=S(I_2-A^-A)$ は $(1,-1)'$ によって張られる直線 $Y=-X$ 上の一次元空間で一意に定められる．

(iii)　$$A^-A=\begin{bmatrix}a & b\\ c & 1-a-b-c\end{bmatrix}\begin{bmatrix}1 & 1\\ 1 & 1\end{bmatrix}=\begin{bmatrix}a+b & a+b\\ 1-a-b & 1-a-b\end{bmatrix}$$

ここで，$a+b=x$ とおくと $S(A^-A)$ は2次元ベクトル $(x, 1-x)$ によって生成されるもので，x は任意の値をとるので一意には定まらない．

注意　ここで $S(A)$ は(1, 1)より原点を通る直線 $Y=X$ 上に対応するものと仮定すれば，その補空間は原点(0, 0)と $Y=X-1$ 上の任意の点 $P(X, X-1)$ を結ぶ線である（図3.2）．

注意 ここで，$\tilde{W}=\mathrm{Ker}(A)=\{(1,-1)\}$ となるから，$\tilde{V}=S(A^-A)$は，直線 $Y=1-X$ 上の任意の点 $P_2(X,1-X)$ と原点を結んだ直線に対応する(図3.3).

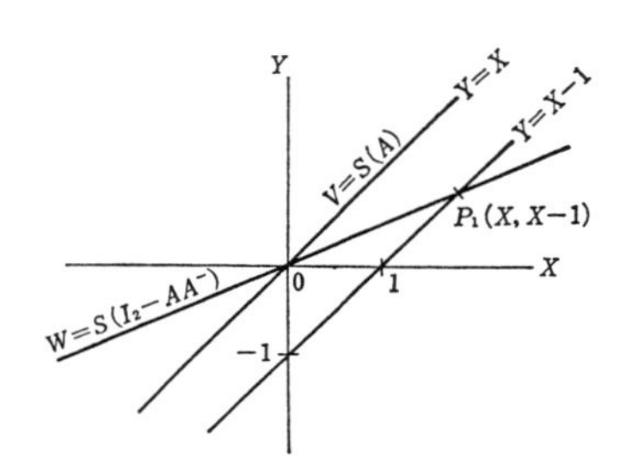

図3.2 $E^2=V\oplus W$ の直線による表示

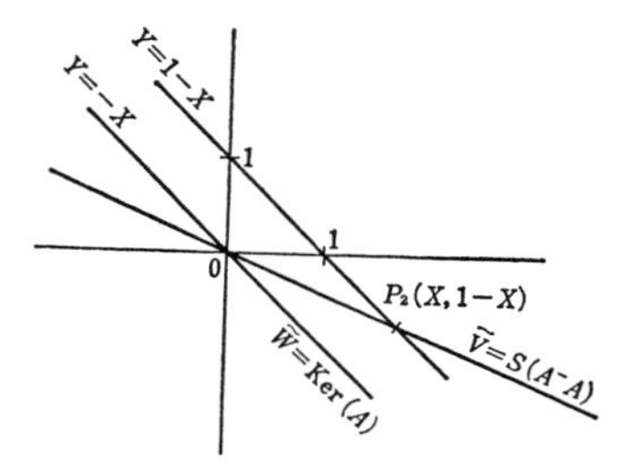

図3.3 $E^2=\tilde{V}\oplus\tilde{W}$ の直線による表示

3.2.3 一般逆行列と線形方程式

前節で示した定理を用いて，線形方程式の解を一般逆行列を用いて表現してみよう.

定理 3.8 $A\boldsymbol{x}=\boldsymbol{b}$ で，しかも，$\boldsymbol{b}\in S(A)$ のとき，

$$\boldsymbol{x} = A^-\boldsymbol{b}+(I_m-A^-A)\boldsymbol{z} \qquad (\boldsymbol{z}\text{ は任意の }m\text{ 次元ベクトル}) \tag{3.23}$$

証明 $\boldsymbol{b}\in S(A)$ のとき，$A^-\boldsymbol{b}$ を $\boldsymbol{x}_1$ とすると，$A\boldsymbol{x}_1=\boldsymbol{b}$. ところで，$A\boldsymbol{x}_0=\boldsymbol{0}$ の解は(3.20 a)式より，$\boldsymbol{x}_0=(I_m-A^-A)\boldsymbol{z}$ となる. したがって，$\boldsymbol{x}=\boldsymbol{x}_0+\boldsymbol{x}_1$ として(3.23)式が求められる. また，逆に(3.23)式が $A\boldsymbol{x}=\boldsymbol{b}$ を満たすことは明らかである. (証明終り)

系 $A\boldsymbol{x}=\boldsymbol{b}$ が解をもつための必要十分条件は，

$$AA^-\boldsymbol{b} = \boldsymbol{b} \tag{3.24}$$

で与えられる.

証明 十分性は明らか. 必要性は，$AA^-A\boldsymbol{x}=A\boldsymbol{x}$ に $A\boldsymbol{x}=\boldsymbol{b}$ を代入すればよい. (証明終り)

上記の系は次のように一般化される.

定理 3.9 $$AXB = C \tag{3.25}$$

において X が解をもつための必要十分条件は

$$AA^-CB^-B = C \tag{3.26}$$

が成立することである.

証明 十分性は(3.25)式において $X=A^-CB^-$ とおけばよい．必要性は $AXB=C$ の両辺に左側から AA^-，右側から B^-B をかけることによって $AA^-AXBB^-B=AA^-CB^-B$．この式の左辺は AXB となるから(3.26)式が導かれる．

(証明終り)

注意 上記の定理において，A を(n,p)型，B を(q,r)型，C を(n,r)型行列とすると，X は(p,q)型行列となる．ここで $q=r$ のとき，B を q 次の単位行列とすれば，$AX=C$ が解を持つ必要十分条件は，$AA^-C=C$ となり，このとき $X=A^-C+(I_p-A^-A)Z$(Z は任意の p 次の正方行列)．一方，$n=p$ で，A が単位行列のとき，すなわち，$XB=C$ が解をもつ必要十分条件は，$CB^-B=C$ となり，このとき $X=CB^-+Z(I_q-BB^-)$ となる(Z は任意の q 次の正方行列)．

ところで，(3.25)式の一つの解は，(3.26)式が成立するとき

$$X = A^-CB^- \tag{3.27}$$

となることは明らかであるが，この他に $AX_1=O, X_2B=O$ を満たす

$$X_1 = (I_p-A^-A)Z_1, X_2 = Z_2(I_q-BB^-)$$

によって導かれる次式

$$X = A^-CB^-+(I_p-A^-A)Z_1+Z_2(I_q-BB^-) \tag{3.28}$$

も，やはり(3.25)式を満たす．さらに上式で $Z_2=A^-AZ, Z_1=Z$ とおくと

$$X = A^-CB^-+Z-A^-AZBB^- \tag{3.29}$$

も，やはり(3.25)式を満たすことがわかる．ここで，上記の記述において，$B\to A, C\to A$ とすると，次の定理が導かれる．

定理 3.10 (n,m)型行列 A の一つの一般逆行列を A^- とすると，

(i) $G = A^-+Z-A^-AZAA^-$ (3.30)

(ii) $G = A^-+Z_1(I_n-AA^-)+(I_m-A^-A)Z_2$ (3.31)

はいずれも A の一般逆行列である．(Z, Z_1, Z_2 は，いずれも$(m\times n)$の次数をもつ任意の行列)

(証明略)

次に，二つの部分空間の包含関係と，それに対応する一般逆行列の関係についての基本定理を示そう．

定理 3.11 (i) $S(A)\supset S(B)\Rightarrow AA^-B = B$ (3.32) (ii)　$S(A') \supset S(B') \Rightarrow BA^-A = B$　(3.33)

証明　(i)　$S(A) \supset S(B)$ より，$B=AW$ を満たす行列 W が存在する．したがって，$AA^-B=AA^-AW=AW=B$.

(ii)　(i) より $A'(A')^-B'=B'$．両辺の転置をとると $B=B((A')^-)'A$．ところで定理3.5(i)より $(A')^-=(A^-)'$．したがって，$B=BA^-A$ が導かれる．

(証明終り)

上記の定理によって次の定理が導かれる．

定理3.12　$S(A+B) \supset S(B)$ かつ $S(A'+B') \supset S(B')$ のとき（または，$S(A+B) \supset S(A)$, $S(A'+B') \supset S(A')$) のとき）次式が成立する．(Rao & Mitra (1971))

(i)　$A(A+B)^-B = B(A+B)^-A$　(3.34)

(ii)　A^-+B^- は $A(A+B)^-B$ の一般逆行列である．　(3.35)

(iii)　$S(A) \cap S(B) = S(A(A+B)^-B)$　(3.36)

証明　(i)については次式から明らか．

$$\begin{aligned} A(A+B)^-B &= (A+B-B)(A+B)^-B \\ &= (A+B)(A+B)^-B-B(A+B)^-(A+B)+B(A+B)^-A \\ &= B-B+B(A+B)^-A = B(A+B)^-A \end{aligned}$$

(ii)　
$$\begin{aligned} &A(A+B)^-B(A^-+B^-)A(A+B)^-B \\ &= (B(A+B)^-AA^-+A(A+B)^-BB^-)A(A+B)^-B \\ &= B(A+B)^-A(A+B)^-B+A(A+B)^-B(A+B)^-A \\ &= B(A+B)^-A(A+B)^-B+A(A+B)^-A(A+B)^-B \\ &= (A+B)(A+B)^-A(A+B)^-B = A(A+B)^-B \end{aligned}$$

より明らか．

(iii)　$A(A+B)^-B=B(A+B)^-A$ より，$S(A(A+B)^-B) \subset S(A) \cap S(B)$ は明らか．一方，$S(A) \cap S(B)=S(AX|AX=BY)$ とおいて，$X=(A+B)^-B$, $Y=(A+B)^-A$ とおくと，$S(A) \cap S(B) \subset S(AX) \cap S(BY)=S(A(A+B)^-B)$．したがって，(3.36)式が証明される．　(証明終り)

上記の(3.34)式を行列 A と B の並列和 (parallel sum) という．

3.2.4　分割型正方行列の一般逆行列

すでに，第1章4節において，対称な正方行列

$$M=\begin{bmatrix} A & B \\ B' & C \end{bmatrix} \tag{3.37}$$

が正則の場合，Mの逆行列が(1.62a)式または(1.62b)式によって与えられることを示した．本節では，Mが必ずしも正則でない場合の一般逆行列について考察しよう．

補助定理 3.4　Aが対称行列で，$S(A)\supset S(B)$の場合，次の命題が成り立つ．

(i)　$AA^-B=B$　(3.38)

(ii)　$B'A^-A=B'$　(3.39)

(iii)　$B'A^-B$は対称行列である．　(3.40)

証明　(i), (ii)については定理3.11より明らか．(iii)については，$B=AW$とおくと，$B'A^-B=W'A'A^-AW=W'AA^-AW=W'AW$より，$B'A^-B$は対称行列となる．　(証明終り)

定理 3.13　(3.37)式で与えられるMの一般逆行列のうちで，対称な行列を，

$$H=\begin{bmatrix} X & Y \\ Y' & Z \end{bmatrix} \tag{3.41}$$

とおくと，$S(A)\supset S(B)$の場合，X, Y, Zは，

$$\left.\begin{array}{ll} \text{(i)} & A=AXA+BY'A+AYB'+BZB' \\ \text{(ii)} & (AY+BZ)D=O \quad ただし，D=C-B'A^-B \\ \text{(iii)} & Z=D^-=(C-B'A^-B)^- \end{array}\right\} \tag{3.42}$$

$S(C)\supset S(B')$の場合

$$\left.\begin{array}{ll} \text{(iv)} & C=(B'X+CY')B+(B'Y+CZ)C \\ \text{(v)} & (AX+BY')E=O \quad ただし，E=A-BC^-B' \\ \text{(vi)} & X=E^-=(A-BC^-B')^- \end{array}\right\} \tag{3.43}$$

を満たす．

証明　$MHM=M$より，

$$(AX+BY')A+(AY+BZ)B'=A \quad ①$$

$$(AX+BY')B+(AY+BZ)C=B \quad ②$$

$$(B'X+CY')B+(B'Y+CZ)C=C \quad ③$$

①式の右からA^-Bをかけたものを②式から減じ，$AA^-B=B$が成立することに注意すると，$(AY+BZ)(C-B'A^-B)=O\Rightarrow(AY+BZ)D=O\Rightarrow AYD=-$

BZD……④．②式に左から$B'A^-$をかけたものを③式からひき，$B'A^-A=B'$，$D'=D$（補助定理 3.4(iii)），$C=C'$, $Z=Z'$に注意すると，$D(Y'B+ZC-I_g)=O$……⑤．これより，$D=CZ'D+B'YD=CZ'D+B'A^-AYD$となる．これに④式を代入すると，$D=CZD-B'A^-BZD=(C-B'A^-B)ZD=DZD \Rightarrow Z=D^-$．したがって，(i), (ii), (iii)の三つの式が導かれる．(iv), (v), (vi)の三つの式については，②式$-BC^- \times$③式，①式$-$②式$\times C^-B'$によって，④, ⑤式に対応する式を導き，同様にして導くことができる．（証明終り）

系 1　(3.41)式で与えられるHの一つの表現形は，

$$\begin{bmatrix} A^-+A^-BD^-B'A^- & -A^-BD^- \\ -D^-B'A^- & D^- \end{bmatrix} \quad \begin{matrix}（ただし，\\ D=C-B'A^-B)\end{matrix} \tag{3.44}$$

または，

$$\begin{bmatrix} E^- & -E^-BC^- \\ -C^-B'E^- & C^-+C^-B'E^-BC^- \end{bmatrix} \quad \begin{matrix}（ただし，\\ E=A-BC^-B')\end{matrix} \tag{3.45}$$

で与えられる．

証明　$AYD=-BZD$より，$AA^-B=B$に注意すると，明らかに$Y=-A^-BZ$は一つの解となる．これより，$AYB'=-AA^-BZB'=-BZB'$, $BY'A=B(AY)'=B(-AA^-BZ)'=-B(BZ)'=-BZB'$．したがって，これを(3.42)式の(i)に代入すると，次式となる．

$$A = AXA-BZB' = AXA-BD^-B'$$

上式から，$X=A^-+A^-BD^-B'A^-$は，(3.42)式の(i)を満足するので，(3.44)式はHの一つの表現形を与える．(3.45)式については，(3.43)式の三つの式から同時に導くことができる．（証明終り）

系 2

$$N=\begin{bmatrix} A & B \\ B' & O \end{bmatrix} \quad （ただし，A は対称行列）$$

の一般逆行列を

$$F=\begin{bmatrix} C_1 & C_2 \\ C_2' & -C_3 \end{bmatrix} \tag{3.46}$$

とすると，$S(A) \supset S(B)$のとき，

$$\left.\begin{array}{l} C_1 = A^- - A^-B(B'A^-B)^-B'A^- \\ C_2 = A^-B(B'A^-B)^- \\ C_3 = (B'A^-B)^- \end{array}\right\} \tag{3.47}$$

となる.

ところで，定理3.13において，$S(A) \supset S(B)$ が必ずしも成立しない場合の解については，繁雑となるので省略するが(読者自身で試みよ)，(3.46)式の N について，$S(A) \supset S(B)$ を仮定しない一般の場合の一般逆行列を

$$\tilde{F} = \begin{bmatrix} \tilde{C}_1 & \tilde{C}_2 \\ (\tilde{C}_2)' & -\tilde{C}_3 \end{bmatrix}$$

とおくと，次式となる.

$$\left.\begin{array}{l} \tilde{C}_1 = T^- - T^-B(B'T^-B)^-B'T^- \\ \tilde{C}_2 = T^-B(B'T^-B)^- \\ \tilde{C}_3 = -U + (B'T^-B)^- \end{array}\right\} \tag{3.48}$$

ただし，$T = A + BUB'$ で，U は $S(T) \supset S(A), S(T) \supset S(B)$ を満たす任意の行列である (Rao (1973) による).

§3.3 いろいろな一般逆行列

これまで述べてきたことから明らかなように，与えられた行列 A に対応する一般逆行列 A^- は一意に定まらない. 定理3.2に示されている一般逆行列の定義は，$V = S(A)$ が与えられている場合，$\tilde{W} = \mathrm{Ker}\,(A)$ は一意に定まるが，

(i) V の補空間 W の定め方

(ii) $\tilde{W}$ の補空間 $\tilde{V}$ の定め方

(iii) $\tilde{W}$ の部分空間 $\tilde{W}_r$ の選び方と次元数 r の定め方

に任意性があるものであった. ところで (i) と (ii) の条件，すなわち W と $\tilde{V}$ が $E^n = V \oplus W, E^m = \tilde{V} \oplus \tilde{W}$ を満たすように特定化された場合，AA^- は部分空間 W に沿った V への射影行列 $P_{V \cdot W}$ に一致し，A^-A は部分空間 $\tilde{W}$ に沿った $\tilde{V}$ への射影行列 $P_{\tilde{V} \cdot \tilde{W}}$ に一致する. すなわち，次式が成立する.

$$AA^- = P_{V \cdot W} \tag{3.49}$$

$$A^-A = P_{\tilde{V} \cdot \tilde{W}} \tag{3.50}$$

3.3.1 反射型一般逆行列

前節で示された方法によって，W と $\tilde{V}$ が特定化された場合，AA^- は W に

沿った V への射影行列 $P_{V\cdot W}$，A^-A は $\widetilde{W}$ に沿った $\tilde{V}$ への射影行列 $P_{\tilde{V}\cdot\widetilde{W}}$ になるが，任意の n 次元ベクトル $\boldsymbol{y}\in E^n$ についての逆変換 $\phi^-(\boldsymbol{y})$ は

$$\boldsymbol{y} = \boldsymbol{y}_1+\boldsymbol{y}_2 \qquad (\text{ただし，}\boldsymbol{y}_1\in V, \boldsymbol{y}_2\in W)$$

および $\phi_M{}^-(\boldsymbol{y}_2)=A^-\boldsymbol{y}_2\in \mathrm{Ker}\,(A)$ の条件により，$\phi^-{}_M$ の選び方について任意性があり，それによって $P_{V\cdot W}=AA^-$，または $P_{\tilde{V}\cdot\widetilde{W}}=A^-A$ を満たす A^- は一意に定められない．そこで上記の条件を満たし，かつ A^- が与えられた A について一意に定まる条件を考察しよう．

任意の $\boldsymbol{y}\in E^n$ について，$\boldsymbol{y}_1=AA^-\boldsymbol{y}\in S(A), \boldsymbol{y}_2=(I_n-AA^-)\boldsymbol{y}\in S(A)^C$ となるから，A^- を A の任意の一般逆行列としたとき，定理 3.2 により

$$\begin{aligned}\boldsymbol{x} &= A^-\boldsymbol{y} = A^-\boldsymbol{y}_1+A^-\boldsymbol{y}_2\\ &= A^-(AA^-\boldsymbol{y})+A^-(I-AA^-)\boldsymbol{y}\\ &= (A^-A)A^-\boldsymbol{y}+(I-A^-A)A^-\boldsymbol{y} = \boldsymbol{x}_1+\boldsymbol{x}_2 \end{aligned} \qquad (3.51)$$

$$(\text{ただし，}\boldsymbol{x}_1 \in \tilde{V} = S(A^-A), \boldsymbol{x}_2 \in \widetilde{W} = \mathrm{Ker}\,(A) = S(I-A^-A))$$

となる．ところで

$$\widetilde{W}_r = S\{(I-A^-A)A^-\} \subset S(I-A^-A) = \mathrm{Ker}\,(A) \qquad (3.52)$$

であるから，A^- は $\boldsymbol{y}_1\in S(A)$ を $\boldsymbol{x}_1\in S(A^-A)$ に，かつ $\boldsymbol{y}_2\in S(I-AA^-)$ を，$\boldsymbol{x}_2\in W=\mathrm{Ker}\,(A)$ に変換するもので，$\boldsymbol{y}_2$ を必ずしも $\widetilde{W}=\mathrm{Ker}\,(A)$ に全射するものではない．したがって部分空間 $\widetilde{W}_r(\subset\widetilde{W}=\mathrm{Ker}\,(A))$ の次元 r を $0\leqq r\leqq \dim\,(\mathrm{Ker}\,(A))$ の範囲で適当に定めることができる．ここで，$r=0$，すなわち $\widetilde{W}_r=\{\boldsymbol{0}\}$ のとき，$(I-A^-A)A^-=O$　したがって，

$$A^-AA^- = A^- \qquad (3.53)$$

が導かれる．

定義 3.2　(3.1)式と(3.53)式をともに満たす A^- を反射型一般逆行列 (reflexive g-inverse matrix) とよび，A^- と区別して $A_r{}^-$ と表わす．

定理 3.3 の証明から明らかなように，

$$\boldsymbol{x}_2 = A^-\boldsymbol{y}_2 = \boldsymbol{0} \qquad (3.54)$$

と置いた場合の A^- が反射型一般逆行列となり，$A^-\boldsymbol{y}=A^-\boldsymbol{y}_1+A^-\boldsymbol{y}_2=A^-\boldsymbol{y}_1=\boldsymbol{x}_1$ により，$\boldsymbol{y}\in E^n$ を $\boldsymbol{x}_1\in\tilde{V}=S(A^-A)$ に変換するものとなる．なお，$A_r{}^-$ は，$E^n=V\oplus W$ を満たす V の補空間 W，および $E^m=\tilde{V}\oplus\widetilde{W}$ を満たす $\widetilde{W}=\mathrm{Ker}\,(A)$ の補空間 $\tilde{V}$ が同時に定められている場合にのみ一意に定まるもの

で，一般の場合には，W および $\tilde{V}$ の選び方の任意性によって，与えられた A について A_r^- は一意に定まらない．

注意 $A^-\boldsymbol{y}_2=\boldsymbol{0} \Leftrightarrow A^-AA^-=A^-$ となることを次のようにして示すことができる．

すなわち，定理3.2より，$AA^-\boldsymbol{y}_1=\boldsymbol{y}_1 \Rightarrow A^-AA^-\boldsymbol{y}_1=A^-\boldsymbol{y}_1$，さらに $AA^-\boldsymbol{y}_2=\boldsymbol{0} \Rightarrow A^-AA^-\boldsymbol{y}_2=\boldsymbol{0}$ となるから，$A^-AA^-(\boldsymbol{y}_1+\boldsymbol{y}_2)=A^-\boldsymbol{y}_1$，左辺は $A^-AA^-\boldsymbol{y}$，となる．右辺に $A^-\boldsymbol{y}_2=0$ を加えると，$A^-\boldsymbol{y}_1+A^-\boldsymbol{y}_2=A^-\boldsymbol{y}$ となるから，$A^-AA^-\boldsymbol{y}=A^-\boldsymbol{y}$．これが任意の $\boldsymbol{y}$ について成立するから，$A^-AA^-=A^-$ が導かれる．

逆に補助定理3.2より $\boldsymbol{y}_2=(I-AA^-)\boldsymbol{y}$ と表わすことができるから，$A^-AA^-=A^- \Rightarrow A^-\boldsymbol{y}_2=A^-(I-AA^-)\boldsymbol{y}=0$.

定理 3.14 (3.1)式を満たす一般化逆行列 A^- について次の関係が成り立つ．

$$A^-AA^- = A^- \Longleftrightarrow \mathrm{rank}\, A = \mathrm{rank}\, A^- \tag{3.55}$$

証明 ($\Rightarrow$) (3.11)式より明らか．

($\Leftarrow$) $A^-=(I-A^-A)A^-+A^-AA^-$ と分解する．ここで，$S(I-A^-A)\cap S(A^-A)=\{\boldsymbol{0}\}$ であるから，$\mathrm{rank}(A^-)=\mathrm{rank}((I-A^-A)A^-)+\mathrm{rank}(A^-AA^-)$，一方，$\mathrm{rank}(A^-AA^-)=\mathrm{rank}\, A$ より，$\mathrm{rank}((I-A^-A)A^-)=O \Rightarrow (I_m-A^-A)A^-=O \Rightarrow A^-=A^-AA^-$ となる． (証明終り)

例 3.3 A_{11} が $\boldsymbol{r}$ 次の正則行列で

$$A=\begin{bmatrix} A_{11} & A_{12} \\ A_{21} & A_{22} \end{bmatrix}$$

の階数が $\boldsymbol{r}$ のとき

$$G=\begin{bmatrix} A_{11}^{-1} & O \\ O & O \end{bmatrix}$$

は A の反射型一般逆行列である．なぜならば $\mathrm{rank}\, G=\mathrm{rank}\, A=\boldsymbol{r}$ で

$$AGA=\begin{bmatrix} A_{11} & A_{12} \\ A_{21} & A_{21}A_{11}^{-1}A_{12} \end{bmatrix}$$

であるが，$\begin{bmatrix} A_{11} \\ A_{21} \end{bmatrix} W=\begin{bmatrix} A_{12} \\ A_{22} \end{bmatrix}$ が成立するから，$A_{11}W=A_{12}$ および $A_{21}W=A_{22} \Rightarrow A_{21}A_{11}^{-1}A_{12}=A_{22}$ となって $AGA=A$ が成立する．例えば階数2の対称行列

$$A=\begin{bmatrix}3&2&1\\2&2&2\\1&2&3\end{bmatrix}$$

の反射型一般逆行列 A_r^- の一つの表現は

$$\begin{bmatrix}\begin{bmatrix}3&2\\2&2\end{bmatrix}^{-1}&\begin{matrix}0\\0\end{matrix}\\\begin{matrix}0&0\end{matrix}&0\end{bmatrix}=\begin{bmatrix}1&-1&0\\-1&\dfrac{3}{2}&0\\0&0&0\end{bmatrix}$$

となる.

例 3.4 $A=\begin{bmatrix}1&1\\1&1\end{bmatrix}$ の反射型一般逆行列 A_r^- を求めよ.

反射型一般逆行列 A_r^- は $AA_r^-A=A$ より導かれる $a+b+c+d=1$ に

$$\begin{bmatrix}a&b\\c&d\end{bmatrix}\begin{bmatrix}1&1\\1&1\end{bmatrix}\begin{bmatrix}a&b\\c&d\end{bmatrix}=\begin{bmatrix}a&b\\c&d\end{bmatrix}$$

の条件を付加して解いてもよいが，rank $A=1$ より rank $A_r^-=1$ となる条件を求めると，$\det A_r=ad-bc=0$. したがって，$ad=bc$ と $a+b+c+d=1$ を満たす a,b,c,d を各要素とする 2×2 の正方行列が A_r^- となる.

3.3.2 ノルム最小型一般逆行列

定理3.3において，$E^m=\tilde{V}\oplus\tilde{W}$ (ただし，$\tilde{W}=\mathrm{Ker}(\mathrm{A})$) と分割された場合，$\tilde{V}=(\tilde{W})^\perp$，すなわち，$\tilde{V}$ と $\tilde{W}$ が直交する場合，$A^-A=P_{\tilde{V}\cdot\tilde{W}}$ は直交射影行列となり，

$$(A^-A)'=A^-A \tag{3.56}$$

が成立する. 補助定理3.1と3.2より，$\tilde{V}=S(A^-A)$ と $\tilde{W}=S(I-A^-A)$ とあらわすことができるから，(3.56)式は

$$(A^-A)'(I-A^-A)=O\Longleftrightarrow(A^-A)'=A^-A \tag{3.57}$$

によっても導くことができる. ところで，線形方程式 $A\boldsymbol{x}=\boldsymbol{y}$ の場合，$\boldsymbol{y}\in S(A)$ のとき，$\boldsymbol{y}_1=A\boldsymbol{x}\in S(A)\Rightarrow\boldsymbol{y}=\boldsymbol{y}_1+\boldsymbol{y}_2=\boldsymbol{y}_1+\boldsymbol{0}=\boldsymbol{y}_1$ より

$$\tilde{\boldsymbol{x}}=A^-\boldsymbol{y}=A^-\boldsymbol{y}_1=A^-A\boldsymbol{x} \tag{3.58}$$

となる. ここで，$P=A^-A$ を射影行列，$P'=P$ を満たす直交射影行列を P^* とすると，定理2.22より

$$P'=P\Leftrightarrow\|\tilde{\boldsymbol{x}}\|=\|P\boldsymbol{x}\|\leqq\|\boldsymbol{x}\| \tag{3.59}$$

となって，$P'=P$ のとき，$\tilde{\boldsymbol{x}}$ のノルム $\|\tilde{\boldsymbol{x}}\|=\|P^*\boldsymbol{x}\|$ が最小となることがわかる.

すなわち，A を (n, m) 行列としたとき，$A\boldsymbol{x}=\boldsymbol{y}$（ただし，$\boldsymbol{y}\in S(A)$）の解ベクトル $\boldsymbol{x}$ は $\mathrm{rank}\,A<m$ のとき，無数に存在するが，(3.56)式の条件が成り立つとき，$\boldsymbol{x}=A^-\boldsymbol{y}$ の各成分の要素の平方和が最小になる．

定義 3.3　$AA^-A=A, (A^-A)'=A^-A$

をともに満たす A^- をノルム最小型一般逆行列(minimum norm g-inverse)と呼び，A^- と区別して $A_m{}^-$ と記す．(Rao & Mitra (1971))

ノルム最小型一般逆行列 $A_m{}^-$ に関して次の定理が成立する．

定理 3.15　次の三つの条件は，互いに同値である．

(i)　$A_m{}^-A=(A_m{}^-A)', AA_m{}^-A=A$　　(3.60)

(ii)　$A_m{}^-AA'=A'$　　(3.61)

(iii)　$A_m{}^-A=A'(AA')^-A$　　(3.62)

証明　(i)⇒(ii)　$(AA_m{}^-A)'=A'\Rightarrow(A_m{}^-A)'A'=A'\Rightarrow A_m{}^-AA'=A'$

(ii)⇒(iii)　$A_m{}^-AA'=A'$ の両辺に右から $(AA')^-A$ をかければよい．

(iii)⇒(i)　定理 3.5 において，A を A' におきかえて導かれる関係式，すなわち $A'(AA')^-AA'=A', (A'(AA')^-A)'=A'(AA')^-A$ を用いればよい．

（証明終り）

注意　$(A_m{}^-A)'(I_m-A_m{}^-A)=O$ となるから，$A_m{}^-A=A'(AA')^-A$ は空間 $S(A')$ への直交射影行列となる．

なお，(3.60)～(3.62)式のいずれかが成立するときには，直和分解 $E^m=\tilde{V}\oplus\tilde{W}$ において，$\tilde{V}$ と $\tilde{W}$ が互いに直交補空間となることから，(3.62)式により，$\tilde{V}=S(A_m{}^-A)=S(A')$ が成立する．

注意　定理 3.15 から $A_m{}^-$ の一つの表現として $A'(AA')^-$ が与えられ，このとき，$\mathrm{rank}\,A_m{}^-=\mathrm{rank}\,A$ が成立するが，Z を任意の $m\times n$ 次の行列とした場合，次の式が成り立つ．

$$A_m{}^-=A'(AA')^-+Z[I_n-AA'(AA')^-] \tag{3.63}$$

したがって，$A\boldsymbol{x}=\boldsymbol{b}$ の解を $\boldsymbol{x}=A_m{}^-\boldsymbol{b}$ とすると，$AA'(AA')^-\boldsymbol{b}=AA'(AA')^-A\boldsymbol{x}=A\boldsymbol{x}=\boldsymbol{b}$ より，次式が得られる．

$$\boldsymbol{x} = A'(AA')^{-}\boldsymbol{b} \tag{3.64}$$

(3.63)式の第1項は空間 $\tilde{V}=S(A')$ に，第2項はその補空間 $\tilde{W}=(\tilde{V})^{\perp}$ に属することから，一般に $S(A_m^{-})\supset S(A')$，すなわち $\mathrm{rank}\,A_m^{-}\geqq\mathrm{rank}\,A'$ となる．一方，$\mathrm{rank}\,A_m^{-}=\mathrm{rank}\,A$ を満たす一般逆行列は，ノルム最小解を与える反射型一般逆行列と呼ばれ，次式で示される．

$$A_{mr}^{-} = A'(AA')^{-} \tag{3.65}$$

注意　(3.64)式は，$A\boldsymbol{x}=\boldsymbol{b}$ の条件で，$\boldsymbol{x}'\boldsymbol{x}$ を最小にする $\boldsymbol{x}$ を直接求めることによっても導くことができる．すなわち，$\boldsymbol{l}'=(l_1, l_2, \cdots, l_p)$ をラグランジュ未定乗数ベクトルとするとき，

$$f(\boldsymbol{x}, \boldsymbol{l}) = \frac{1}{2}\boldsymbol{x}'\boldsymbol{x}-(A\boldsymbol{x}-\boldsymbol{b})'\boldsymbol{l}$$

を $\boldsymbol{x}$ の各成分で偏微分して0とおくと，$\boldsymbol{x}=A'\boldsymbol{l}$．これを $A\boldsymbol{x}=\boldsymbol{b}$ に代入して，$\boldsymbol{b}=AA'\boldsymbol{l}$ を得る．これより，$\boldsymbol{l}=(AA')^{-}\boldsymbol{b}+[I_n-(AA')^{-}(AA')]\boldsymbol{z}$．（$\boldsymbol{z}$ は任意の m 次元ベクトル）したがって，$\boldsymbol{x}=A'(AA')^{-}\boldsymbol{b}$ を得る．

なお，上式の解は，結局 $\boldsymbol{x}=A'\boldsymbol{l}, A\boldsymbol{x}=\boldsymbol{b}$ を満たす $\boldsymbol{x}$ を求めることであるから，$\boldsymbol{x}$, $(-\boldsymbol{l})$ を未知ベクトルとする連立方程式

$$\begin{bmatrix} I_m & A' \\ A & O \end{bmatrix}\begin{bmatrix} \boldsymbol{x} \\ -\boldsymbol{l} \end{bmatrix} = \begin{bmatrix} \boldsymbol{0} \\ \boldsymbol{b} \end{bmatrix}$$

の解を求めることに帰着される．

一般に，

$$\begin{bmatrix} I_m & A \\ A' & O \end{bmatrix}^{-} = \begin{bmatrix} C_1 & C_2 \\ C_2' & C_3 \end{bmatrix}$$

とおくと，$S(I_m)\supset S(A)$ より，定理3.13の系2の結果を用いると，$C_2= A(A'A)^{-}$，したがって(3.64)式が導かれる．

例3.5　三元連立一次方程式

$$x+y-2z = 2, \quad x-2y+z = -1, \quad -2x+y+z = -1$$

を解くと，

$$x = k+1, \quad y = k+1, \quad z = k$$

となる．そこで，

$$x^2+y^2+z^2 = (k+1)^2+(k+1)^2+k^2$$

$$= 3k^2+4k+2 = 3\left(k+\frac{2}{3}\right)^2+\frac{2}{3} \geqq \frac{2}{3}$$

となるから $k=-\dfrac{2}{3}$ とおいて導かれる解 $\left(x=\dfrac{1}{3},\ y=\dfrac{1}{3},\ z=-\dfrac{2}{3}\right)$ が $x^2+y^2+z^2$ を最小にする．

上記の解をノルム最小型逆行列によって導こう．上記の三元連立方程式を $\boldsymbol{A}\boldsymbol{x}=\boldsymbol{b}$ とおくと

$$\boldsymbol{A} = \begin{bmatrix} 1 & 1 & -2 \\ 1 & -2 & 1 \\ -2 & 1 & 1 \end{bmatrix},\quad \boldsymbol{x} = \begin{bmatrix} x \\ y \\ z \end{bmatrix},\quad \boldsymbol{b} = \begin{bmatrix} 2 \\ -1 \\ -1 \end{bmatrix}$$

となる．ここで，A のノルム最小解を与える反射型一般逆行列は(3.65)式を用いると，

$$A_{mr}{}^- = A'(AA')^- = \frac{1}{3}\begin{bmatrix} 1 & 1 & 0 \\ 0 & -1 & 0 \\ -1 & 0 & 0 \end{bmatrix}$$

となるから

$$(\boldsymbol{x})' = (A_{mr}{}^-\boldsymbol{b})' = \left(\frac{1}{3}, \frac{1}{3}, -\frac{2}{3}\right)$$

となる(上記の $A_{mr}{}^-$ が，$AA_{mr}{}^-A=A$, $(A_{mr}{}^-A)'=A_{mr}{}^-A$, $A_{mr}{}^-AA_{mr}{}^-=A_{mr}{}^-$ を満たしていることを確かめよ)．

3.3.3 最小2乗型一般逆行列

すでに述べたように，$A\boldsymbol{x}=\boldsymbol{y}$ という連立方程式の解ベクトル $\boldsymbol{x}$ が存在するためには，$\boldsymbol{y}\in S(A)$ となることが必要十分である．したがって，$\boldsymbol{y}\notin S(A)$ の場合には，求める解ベクトル $\boldsymbol{x}$ は存在しない．そこで

$$||\boldsymbol{y}-A\boldsymbol{x}||^2 = \underset{\boldsymbol{x}\in E^m}{\mathrm{Min}}||\boldsymbol{y}-A\boldsymbol{x}||^2 \tag{3.66}$$

を満たす $\boldsymbol{x}$ を求めることを考えよう．

ここで，$\boldsymbol{y}\in E^n$ は，$\boldsymbol{y}=\boldsymbol{y}_0+\boldsymbol{y}_1(\boldsymbol{y}_0\in V=S(A), \boldsymbol{y}_1\in W=S(I_n-AA^-))$ と表わせるから，$A\boldsymbol{x}=\boldsymbol{y}_0$ の解ベクトルを適当な一般逆行列 A^- を用いることによって $\boldsymbol{x}=A^-\boldsymbol{y}_0$ と表わせる．ここで，$\boldsymbol{y}_0=\boldsymbol{y}-\boldsymbol{y}_1$ より，$\boldsymbol{x}=A^-\boldsymbol{y}_0=A^-(\boldsymbol{y}-\boldsymbol{y}_1)=A^-\boldsymbol{y}-A^-\boldsymbol{y}_1$．さらに，$\boldsymbol{y}_1=(I_n-AA^-)\boldsymbol{y}$ と表わせることから，

$$A\boldsymbol{x} = AA^-\boldsymbol{y}-AA^-(I_n-AA^-)\boldsymbol{y} = AA^-\boldsymbol{y}$$

となる．これより，P_A を $S(A)$ への直交射影行列とするとき

$$||A\boldsymbol{x}-\boldsymbol{y}||^2 = ||(I_n-AA^-)\boldsymbol{y}||^2 \geqq ||(I-P_A)(I_n-AA^-)\boldsymbol{y}|| = ||(I-P_A)\boldsymbol{y}||$$

より，上式を最小にする A^- は $(AA^-)=P_A$，すなわち

$$(AA^-)' = AA^- \tag{3.67}$$

が導かれる．

なお，このとき，V と W は直交し，W に沿った V への射影行列 $P_{V\cdot W}=P_{V\cdot V^\perp}=AA^-$ は直交射影行列となる．

定義 3.4 $AA^-A=A$, $(AA^-)'=AA^-$

をともに満たす一般逆行列 A^- は，最小2乗型一般逆行列(least squares g-inverse)と呼ばれ，A^- と区別して A_l^- と記す．(Rao & Mitra (1971))

最小2乗型一般逆行列 A_l^- に関して次の定理が成立する．

定理 3.16 次の三つの条件は互いに同値である．

(i) $AA_l^-A = A, \quad (AA_l^-)' = AA_l^-$ (3.68 a)

(ii) $A'AA_l^- = A'$ (3.68 b)

(iii) $AA_l^- = A(A'A)^-A'$ (3.68 c)

証明 (i)⇒(ii) $(AA_l^-A)'=A' \Rightarrow A'(AA_l^-)'=A' \Rightarrow A'AA_l^-=A'$

(ii)⇒(iii) $A'AA_l^-=A'$ の両辺に左から $A(A'A)^-$ をかけて，定理3.5の結果を用いればよい．

(iii)⇒(i) 同様に定理3.5の結果から明らかである． (証明終り)

なお，ノルム最小型一般逆行列 A_m^- と同様に最小2乗型一般逆行列 A_l^- の一般形は

$$A_l^- = (A'A)^-A'+[I_m-(A'A)^-A'A]Z \tag{3.69}$$

(Z は任意の (m, n) 型行列)

で与えられ，$\text{rank}\,A_l^- \geqq \text{rank}\,A$ となるが，$\text{rank}\,A_l^- = \text{rank}\,A$ を満たす最小2乗解を与える反射型一般逆行列は

$$A_{lr}^- = (A'A)^-A' \tag{3.70}$$

で与えられる．

次に，最小2乗型一般逆行列とノルム最小型一般逆行列の関係を示す定理を証明しよう．

定理 3.17 $$\{(A')_m^-\} = \{(A_l^-)'\} \tag{3.71}$$

証明　$AA_l^-A=A \Rightarrow A'(A_l^-)'A'=A'$. さらに $(AA_l^-)'=(AA_l^-) \Rightarrow (A_l^-)'A'=((A_l^-)'A')'$. したがって，定理3.15より $(A_l^-)' \in \{(A')_m^-\}$. 一方，$A'(A')_m^-A'=A'$ および $((A')_m^-A')'=(A')_m^-A'$ より

$$A((A')_m^-)' = (A((A')_m^-)')'.$$

したがって

$$((A')_m^-)' \in \{A_l^-\} \Rightarrow (A')_m^- \in \{(A_l^-)'\}$$

よって(3.71)式が成立する.　（証明終り）

例3.6　連立方程式 $x+y=2, x-2y=1, -2x+y=0$ は明らかに解をもたない. このとき

$$A = \begin{bmatrix} 1 & 1 \\ 1 & -2 \\ -2 & 1 \end{bmatrix},\quad \boldsymbol{z} = \begin{bmatrix} x \\ y \end{bmatrix} \quad \boldsymbol{b} = \begin{bmatrix} 2 \\ 1 \\ 0 \end{bmatrix}$$

とおくと，$\|\boldsymbol{b}-A\boldsymbol{z}\|^2$ を最小にする $\boldsymbol{z}$ は

$$\boldsymbol{z} = A_{lr}^-\boldsymbol{b} = (A'A)^{-1}A'\boldsymbol{b}$$

で与えられる. すなわち，このとき

$$A_{lr}^- = \frac{1}{3}\begin{bmatrix} 1 & 0 & -1 \\ 1 & -1 & 0 \end{bmatrix} \text{であるから}\ \boldsymbol{z} = \begin{bmatrix} x \\ y \end{bmatrix} = \frac{1}{3}\begin{bmatrix} 2 \\ 1 \end{bmatrix},\quad A\boldsymbol{z} = \begin{bmatrix} 1 \\ 0 \\ -1 \end{bmatrix}$$

したがって，最小値は $\|\boldsymbol{b}-A\boldsymbol{z}\|^2=(2-1)^2+(1-0)^2+(-1)^2=3$ となる.

3.3.4　ムーアペンローズ一般逆行列

これまでに示してきた反射型一般逆行列，ノルム最小型一般逆行列，最小2乗型一般逆行列は，与えられた行列 A について，必ずしも一意に定められるものではなかった. しかし，$E^n=V \oplus W, E^m=\tilde{V} \oplus \tilde{W}$ の直和分解のもとで，(3.49)および(3.50)式を満たす A^- が定められるから，A^- が反射型逆行列 $A^-AA^-=A^-$ を満たすとき，A^- は一意に定められる. ここで，$W=V^\perp$, $\tilde{V}=(\tilde{W})^\perp$ の場合，明らかに(3.56)式，(3.67)式が成り立つ. そして次のような定義が導かれる.

定義3.5

$$\begin{array}{llll} \text{(i)} & AA^+A = A & \text{(ii)} & A^+AA^+ = A^+ \\ \text{(iii)} & (AA^+)' = AA^+ & \text{(iv)} & (A^+A)' = A^+A \end{array} \tag{3.72}$$

のすべての条件を満たす A^+ を行列 A のムーアペンローズ一般逆行列(Moore and Penrose generalized inverse, Moore (1920), Penrose (1955))と呼ぶ.（これ以降，ムーアペンローズ逆行列と呼ぶ.）

(iii), (iv) の性質より $(AA^+)'(I_n-AA^+)=O$, $(A^+A)'(I_m-A^+A)=O$, ゆえに

$$P_A = AA^+ \quad および \quad P_{A^+} = A^+A \tag{3.73}$$

は空間 $S(A)$, および $S(A^+)$ への直交射影行列となる．したがって，(3.73)式によってもムーアペンローズ逆行列 A^+ を定義することができる．(3.72)の定義は Penrose, (3.73)の定義が Moore によって与えられたものである．なお，$A^+AA^+=A^+$ が成立しない場合には，$P_{A^+}=A^+A$ は $S(A')$ への直交射影行列にはなるが，必ずしも $S(A^+)$ への直交射影行列にはならない．以上のことは，次の定理に要約される．

定理 3.18

(i) $AG=P_A, GA=P_G \Longleftrightarrow AGA=A, GAG=G, (AG)'=AG, (GA)'=GA$

(ii) $AG=P_A, GA=P_{A'} \Longleftrightarrow AGA=A, (AG)'=AG, (GA)'=GA$

ただし，$P_A, P_{A'}, P_G$ はそれぞれ $S(A), S(A'), S(G)$ への直交射影行列である．

（証明略）

定理 3.19 $\|A\boldsymbol{x}-\boldsymbol{b}\|^2$ を最小にする $\boldsymbol{x}=A^-\boldsymbol{b}$ のうち，$\|\boldsymbol{x}\|^2$ が最小になるために A^- が満たすべき必要十分条件は，$A^-=A^+$ である．

証明 （十分性） $\|A\boldsymbol{x}-\boldsymbol{b}\|^2$ を最小にする $\boldsymbol{x}$ は，

$$\boldsymbol{x} = A^+\boldsymbol{b}+(I_m-A^+A)\boldsymbol{z} \qquad (\boldsymbol{z}\ は任意の\ m\ 次元ベクトル) \tag{3.74}$$

と表わすことができる．

さらに，(3.20 a)式より，$S(I_m-A^+A)=\mathrm{Ker}(A)$, しかも A^+ は反射型一般逆行列であることから，$S(A^+)=S(A^+A)$. さらに，A^+ は，ノルム最小型でもあるから，$E^m=S(A^+)\dot{\oplus}S(I_m-A^+A)$ となり，(3.74)式の二つのベクトル $A^+\boldsymbol{b}$ と $(I_n-A^+A)\boldsymbol{z}$ は直交する．したがって，

$$\|\boldsymbol{x}\|^2 = \|A^+\boldsymbol{b}\|^2+\|(I_m-A^+A)\boldsymbol{z}\|^2 \geqq \|A^+\boldsymbol{b}\|^2 \tag{3.75}$$

となって，$\|A^+\boldsymbol{b}\|^2$ は $\|\boldsymbol{x}\|^2$ を越えない．

（必要性） $A^+\boldsymbol{b}$ が(3.74)式で与えられる $\boldsymbol{x}$ のうちで，ノルム $\|\boldsymbol{x}\|$ を最小にするものと仮定すれば，

$$\|A^+\boldsymbol{b}\|^2 \leqq \|\boldsymbol{x}\|^2 = \|A^+\boldsymbol{b}+(I_m-A^+A)\boldsymbol{z}\|^2$$

を満たす A^+ は,

$$(A^+)'(I_m-A^+A)=O \Longleftrightarrow (A^+)'A^+A=(A^+)'$$

となる．したがって，上式の $(A^+)'A^+A=(A^+)'$ の両辺に左から $(AA^+-I_n)'$, 右から A^+ をかけて変形すると，$(A^+AA^+-A^+)'(A^+AA^+-A^+)=O \Rightarrow A^+AA^+=A^+$．さらに，$(A^+)'A^+A=(A^+)'$ の両辺に左から A' をかけると，$(A^+A)'=A^+A$ が導かれる．また，$AA^+A=A, (AA^+)'=AA^+$ の二条件は，A^+ が最小2乗型一般逆行列であることから導かれる．　　　　　　　　　　(証明終り)

次に，ムーアペンローズ逆行列が一意に定められることを示す定理を紹介する．

定理 3.20　(3.72)の四条件を満たす A のムーアペンローズ逆行列は，一意に定められる．

証明　A のムーアペンローズ逆行列を X, Y とすると，$X=XAX=(XA)'X=A'X'X=A'Y'A'X'X=A'Y'XAX=A'Y'X=YAX=YAYAX=YY'A'X'A'=YY'A'=YAY=Y$．(Kalman (1972) による)　　　　　　　　　　(証明終り)

次に，ムーアペンローズ逆行列 A^+ の表現法について考察しよう．

定理 3.21　A^+ は次のように表現される．

$$A^+=A'A(A'AA'A)^-A' \tag{3.76}$$

証明　$\boldsymbol{x}=A^+\boldsymbol{b}$ は，$\|\boldsymbol{b}-A\boldsymbol{x}\|^2$ を最小にすることから，正規方程式 $A'A\boldsymbol{x}=A'\boldsymbol{b}$ を満たす．この条件のもとで，$\|\boldsymbol{x}\|^2$ を最小にするには，ラグランジュ未定乗数ベクトルを $\boldsymbol{\lambda}'=(\lambda_1, \lambda_2, \cdots, \lambda_p)$ とした式 $f(\boldsymbol{x}, \boldsymbol{\lambda})=\boldsymbol{x}'\boldsymbol{x}-2\boldsymbol{\lambda}'(A'A\boldsymbol{x}-A'\boldsymbol{b})$ を $\boldsymbol{x}$ で偏微分してやればよい．この結果，$\boldsymbol{x}=A'A\boldsymbol{\lambda} \Rightarrow A'A\boldsymbol{\lambda}=A^+\boldsymbol{b}$ が導かれる．この式の両辺に左から $A'A(A'AA'A)^-A'A$ をかけると，$A'AA^+=A', A'A(A'AA'A)^-A'AA'=A'$．これより，$A'A\boldsymbol{\lambda}=A'A(A'AA'A)^-A'\boldsymbol{b}=\boldsymbol{x}$．したがって，$A^+$ の一つの表現は，(3.76)式で与えられる．　　　　　　　　　　(証明終り)

注意　$A\boldsymbol{x}=AA^+\boldsymbol{b} \Rightarrow A'A\boldsymbol{x}=A'AA^+\boldsymbol{b}=A'\boldsymbol{b}$ となるから，したがって，$A'A\boldsymbol{x}=A'\boldsymbol{b}$ の条件で，$\boldsymbol{x}'\boldsymbol{x}$ を最小にする解を求めてもよい．このとき，$(\boldsymbol{\lambda})'=(\tilde{\lambda}_1, \tilde{\lambda}_2, \cdots, \tilde{\lambda}_p)$ とすると $f(\boldsymbol{x}, \boldsymbol{\lambda})=\boldsymbol{x}'\boldsymbol{x}-2(A'A\boldsymbol{x}-\boldsymbol{b})$ を $\boldsymbol{x}$ と $\boldsymbol{\lambda}$ の各成分で偏微分することにより，$\boldsymbol{x}=A'A\boldsymbol{\lambda}$, $A'A\boldsymbol{x}=\boldsymbol{b}$.

これを行列表現した $\begin{bmatrix} I_m & A'A \\ A'A & O \end{bmatrix}\begin{bmatrix} \boldsymbol{x} \\ \boldsymbol{\lambda} \end{bmatrix}=\begin{bmatrix} \boldsymbol{0} \\ A'\boldsymbol{b} \end{bmatrix}$ を定理3.13の系を用いて解くことに

よっても(3.76)式が導かれる.

系 $A^+ = A'(AA')^-A(A'A)^-A'$ (3.77)

証明

$$A'AA'A(A'A)^-A'(AA')^-A(A'A)^-A'AA'A$$
$$= A'AA'(AA')^-A(A'A)^-A'AA'A = A'A(A'A)^-A'AA'A$$
$$= A'AA'A$$

より $(A'A)^-A'(AA')^-A(A'A)^-$ が $A'AA'A$ の一つの一般逆行列となることを用いればよい. (証明終り)

例 3.7 $A=\begin{bmatrix}1 & 1\\1 & 1\end{bmatrix}$のとき A_l^-, A_m^- および A^+ を求めよ.

$A^- = \begin{bmatrix}a & b\\c & d\end{bmatrix}$とおくと, $AA^-A = A$ より $a+b+c+d = 1$.

さらに最小2乗型一般逆行列 A_l^- は

$$\begin{bmatrix}1 & 1\\1 & 1\end{bmatrix}\begin{bmatrix}a & b\\c & d\end{bmatrix} = \begin{bmatrix}a+c & b+d\\a+c & b+d\end{bmatrix}$$

が対称行列となることから, $a+c=b+d$. これと $a+b+c+d=1$ より $c=\frac{1}{2}-a$ $d=\frac{1}{2}-b$. したがって

$$A_l^- = \begin{bmatrix}a & b\\ \frac{1}{2}-a & \frac{1}{2}-b\end{bmatrix}$$

同様にして, ノルム最小型一般逆行列 A_m^- は

$$\begin{bmatrix}a & b\\c & d\end{bmatrix}\begin{bmatrix}1 & 1\\1 & 1\end{bmatrix} = \begin{bmatrix}a+b & a+b\\c+d & c+d\end{bmatrix}$$

が対称行列になることから $a+b=c+d, b=\frac{1}{2}-a$, $d=\frac{1}{2}-c$. したがって

$$A_m^- = \begin{bmatrix}a & \frac{1}{2}-a\\ c & \frac{1}{2}-c\end{bmatrix}$$

となる. 反射型一般逆行列 A_r^- となる条件は, 例題3.4より $ad=bc$.

なお, 以上示したすべての条件を満たすものが, ムーアペンローズ逆行列になり, 次式となる.

$$A^+ = \begin{bmatrix} \frac{1}{4} & \frac{1}{4} \\ \frac{1}{4} & \frac{1}{4} \end{bmatrix}$$

ムーアペンローズ逆行列 A^+ は(3.76)式または(3.77)式を用いるかわりに次のようにして計算することもできる．すなわち，いま，${}^{\forall}\boldsymbol{b}\in E^n$ について $\boldsymbol{x}=A^+\boldsymbol{b}$ とおくと(3.76)式より $\boldsymbol{x}\in S(A')$ となるから $\boldsymbol{x}=A'\boldsymbol{z}$ となる $\boldsymbol{z}$ が存在する．したがって，$A^+\boldsymbol{b}=A'\boldsymbol{z}$ この式の左から $A'A$ をかけると $A'AA^+=A'$ より $A'\boldsymbol{b}=A'A\boldsymbol{x}$ となる．したがって

$$A'A\boldsymbol{x} = A'\boldsymbol{b} \text{ および } \boldsymbol{x} = A'\boldsymbol{z}$$

より $\boldsymbol{z}$ を消去して $\boldsymbol{x}=A^+\boldsymbol{b}$ を求めることができる．

例 3.8 $A = \begin{bmatrix} 2 & 1 & 3 \\ 4 & 2 & 6 \end{bmatrix}$ として A^+ を求める．

$\boldsymbol{x}'=(x_1, x_2, x_3)$, $\boldsymbol{b}'=(b_1, b_2)$ とおくと

$$A'A = \begin{bmatrix} 20 & 10 & 30 \\ 10 & 5 & 15 \\ 30 & 15 & 45 \end{bmatrix}$$

であるから，$A'A\boldsymbol{x}= A'\boldsymbol{b}$ から得られる意味ある式は

$$10x_1+5x_2+15x_3 = b_1+2b_2 \qquad ①$$

さらに $\boldsymbol{x}=A'\boldsymbol{z}$ より $x_1=2z_1+4z_2$, $x_2=z_1+2z_2$, $x_3=3z_1+6z_2$．したがって次の関係式が導かれる．

$$x_1 = 2x_2, x_3 = 3x_2 \qquad ②$$

②を①に代入すると

$$x_2 = \frac{1}{70}(b_1+2b_2) \qquad ③$$

したがって

$$x_1 = \frac{2}{70}(b_1+2b_2), \quad x_3 = \frac{3}{70}(b_1+2b_2)$$

となるから

$$\begin{bmatrix} x_1 \\ x_2 \\ x_3 \end{bmatrix} = \frac{1}{70}\begin{bmatrix} 2 & 4 \\ 1 & 2 \\ 3 & 6 \end{bmatrix}\begin{bmatrix} b_1 \\ b_2 \end{bmatrix}$$

したがって，A のムーアペンローズ逆行列は次式となる．

$$A^+ = \frac{1}{70}\begin{bmatrix} 2 & 4 \\ 1 & 2 \\ 3 & 6 \end{bmatrix}$$

ここで，(n, m) 型行列が，$A=BC$ と階数分解($\mathrm{rank}\, B=\mathrm{rank}\, C=r$)される場合，$A$ のムーアペンローズ逆行列を(3.77)式を用いて求めてみよう．

$A=BC$ を(3.77)式に代入すると，

$$A^+ = C'B'(BCC'B')^-BC(C'B'BC)^-C'B'$$

ここで，$B'B, CC'$ がそれぞれ r 次の正則行列になること，さらに $B'(BB')^-B$, $C(C'C)^-C'$ がそれぞれ単位行列になることを用いると

$$(BB')^-B(CC')^-B'(BB')^- \in \{(BCC'B')^-\}$$
$$(C'C)^-C'(B'B)^-C(C'C)^- \in \{(C'B'BC)^-\}$$

したがって次式が導かれる．

$$A^+ = C'(CC')^{-1}(B'B)^{-1}B' \qquad (\text{ただし } A = BC) \tag{3.78}$$

また，$\mathrm{rank}\, A=n\leqq m$ ならば $A(A'A)^-A'=I_n$, $\mathrm{rank}\, A=m\leqq n$ ならば $A'(AA')^-A=I_m$ であることを用いると次の定理が導かれる．

定理 3.22 (i) $\mathrm{rank}\, A=n\leqq m$ であれば

$$A^+ = A'(AA')^- = A^-_{mr} \tag{3.79}$$

(ii) $\mathrm{rank}\, A=m\leqq n$ であれば，

$$A^+ = (A'A)^-A' = A_{lr}^- \tag{3.80}$$

(証明略)

注意 この他のムーアペンローズ逆行列の表現法として，

$$A^- = [A_m^-A+(I_m-A_m^-A)]A^-[AA_l^-+(I_n-AA_l^-)]$$
$$= A_m^-AA_l^-+(I_m-A_m^-A)A^-(I_n-AA_l^-)$$

と分解されることを用いると，

$$A^+ = A_{mr}^-AA_{lr}^- = A_m^-AA_l^- \tag{3.81}$$

となることが導かれる．(上式がムーアペンローズ逆行列の4条件(3.72式)を満たすことは，読者自身で証明せよ．)

第3章 練習問題

問題1 (a) $A=\begin{bmatrix}1 & 2 & 3\\ 2 & 3 & 1\end{bmatrix}$のとき$A_{mr}^{-}$を求めよ.

(b) $A=\begin{bmatrix}1 & 2\\ 2 & 1\\ 1 & 1\end{bmatrix}$のとき，$A_{lr}^{-}$を求めよ.

(c) $A=\begin{bmatrix}2 & -1 & -1\\ -1 & 2 & -1\\ -1 & -1 & 2\end{bmatrix}$のとき，$A^{+}$を求めよ.

問題2 $\{\mathrm{Ker}(P)\}^{C}=\{\mathrm{Ker}(I-P)\}$となる必要十分条件は$P^2=P$となることを示せ.

問題3 Aが(n,m)型行列のとき，次の三つの条件のうち，いずれかが満たされれば，(m,n)型行列BはAの一般逆行列となることを示せ.

(i) $\mathrm{rank}(I_m-BA)=m-\mathrm{rank}(A)$

(ii) $\mathrm{rank}(BA)=\mathrm{rank}(A), (BA)^2=BA$

(iii) $\mathrm{rank}(AB)=\mathrm{rank}(A), (AB)^2=AB$

問題4 次のことを示せ.

(i) $\mathrm{rank}(AB)=\mathrm{rank}(A) \Longleftrightarrow B(AB)^{-}\in\{A^{-}\}$

(ii) $\mathrm{rank}(CAD)=\mathrm{rank}(A) \Longleftrightarrow D(CAD)^{-}C\in\{A^{-}\}$

問題5 (i) $B^{-}A^{-}$がABの一般逆行列となる必要十分条件は$(A^{-}ABB^{-})^2=A^{-}ABB^{-}$となることを示せ.

(ii) $A_m^{-}ABB'$が対称行列のとき$\{(AB)_m^{-}\}=\{B_m^{-}A_m^{-}\}$となることを示せ.

(iii) $P_AP_B=P_BP_A$のとき$(Q_AB)(Q_AB)_l^{-}=P_B-P_AP_B$を示せ.

問題6 次の三つの条件は互いに同値であることを示せ.

(i) $A\in\{A^{-}\}$ (ii) $A^2=A^4$かつ$\mathrm{rank}(A)=\mathrm{rank}(A^2)$, (iii) $A^3=A$

問題7 次のことを示せ.

(i) $(A,B)(A,B)^{-}A=A$

(ii) $(AA'+BB')(AA'+BB')^{-}A=A$

問題8 $V=W_1A, U=AW_2$(W_1, W_2は任意の行列)のとき，$A^{-}-A^{-}U(I+VA^{-}U)^{-}VA^{-}$は$(A+UV)$の一般逆行列であることを示せ.

問題9 Aを階数rをもつ(n,m)型行列として，B, Cを$BAC=\begin{bmatrix}I_r & O\\ O & O\end{bmatrix}$が成立する$n$次，$m$次の正則行列とすると，$G=C\begin{bmatrix}I_r & O\\ O & E\end{bmatrix}B$は$\mathrm{rank}\,G=r+\mathrm{rank}\,E$をもつ，$A$の一般逆行列となることを示せ.

問題 10　(n, m)型行列 A が与えられている．このとき，$\boldsymbol{x} \in E^m$ として，$\|\boldsymbol{x}-Q_{A'}\boldsymbol{\alpha}\|^2$ の最小値が $\boldsymbol{x}'P_{A'}\boldsymbol{x}$ に等しくなることを示せ．

問題 11　$B = A_m^- A A_l^-$ とおくと，$B = A^+$ となることを示せ．

問題 12　P_1, P_2 を空間 $V_1, V_2 \subset E^n$ への直交射影行列，$P_{1\cap 2}$ を $V_1 \cap V_2$ への直交射影行列とするとき次式を示せ(Ben-Israel, 1974)．

$$\begin{aligned} P_{1\cap 2} &= 2P_1(P_1+P_2)^+P_2 \\ &= 2P_2(P_1+P_2)^+P_1 \end{aligned}$$

第4章　射影行列と一般逆行列の具体的表現

本節では，$E^n=V\oplus W$ または $E^m=\tilde{V}\oplus\tilde{W}$ の直和分解が与えられている場合，部分空間 V, W を生成するベクトルが $V=S(A), W=S(B)$ のように具体的に与えられた場合に，第2章，第3章で示した射影行列 $P_{V\cdot W}$ および一般逆行列の具体的表現を考察しよう．

§4.1　射影行列の具体的表現

ここで補助定理を示す．

補助定理 4.1　$S(A), S(B)$ が E^n に含まれる部分空間のとき，$S(A)\cap S(B)=\{\mathbf{0}\}$ であれば，次式が成立する．

(i)　(a)　$\text{rank}\,(A)=\text{rank}\,(Q_BA)=\text{rank}\,(A'Q_BA)$　(4.1)

(ただし $Q_B=I_n-P_B$)

(b)　$\text{rank}\,(B)=\text{rank}\,(Q_AB)=\text{rank}\,(B'Q_AB)$　(4.2)

(ただし $Q_A=I_n-P_A$)

(ii)　(a)　$A(A'Q_BA)^-A'Q_BA=A$,　(b)　$B(B'Q_AB)^-B'Q_AB=B$　(4.3)

証明　(i) A が (n,p) 型，B が (n,q) 型行列のとき

$$(Q_BA, B)=(A-B(B'B)^-B'A, B)$$

$$=[A, B]\begin{bmatrix} I_p & O \\ -(B'B)^-B'A & I_q \end{bmatrix}=(A, B)T$$

とおくと，T は $(p+q)$ 次の正方行列で，$\det|T|\neq 0$ より，$S(Q_BA, B)=S(A, B)$．ところで，$Q_BA\boldsymbol{x}=B\boldsymbol{y}\Rightarrow\mathbf{0}=P_BQ_BA\boldsymbol{x}=P_BB\boldsymbol{y}\Rightarrow B\boldsymbol{y}=\mathbf{0}\Rightarrow Q_BA\boldsymbol{x}=\mathbf{0}$．したがって，$S(B)$ と $S(Q_BA)$ は素である．一方，$S(A)$ と $S(B)$ は素であるから，

$\mathrm{rank}(A)=\mathrm{rank}(Q_BA)$. $\mathrm{rank}(Q_BA)=\mathrm{rank}\{(Q_BA)'Q_BA\}=\mathrm{rank}(A'Q_BA)$ は定理1.8より明らか．

(ii)　(i)より $S(A')=S(A'Q_BA) \Rightarrow A'=A'Q_BAW$ となる行列 W が存在する．したがって，

$$W'A'Q_BA(A'Q_BA)^-A'Q_BA = W'A'Q_BA = A$$

となり，(ii)(a)式が示された．(i)(b),(ii)(b)も同様にして証明される．

（証明終り）

系1　行列 A の列の数と同一の列数（m とする）をもつ行列 C が $S(A')\cap S(C')=\{0\}$ を満たすとき，次の関係式が成立する．

(i)　$\mathrm{rank}(A) = \mathrm{rank}(AQ_{C'}) = \mathrm{rank}(AQ_{C'}A')$　　(4.4)

(ii)　$AQ_{C'}A'(AQ_{C'}A')^-A = A$　　(4.5)

（ただし，$Q_{C'} = I_m - C'(CC')^-C$）　　（証明略）

定理 4.1　$E^n \supset V \oplus W$ で，$V=S(A)$, $W=S(B)$ のとき，W に沿った V への一般射影行列 $P_{A\cdot B}{}^*$（45ページの定義2.3参照）は次のように表わされる．

$$P_{A\cdot B}{}^* = A(Q_B{}^*A)^-Q_B{}^* + Z(I_n - Q_B{}^*A(Q_B{}^*A)^-)Q_B{}^* \qquad (4.6)$$

（ただし，$Q_B{}^* = I_n - BB^-$ で，B^- は B の任意の一般逆行列，Z は任意の n 次の正方行列）

また，(4.6)式は次のように表わすこともできる．

$$P_{A\cdot B}{}^* = A(A'Q_BA)^-A'Q_B + Z(I_n - Q_BA(A'Q_BA)^-A')Q_B$$

（$Q_B = I_n - P_B$, P_B は $S(B)$ への直交射影行列）　　(4.7)

証明　$P_{A\cdot B}{}^*$ は，$P_{A\cdot B}{}^*A=A$, $P_{A\cdot B}{}^*B=O$ を満たす．したがって，$P_{A\cdot B}{}^*B=O \Rightarrow P_{A\cdot B}{}^*=KQ_B{}^*$（$K$ は n 次の正方行列）．これを，$P_{A\cdot B}{}^*A=A$ に代入すると，$KQ_B{}^*A=A$. したがって

$$K = A(Q_B{}^*A)^- + Z[I_n - (Q_B{}^*A)(Q_B{}^*A)^-]$$

これより，$P_{A\cdot B}{}^*=KQ_B{}^*$ は(4.6)式となる．(4.6)式より(4.7)式を導くには，$(A'Q_BA)^-A'$ が $Q_B{}^*=Q_B$ のとき $(Q_B{}^*A)$ の一般逆行列となることを用いればよい（このことは，(4.3)式の関係を用いて証明される）．　　（証明終り）

系1　$E^n=S(A)\oplus S(B)$ の場合，$S(B)$ に沿った $S(A)$ への射影行列を $P_{A\cdot B}$ とおくと，$P_{A\cdot B}$ は次のような表現型で与えられる．

（i）　$P_{A\cdot B} = A(Q_B{}^*A)^-Q_B{}^*$　　（ただし，$Q_B{}^* = I_n - BB^-$）　　(4.8)

（ii）　$P_{A\cdot B} = A(A'Q_BA)^-A'Q_B$　　（ただし，$Q_B = I_n - P_B$）　　(4.9)

（iii）　$P_{A\cdot B} = AA'(AA'+BB')^{-1}$　　(4.10)

証明　(i)は，(4.6)式の第二項を T とおくと，$TA=O, TB=O \Rightarrow T=O$ となることから明らか.

(ii)　(4.7)式の第二項をTとおくと，$TB=O$

$$TA = Z(I_n - Q_BA(A'Q_BA)^-A')Q_BA = Z(Q_BA - Q_BA(A'Q_BA)^-A'Q_BA)$$

$$= Z(Q_BA - Q_BA) = O \quad ((4.3)\text{式を用いる})$$

したがって，$T(A, B)=O$ より $T=O$.（4.9)式が導かれる.

(iii)　射影行列の定義(定理2.2)より $P_{A\cdot B}A=A$, $P_{A\cdot B}B=O \Rightarrow P_{A\cdot B}AA'=AA'$ および $P_{A\cdot B}BB'=O$. したがって

$$P_{A\cdot B}(AA'+BB') = AA'$$

ところで，$\mathrm{rank}\,(A, B)=\mathrm{rank}(A)+\mathrm{rank}\,(B)=n$ であるから，

$$\mathrm{rank}\,(AA'+BB') = \mathrm{rank}[A, B]\begin{bmatrix} A' \\ B' \end{bmatrix} = n$$

となって，$(AA'+BB')$は正則行列となるから，逆行列が存在し，(4.10)式が導かれる.

系 2　$E^m=S(A')\oplus S(C')$ のとき，$S(C')$ に沿った $S(A')$ への射影行列 $P_{A'\cdot C'}$ の表現は

（i）　$P_{A'\cdot C'} = A'(AQ_{C'}A')^-AQ_{C'}$　　(4.11 a)

（ただし，$Q_{C'} = I_m - C'(CC')^-C$）

(ii)　$P_{A'\cdot C'} = A'A(A'A+C'C)^{-1}$　　(4.11 b)

で与えられる.

注意　$[A, B]$が正方行列になるとき，$\mathrm{rank}(A, B)=\mathrm{rank}\,A+\mathrm{rank}\,B$ より(A, B)の逆行列が存在する. このとき次式となる.

$$P_{A\cdot B} = (A, O)(A, B)^{-1},\quad P_{B\cdot A} = (O, B)(A, B)^{-1} \qquad (4.12)$$

例 4.1 $A=\begin{bmatrix}1&4\\2&1\\2&1\end{bmatrix}$, $B=\begin{bmatrix}0\\0\\1\end{bmatrix}$ のとき $\begin{bmatrix}1&4&0\\2&1&0\\2&1&1\end{bmatrix}^{-1}=-\frac{1}{7}\begin{bmatrix}1&-4&0\\-2&1&0\\0&7&-7\end{bmatrix}$

したがって，(4.12)式を用いると，次式が導かれる.

$$P_{A\cdot B}=-\frac{1}{7}\begin{bmatrix}1&4&0\\2&1&0\\2&1&0\end{bmatrix}\begin{bmatrix}1&-4&0\\-2&1&0\\0&7&7\end{bmatrix}=\begin{bmatrix}1&0&0\\0&1&0\\0&1&0\end{bmatrix}$$

および

$$P_{B\cdot A}=-\frac{1}{7}\begin{bmatrix}0&0&0\\0&0&0\\0&0&1\end{bmatrix}\begin{bmatrix}1&-4&0\\-2&1&0\\0&7&-7\end{bmatrix}=\begin{bmatrix}0&0&0\\0&0&0\\0&-1&1\end{bmatrix}$$

($P_{A\cdot B}{}^2=P_{A\cdot B}$, $P_{B\cdot A}{}^2=P_{B\cdot A}$, $P_{A\cdot B}+P_{B\cdot A}=I_3$, $P_{A\cdot B}P_{B\cdot A}=P_{B\cdot A}P_{A\cdot B}=O$ となることを確かめよ)

ところで，$\tilde{A}=\begin{bmatrix}1&0\\0&1\\0&1\end{bmatrix}$ とおくと，$\begin{bmatrix}1&0&0\\0&1&0\\0&1&1\end{bmatrix}^{-1}=\begin{bmatrix}1&0&0\\0&1&0\\0&-1&1\end{bmatrix}$ より，

$$P_{\tilde{A}\cdot B}=\begin{bmatrix}1&0&0\\0&1&0\\0&1&0\end{bmatrix}\begin{bmatrix}1&0&0\\0&1&0\\0&-1&1\end{bmatrix}=\begin{bmatrix}1&0&0\\0&1&0\\0&1&0\end{bmatrix}$$

となる．一方，

$$\begin{bmatrix}1&4\\2&1\\2&1\end{bmatrix}=\begin{bmatrix}1&0\\0&1\\0&1\end{bmatrix}\begin{bmatrix}1&4\\2&1\end{bmatrix}$$

が成立するので，$S(A)=S(\tilde{A})$ が成立するから，

$$E^3=S(A)\oplus S(B)=S(\tilde{A})\oplus S(B) \tag{4.13}$$

となり，注意(32ページ)を用いると，$P_{A\cdot B}=P_{\tilde{A}\cdot B}$ となることは明らかである.

同様に，次の系が成立する.

系 3 $E^n=S(A)\oplus S(B)$ で $S(A)=S(\tilde{A})$, $S(B)=S(\tilde{B})$ の場合

$$P_{\tilde{A}\cdot\tilde{B}}=P_{A\cdot B} \tag{4.14}$$

この特別な場合として，$S(B)=S(A)^{\perp}$ であれば

$$P_A=A(A'A)^-A'=\tilde{A}(\tilde{A}'\tilde{A})^-\tilde{A}'=P_{\tilde{A}}$$

が成立することは明らかであろう．なお，上式の P_A は $S(A)=S(AA')$ より次のように表わすこともできる．

$$P_A = P_{AA'} = AA'(AA'AA')^- AA' \tag{4.15}$$

注意 (4.14) 式の関係式から明らかなように $P_{A\cdot B}$ は行列 A, B の各成分の関数ではなく，A, B の列ベクトルで生成される部分空間 $V=S(A)$, $W=S(B)$ の定め方に依存し，V, W を生成する行列の選び方に依存しない．この意味で，$P_{A\cdot B}$ は，$P_{S(A)\cdot S(B)}$ と記すべきであるが，P_A, P_B の表現と同様に本章では単に $P_{A\cdot B}$ と記すことにする．

注意

$$[A, B]\begin{pmatrix} A' \\ B' \end{pmatrix} = AA'+BB'$$

より，(4.15) 式を用いると，

$$\begin{aligned} P_{A\cup B} &= (AA'+BB')(AA'+BB')_l^- \\ &= AA'(AA'+BB')_l^- + BB'(AA'+BB')_l^- \end{aligned} \tag{4.16}$$

となる（A_l^- は A の最小２乗型一般逆行列）．

このとき，$S(A)$ と $S(B)$ が素で，全空間 E^n を覆う場合，$(AA'+BB')_l^-=(AA'+BB')^{-1}$ となり (4.16) 式より

$$P_{A\cdot B} = AA'(AA'+BB')^{-1}, \qquad P_{B\cdot A} = BB'(AA'+BB')^{-1}$$

となる．

定理 4.2　$P_{A\cup B}$ を空間 $S(A, B)=S(A)+S(B)$ への直交射影行列，すなわち

$$P_{A\cup B} = [A, B][A, B]_l^- = [A, B]\begin{bmatrix} A'A & A'B \\ B'A & B'B \end{bmatrix}^- \begin{bmatrix} A' \\ B' \end{bmatrix} \tag{4.17}$$

とすれば，$S(A)$ と $S(B)$ が素である場合，次の分解が成立する．

$$P_{A\cup B} = P_{A\cdot B} + P_{B\cdot A} = A(A'Q_BA)^-A'Q_B + B(B'Q_AB)^-B'Q_A \tag{4.18 a}$$

証明　$P_{A\cup B}$ の分解については定理 2.13，$P_{A\cdot B}$ および $P_{B\cdot A}$ の表現については定理 4.1 の系１より明らか．（証明終り）

系 1　$E^n=S(A)\oplus S(B)$ のときには

$$I_n = A(A'Q_BA)^-A'Q_B + B(B'Q_AB)^-B'Q_A \tag{4.18 b}$$

となる．

系 2　$E^n=S(A)\oplus S(B)$ のとき

(i)　$Q_A = Q_A B(B'Q_A B)^- B'Q_A$　　(4.19 a)

(ii)　$Q_B = Q_B A(A'Q_B A)^- A'Q_B$　　(4.19 b)

証明　(4.18 b)式に左から Q_A をかけると，(4.19 a)式，Q_B をかけると(4.19 b)式が導かれる.　　(証明終り)

系 3　$E^m = S(A') \oplus S(C')$ のとき

(i)　$Q_{A'} = Q_{A'}C'(CQ_{A'}C')^- CQ_{A'}$　　(4.20 a)

(ii)　$Q_{C'} = Q_{C'}A'(AQ_{C'}A')^- AQ_{C'}$　　(4.20 b)

系 2 と同様に証明される.

定理 4.1 は，次のように一般化される.

定理 4.3　$V \subset E^n$ で，

$$V = V_1 \oplus V_2 \oplus \cdots \oplus V_r \qquad (\text{ただし，} V_j = S(A_j)) \tag{4.21 a}$$

のとき，$P_{j\cdot(j)}{}^*$ を $V_{(j)} = V_1 \oplus \cdots \oplus V_{j-1} \oplus V_{j+1} \oplus \cdots \oplus V_r$ に沿った V_j への射影行列とするとき，次式が成立する.

$$P_{j\cdot(j)}{}^* = A_j(A_j'Q_{(j)}A_j)^- A_j'Q_{(j)} + Z[I_n - (Q_{(j)}A_j)(A_j'Q_{(j)}A_j)^- A_j']Q_{(j)} \tag{4.21 b}$$

ただし，$Q_{(j)} = I - P_{(j)}$, $P_{(j)}$ は $V_{(j)}$ への直交射影行列，Z は任意の n 次の正方行列である.

注意　$V_1 \oplus V_2 \oplus \cdots \oplus V_r = E^n$ のとき，(4.21 b)式の第 2 項は消去される．このとき，$V_{(j)}$ に沿った V_j への射影行列を $P_{j\cdot(j)}$ とすると，次式となる.

$$P_{j\cdot(j)} = A_j(A_j'Q_{(j)}A_j)^- A_j'Q_{(j)} \tag{4.22}$$

さらに，$A = [A_1, A_2, \cdots, A_r]$ が n 次の正則行列のとき，(4.10)式と同様にして

$$P_{j\cdot(j)} = A_j A_j'(A_1A_1' + \cdots + A_rA_r')^{-1} \tag{4.23}$$

となることが導かれる.

ここで，ふたたび $V_1 \oplus V_2 \oplus \cdots \oplus V_r = V \subset E^n$ の場合について考察しよう．P_V を $V = V_1 \oplus V_2 \oplus \cdots \oplus V_r = S(A_1) \oplus S(A_2) \oplus \cdots \oplus S(A_r)$ への直交射影行列とするとき，

$$(P_{j\cdot(j)}{}^*)P_V = A_j(A_j'Q_{(j)}A_j)^- A_j'Q_{(j)} = P_{j\cdot(j)} \tag{4.24}$$

となる．ところで，(4.21 a)式が成立する場合，${}^\forall \boldsymbol{y} \in E^n$ に対して，$P_V\boldsymbol{y} \in V$. したがって，次式が成立する.

$$(P_{1\cdot(1)}^* + P_{2\cdot(2)}^* + \cdots + P_{r\cdot(r)}^*)P_V\boldsymbol{y} = P_V\boldsymbol{y}$$

$\boldsymbol{y}$ は任意のベクトルであるから，(4.24)式より，次の定理が導かれる．

定理 4.4 (4.21 a)式が成立し P_V を V への直交射影行列，$P_{j\cdot(j)}$ を $V_{(j)}\dot{\oplus}V^{\perp}$ に沿った V_j への射影行列とするとき，次式が成立する．

$$P_V = P_{1\cdot(1)} + P_{2\cdot(2)} + \cdots + P_{r\cdot(r)} \tag{4.25}$$

$$(\text{ただし，} P_{j\cdot(j)} = A_j(A_j'Q_{(j)}A_j)^-A_j'Q_{(j)}) \qquad (\text{証明略})$$

注意 (4.25)式を導くもう一つの方法としては，

$$E^n = V_1 \oplus V_2 \oplus \cdots \oplus V_r \oplus V^{\perp} \qquad (\text{ただし，} V = V_1 \oplus \cdots \oplus V_r) \tag{4.26}$$

を考える．ここで，$V_j = S(A_j)$, $V^{\perp} = S(B)$ とすると，$V_1 \oplus \cdots \oplus V_{j-1} \oplus V_{j+1} \oplus \cdots \oplus V_r \oplus V^{\perp}$ に沿った V_j への射影行列は

$$P_{j\cdot(j)\cup B} = A_j(A_j'Q_{(j)\cup B}A_j)^-A_j'Q_{(j)\cup B} \tag{4.27}$$

となる．ただし，$Q_{(j)\cup B} = I_n - P_{(j)\cup B}$ で，$P_{(j)\cup B}$ は空間 $V_{(j)}\dot{\oplus}V^{\perp}$ への直交射影行列である．ところで，$V_j = S(A_j)(j=1, \cdots, r)$ と $V^{\perp} = S(B)$ は直交するから，$A_j'B = O$，さらに，$A_{(j)}'B = O$ より，

$$\begin{aligned} A_j'Q_{(j)\cup B} &= A_j'(I_n - P_{(j)\cup B}) = A_j'(I_n - P_{(j)} - P_B) = A_j'(I_n - P_{(j)}) \\ &= A_j'Q_{(j)} \end{aligned} \tag{4.28}$$

となるから，

$$P_{j\cdot(j)\cup B} = A_j(A_j'Q_{(j)}A_j)^-A_j'Q_{(j)} = P_{j\cdot(j)} \tag{4.29}$$

となる．したがって，これ以降

$$V_1 \oplus V_2 \oplus \cdots \oplus V_r \dot{\oplus} V_B = V_A \dot{\oplus} V_B = E^n \tag{4.30}$$

によって V_A と V_B が直交している場合，$V_{(j)}\dot{\oplus}V_B$ に沿った V_j への射影行列 $P_{j\cdot(j)\cup B}$ を，単に $V_{(j)}$ に沿った V_j への射影行列 $P_{j\cdot(j)}$ と記述する．しかし，$V_A = S(A) = S(A_1) \oplus \cdots \oplus S(A_r)$ と $V_B = S(B)$ が直交していない場合，$P_{A\cdot B} + P_{B\cdot A} = I_n$ より，次の分解が成立する．

$$P_{A\cdot B} = P_{1\cdot(1)\cup B} + P_{2\cdot(2)\cup B} + \cdots + P_{r\cdot(r)\cup B} \tag{4.31}$$

ただし，$P_{j\cdot(j)\cup B}$ は(4.29)式によって与えられるものである．

なお，$A' = (A_1', A_2', \cdots, A_r')$, $\tilde{V}_j = S(A_j')$ で，

$$E^m = \tilde{V}_1 \oplus \tilde{V}_2 \oplus \cdots \oplus \tilde{V}_r$$

の場合，$\tilde{V}_{(j)}$ に沿った $\tilde{V}_j$ への射影行列を $\tilde{P}_{j\cdot(j)}$ とすると，次式となる．

$$\tilde{P}_{j\cdot(j)} = A_j'(A_j\tilde{Q}_{(j)}A_j')^-A_j\tilde{Q}_{(j)} \tag{4.32}$$

ただし，$\tilde{Q}_{(j)} = I - \tilde{P}_{(j)}$, $\tilde{P}_{(j)}$ は $\tilde{V}_{(j)} = S(A_1') \oplus \cdots \oplus S(A_{j-1}') \oplus S(A_{j+1}') \oplus \cdots \oplus S(A_r')$ への直交射影行列となる．(ただし，$A_{(j)}' = (A_1', A_2', \cdots, A_{j-1}', A_{j+1}', \cdots, A_r')$)

§4.2　射影行列の分解とその表現

二つの素でない空間 V_1 と V_2 が与えられているとき，射影行列 P_1 と P_2 の交換可能性が成立しない場合，空間 (V_1+V_2) は，補助定理 2.4 (38 ページ) に示されているように，二通りに分解される．ここで，まず，$V=V_1+V_2$ の補空間が $W=V^{\perp}$ で与えられ，しかも，$V_1=S(A)$, $V_2=S(B)$ の場合について，空間 $V=S(A,B)$ への直交射影行列 $P_{A\cup B}$ の分割を考えよう．ここで，P_A, P_B を空間 $V_A=S(A)$, $V_B=S(B)$ への直交射影行列，さらに，$Q_A=I_n-P_A, Q_B=I_n-P_B$，そして，$P_{A\cup B}$ を (4.17) 式で与えられる空間 $S(A)+S(B)$ への直交射影行列とすると，補助定理 2.4 により，次の定理が導かれる．

定理 4.5　$$P_{A\cup B} = P_A+P_{B[A]} \tag{4.33}$$
$$= P_B+P_{A[B]} \tag{4.34}$$

ただし，$P_{A[B]} = Q_BA(Q_BA)_l^- = Q_BA(A'Q_BA)^-A'Q_B$

$$P_{B[A]} = Q_AB(Q_AB)_l^- = Q_AB(B'Q_AB)^-B'Q_A$$

証明　$(Q_AB)'A=B'Q_AA=O$, $(Q_BA)'B=A'Q_BB=O$. したがって，$V_A=S(A)$ と $V_{B[A]}=S(Q_AB)$ は直交し，$V_{A[B]}=S(Q_BA)$ と $V_B=S(B)$ が直交するから (4.33), (4.34) 式が導かれる．さらに，$P_{A[B]}, P_{B[A]}$ の表現については，(3.68c) 式より明らかである．　　(証明終り)

注意　(4.33) 式，または (4.34) 式は直接計算によって導くこともできる．まず，

$$M = \begin{bmatrix} A'A & A'B \\ B'A & B'B \end{bmatrix}$$

とおく．ここで分割型逆行列 M の一般逆行列の一つの解は $S(A'A)\supset S(A'B)$ より (3.44) 式を用い，$D=B'B-B'A(A'A)^-A'B$ とおくと

$$\begin{bmatrix} (A'A)^-+(A'A)^-AD^-B'A(A'A)^-, & -(A'A)^-A'BD^- \\ -D^-B'A(A'A)^- , & D^- \end{bmatrix}$$

となる．したがって，$P_A=A(A'A)^-A'$ とおくと

$$\begin{aligned} P_{A\cup B} &= (P_A+P_ABD^-B'P_A-P_ABD^-B'-BD^-B'P_A+BD^-B') \\ &= P_A+(I_n-P_A)BD^-B'(I_n-P_A) \\ &= P_A+Q_AB(B'Q_AB)^-B'Q_A = P_A+P_{B[A]} \end{aligned}$$

M の一般逆行列を (3.45) 式によって求めると (4.34) 式が導かれる．

系　行列 A, B がともに m 個の列ベクトルをもつ行列で $\tilde{V}_1=S(A')$, $\tilde{V}_2=$

$S(B')$ のとき $\tilde{V}_1+\tilde{V}_2$ への直交射影行列は

$$P_{A'\cup B'}=[A'B']\begin{bmatrix}AA' & AB'\\ BA' & BB'\end{bmatrix}^{-}\begin{bmatrix}A\\ B\end{bmatrix}$$

となり，上式は

$$P_{A'\cup B'}=P_{A'}+P_{B'[A']} \tag{4.35}$$

$$=P_{B'}+P_{A'[B']} \tag{4.36}$$

と分解される．ただし，

$$P_{B'[A']}=(Q_{A'}B')(Q_{A'}B')_l^{-}=Q_{A'}B'(BQ_{A'}B')^{-}BQ_{A'}$$

$$P_{A'[B']}=(Q_{B'}A')(Q_{B'}A')_l^{-}=Q_{B'}A'(AQ_{B'}A')^{-}AQ_{B'}$$

（証明略）

なお，$Q_{A'}=I_m-P_{A'}$, $Q_{B'}=I_m-P_{B'}$, $P_{A'}$, $P_{B'}$ は，$S(A')$, $S(B')$ への直交射影行列である．

注意　(3.62)式の関係を用いると，次式が導かれる．

$$P_{A'\cup B'}=\begin{bmatrix}A\\ B\end{bmatrix}_m^{-}\begin{bmatrix}A\\ B\end{bmatrix},\quad P_{B'[A']}=(BQ_{A'})_m^{-}(BQ_{A'}),$$

$$P_{A'[B']}=(AQ_{B'})_m^{-}(AQ_{B'})$$

定理 4.6　$E^n=(V_A+V_B)\oplus V_C$ と分解され，$V_C=S(C)$ の場合，V_C に沿った (V_A+V_B) への射影行列を $P_{A\cup B\cdot C}$ とすれば，次のように分解される．

$$P_{A\cup B\cdot C}=P_{A\cdot C}+P_{B[A]\cdot C} \tag{4.37}$$

$$=P_{B\cdot C}+P_{A[B]\cdot C} \tag{4.38}$$

ただし，

$$P_{A\cdot C}=A(A'Q_CA)^{-}A'Q_C$$

$$P_{B\cdot C}==B(B'Q_CB)^{-}B'Q_C$$

$$P_{B[A]\cdot C}=P_{Q_AB\cdot C}=Q_AB(B'Q_AQ_CQ_AB)^{-}B'Q_AQ_C$$

$$P_{A[B]\cdot C}=P_{Q_BA\cdot C}=Q_BA(A'Q_BQ_CQ_BA)^{-}A'Q_BQ_C$$

証明　補助定理 2.4 から明らかに

$$V_A+V_B=S(A)\dot{\oplus}S(Q_AB)=S(B)\dot{\oplus}S(Q_BA)$$

が成立することと，定理 2.21 を用いればよい．　（証明終り）

注意　すでに定理2.18で述べたように，$P_AP_B=P_BP_A$ のとき，$Q_BP_A=P_AQ_B$ より，$Q_BAA_l^-Q_BA=Q_BP_AQ_BA=Q_BP_AA=Q_BA$，$Q_BAA_l^-=P_A-P_AP_B=(Q_BAA_l^-)'$ となって，$A_l^-\in\{(Q_BA)_l^-\}$．したがって，$Q_AB(Q_AB)_l^-=P_A-P_AP_B$ となり次式が成立する．

$$P_AP_B = P_BP_A \Longleftrightarrow P_{A\cup B} = P_A+P_B-P_AP_B \qquad (4.39)$$

系　$P_{A\cup B} = P_A \Longleftrightarrow S(B) \subset S(A)$

証明　$(\Leftarrow)$ $S(B)\subset S(A)$ より $B=AW$，(4.33)式において $Q_AB=(I-P_A)B=(I-P_A)AW=O$，したがって，$OO_l^-O=O$ より，$P_{A\cup B}=P_A$ となる．

$(\Rightarrow)$ (4.33)より，$(Q_AB)(Q_AB)_l^-=O$ となるから，右から Q_AB をかけると $Q_AB=O\Rightarrow Q_AP_B=O\Rightarrow P_AP_B=P_B$．したがって，定理2.11により，$S(B)\subset S(A)$．　　（証明終り）

系　$S(B)\subset S(A)$ のとき

$$P_{A[B]} = Q_BA(A'Q_BA)^-A'Q_B = P_A-P_B \qquad (4.40)$$

定理4.5の結果は，必ずしも素でない r 個の部分空間 $V_1=S(A_1), \cdots, V_r=S(A_r)$ が存在する場合に，次のように一般化される．

定理 4.7　$V=V_1+V_2+\cdots+V_r$ への直交射影行列を P としたとき，

$$P = P_1+P_{2[1]}+P_{3[2]}+\cdots+P_{r[r-1]} \qquad (4.41)$$

ただし，$P_{j[j-1]}$ は，空間 $V_{j[j-1]}=\{\boldsymbol{x}|\ \boldsymbol{x}=Q_{[j-1]}\boldsymbol{y}, \boldsymbol{y}\in E^n\}$ への直交射影行列である．ただし，$Q_{[j-1]}=I_n-P_{[j-1]}$，さらに，$P_{[j-1]}$は空間 $S(A_1)+S(A_2)+\cdots+S(A_{j-1})$ への直交射影行列である．

注意　(4.41)式の分解は，$S(A_1), S(A_2), \cdots, S(A_r)$ の順に並べたもので，この並べ方を任意に変えることによって，射影行列 P の分割方式は全部で $r!$ 通りになる．

系　$V=V_1+V_2+\cdots+V_r$ で $E^n=V\oplus W$ のとき，$P_{V\cdot W}$ を W に沿ったVへの射影行列とするとき次の分解が成立する．

$$P_{V\cdot W} = P_{1\cdot W}+P_{2[1]\cdot W}+\cdots+P_{r[r-1]\cdot W} \qquad (4.42)$$

ただし，$P_{j[j-1]\cdot W}$ は W に沿った空間 $V_{j[j-1]}$ への射影行列（必ずしも直交射影行列でない）である．

§4.3　最小２乗法と射影行列

§4.1で示した部分空間への射影行列の具体的表現は，最小２乗法によって直接導くことも可能である．

ここで，(n, m)型行列Aと，必ずしも$S(A)$に属さない$\boldsymbol{b} \in E^n$が与えられているとき，$\|\boldsymbol{b}-A\boldsymbol{x}\|^2$を最小にするベクトル$\boldsymbol{x}$は，正規方程式$A'A\boldsymbol{x}=A'\boldsymbol{b}$を満たすから，両辺に$A(A'A)^-$をかけると正射影ベクトル

$$A\boldsymbol{x} = P_A\boldsymbol{b} \qquad \text{ただし，} P_A = A(A'A)^-A' = AA_l^-$$

が導かれる．したがって，次の補助定理が導かれることは明らかである．

補助定理 4.2　$\operatorname*{Min}_{\boldsymbol{x}} \|\boldsymbol{b}-A\boldsymbol{x}\|^2 = \|\boldsymbol{b}-P_A\boldsymbol{b}\|^2$　(4.43)

ここで，通常のユークリッドノルムのかわりに，次の関係式

$$\operatorname{rank}(A'MA) = \operatorname{rank} A = \operatorname{rank}(A'M) \tag{4.44}$$

を満たすようなn次の非負定値行列Mを用いた擬ノルム

$$\|\boldsymbol{x}\|_M{}^2 = \boldsymbol{x}'M\boldsymbol{x} \tag{4.45}$$

を導入すると，次の定理が成立する．

定理 4.8　$\operatorname*{Min}_{\boldsymbol{x}} \|\boldsymbol{b}-A\boldsymbol{x}\|_M{}^2 = \|\boldsymbol{b}-{}_MP_A\boldsymbol{b}\|_M{}^2$

ただし，

$${}_MP_A = A(A'MA)^-A'M \qquad (M\text{は}(4.44)\text{式を満たす}) \tag{4.46}$$

証明　Mは非負定値行列であるから，$M=N'N$となる行列Nが存在する．したがって，

$$\|\boldsymbol{b}-A\boldsymbol{x}\|_M{}^2 = (\boldsymbol{b}-A\boldsymbol{x})'N'N(\boldsymbol{b}-A\boldsymbol{x}) = \|N\boldsymbol{b}-NA\boldsymbol{x}\|^2$$

が成立するから，補助定理4.2を用いると，上式を最小にする$\boldsymbol{x}$は

$$N'(NA)\boldsymbol{x} = N'NA(A'N'NA)^-A'N'N\boldsymbol{b}$$

を満たす．ここで，上式は$MA\boldsymbol{x}=MA(A'MA)^-A'M\boldsymbol{b}$となるから，この式の，両辺に左から$A(A'MA)^-A'$をかける．(4.44)式より$A(A'MA)^-A'MA=A$が成立するから

$$A\boldsymbol{x} = {}_MP_A\boldsymbol{b}$$

となり，(4.46)式が得られる．

別証　$f(\boldsymbol{x})=(\boldsymbol{b}-A\boldsymbol{x})'M(\boldsymbol{b}-A\boldsymbol{x})$を，ベクトル$\boldsymbol{x}$の各要素で偏微分すると，

$$\frac{1}{2}\frac{\partial f}{\partial \boldsymbol{x}} = A'MA\boldsymbol{x}-A'M\boldsymbol{b} = \boldsymbol{0}$$

が導かれる．そして，上式の両辺に左から $A(A'MA)^-$ をかければよい．

（証明終り）

系　$S(A)$ と $S(B)$ が素であるとき，$Q_B=I_n-P_B$ とおくと，

(i)　$$\min_{\boldsymbol{x}} \|\boldsymbol{b}-A\boldsymbol{x}\|_{Q_B}^2 = \|\boldsymbol{b}-P_{A\cdot B}\boldsymbol{b}\|_{Q_B}^2 \qquad (4.47\,\text{a})$$

または

(ii)　$$\min_{\boldsymbol{x}} \|\boldsymbol{b}-A\boldsymbol{x}\|_{Q_B}^2 = \|\boldsymbol{b}-P_{A[B]}\boldsymbol{b}\|_{Q_B}^2 \qquad (4.47\,\text{b})$$

ただし，$P_{A\cdot B}=A(A'Q_BA)^-A'Q_B$, $P_{A[B]}=Q_BA(A'Q_BA)^-A'Q_B$.

証明　(i)　$\text{rank}\,(A'Q_BA)=\text{rank}\,(A)$ であるから，明らかである．

(ii)　$Q_BP_{A\cdot B}=P_{A[B]}$ より明らか．

（証明終り）

したがって，部分空間 $S(B)$ に沿った，部分空間 $S(A)$ への射影行列 $P_{A\cdot B}$ は擬ノルム $\|\boldsymbol{x}\|_{Q_B}$ をもつ部分空間 $S(A)$ への直交射影行列とみなすことができる（図4.1参照）．さらに，$A'Q_A=O$ より，$Q^*=Q_A+Q_B$ とおくと，$\text{rank}\,Q^*=n$ より，Q^* は正則行列であるから

$$P_{A\cdot B} = A(A'Q_BA)^-A'Q_B = A(A'Q^*A)^-A'Q^*$$

より，$P_{A\cdot B}$ は正定値行列 Q^* によって特徴づけられるノルム $\|\boldsymbol{x}\|_{Q^*}$ による $S(A)$ への直交射影行列に一致する（図4.1参照）．

定理 4.9　(4.46)式について(i)と(ii)または(iii)が成立する．

$$\left.\begin{array}{ll}\text{(i)} & ({}_MP_A)^2 = {}_MP_A \\ \text{(ii)} & (M{}_MP_A)' = M{}_MP_A \\ \text{(iii)} & ({}_MP_A)'M{}_MP_A = M{}_MP_A\end{array}\right\} \qquad (4.48)$$

定義 4.1　M が(4.44)式を満たすとき，上記の(i)と(ii)または(iii)を満たす正方行列 ${}_MP_A$ を，擬ノルム $\|\boldsymbol{x}\|_M{}^2=\boldsymbol{x}'M\boldsymbol{x}$ にもとづく空間 $S(A)$ への直交射影行列とよぶ．

上記の定義から，明らかに擬ノルム $\|\boldsymbol{x}\|_M{}^2$ による $(I-{}_MP_A)$ は $S(A)^\perp$ への直交射影行列になる．

注意　M が(4.44)式を満たさない場合，一般に $S({}_MP_A)\subset S(A)$ となり，このとき，${}_MP_A$ は部分空間 $S(A)$ 全体への写像とならず，そのとき ${}_MP_A$ は $S(A)$ の中への射影行列となる．

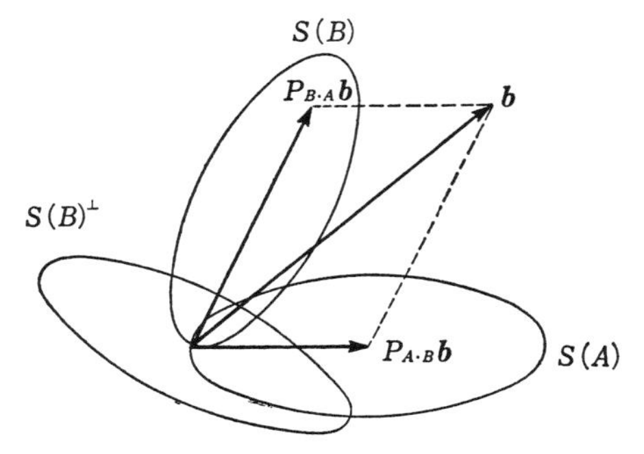

図 4.1　射影ベクトル $P_{A\cdot B}\boldsymbol{b}$ の表現

次に，$\|\boldsymbol{b}-A\boldsymbol{x}\|^2$ を最小にする $\boldsymbol{x}$ を求める場合，$\boldsymbol{b}\neq\boldsymbol{d}$ となる既知ベクトル $\boldsymbol{d}$ と，行列 A と同一の列数 m をもつ既知行列 C による制約条件 $C\boldsymbol{x}=\boldsymbol{d}$ を考えよう．このとき次の補助定理が成立する．

補助定理 4.3

$$\underset{C\boldsymbol{x}=\boldsymbol{d}}{\mathrm{Min}}\|\boldsymbol{b}-A\boldsymbol{x}\| = \underset{\boldsymbol{z}}{\mathrm{Min}}\|\boldsymbol{b}-AC^{-}\boldsymbol{d}-AQ_{C'}\boldsymbol{z}\| \qquad (4.49)$$

（ただし，$Q_{C'}$ は $S(C')^{\perp}$ への直交射影行列，$\boldsymbol{z}$ は任意の m 次元ベクトル）

証明　$C\boldsymbol{x}=\boldsymbol{d}\Rightarrow\boldsymbol{x}=C^{-}\boldsymbol{d}+Q_{C'}\boldsymbol{z}$ となることを用いればよい．　（証明終り）

上記の補助定理と定理 2.25 から次の定理が導かれる．

定理 4.10

$$\underset{C\boldsymbol{x}=\boldsymbol{d}}{\mathrm{Min}}\|\boldsymbol{b}-A\boldsymbol{x}\| = \|(I_n-P_{AQ_{C'}})(\boldsymbol{b}-AC^{-}\boldsymbol{d})\|$$

が成り立つとき

$$\boldsymbol{x} = C^{-}\boldsymbol{d}+Q_{C'}(Q_{C'}A'AQ_{C'})^{-}Q_{C'}A'(\boldsymbol{b}-AC^{-}\boldsymbol{d}) \qquad (4.50)$$

ただし，$P_{AQ_{C'}}$ は$S(AQ_{C'})$ への直交射影行列である．　（証明略）

§4.4　拡張された一般逆行列の定義とその表現

ところで，第 3 章で示した反射型一般逆行列 A_r^{-}，ノルム最小型一般逆行列 A_m^{-}，最小 2 乗型一般逆行列 A_l^{-} は，

$$E^n = V\oplus W = S(A)\oplus S(I_n-AA^{-})$$

$$E^m = \tilde{V}\oplus\widetilde{W} = S(A^{-}A)\oplus S(I_m-A^{-}A)$$

という二つの直和分解において，図 4.2 に示されているように

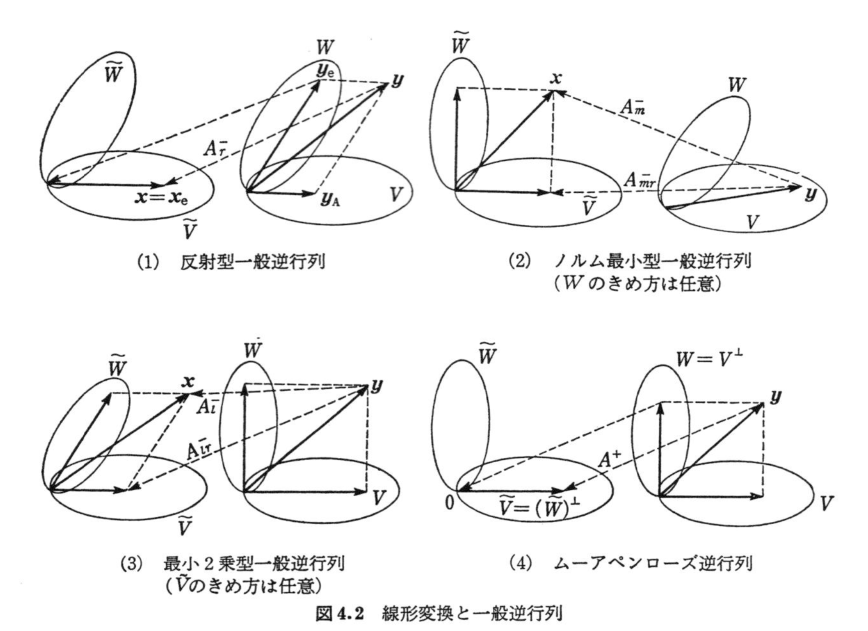

図 4.2　線形変換と一般逆行列

（i）　${}^\forall \boldsymbol{y}\in W$ のとき，$A^-\boldsymbol{y}=\boldsymbol{0}$　⟶　(A_r^-)

（ii）　V と W が直交する　⟶　(A_l^-)

（iii）　$\tilde{V}$ と $\widetilde{W}$ が直交する　⟶　(A_m^-)

に対応し，しかも，上記の (i), (ii), (iii) がいずれも満たされるという特殊な場合に限定された一般逆行列がムーアペンローズ逆行列 A^+ になるわけであったが，次節においては，V と W, $\tilde{V}$ と $\widetilde{W}$ が必ずしも直交していない場合において，A_l^-, A_m^-, A^+ をその特殊な場合として含む一般逆行列の一般表現を考察しよう．

本節では，説明の便宜上，前節の順序を変更して，まず最初に最小2乗型一般逆行列の一般表現，つづいて，ノルム最小型，ムーアペンローズ型の一般逆行列についての一般表現を考察する．

4.4.1　一般化最小2乗型一般逆行列

ここで，E^n における $V=S(A)$ の一つの補空間が，特定の行列 B を用いて $W=S(B)$ と表わされる場合を考察しよう．$A\boldsymbol{x}=\boldsymbol{b}$ の連立方程式において，$\boldsymbol{b}\notin$

$S(A)$ の場合，$\|\boldsymbol{b}-A\boldsymbol{x}\|_{Q_B}{}^2$ を最小にする $\boldsymbol{x}$ を求めよう．

定理 4.8 とその系により，上式を最小にする $\boldsymbol{x}$ は

$$A\boldsymbol{x} = P_{A\cdot B}\boldsymbol{b} = A(A'Q_BA)^-A'Q_B\boldsymbol{b} \tag{4.51}$$

で与えられる．ここで，A のある一般逆行列を A^- として，$\boldsymbol{x}=A^-\boldsymbol{b}$ を (4.51) 式の左辺に代入すると

$$AA^-\boldsymbol{b} = A(A'Q_BA)^-A'Q_B\boldsymbol{b}$$

上式は任意の n 次元ベクトル $\boldsymbol{b}\in E^n$ について成立するから

$$AA^- = A(A'Q_BA)^-A'Q_B \tag{4.52}$$

さらに上式の左から $A'Q_B$ をかけると，(4.3) 式の関係により，

$$A'Q_BAA^- = A'Q_B \tag{4.53}$$

となる．(4.52) 式，または (4.53) 式を満たす A^- を $A_{l(B)}{}^-$ とおくと，次の定理が成立する．

定理 4.11　$A_{l(B)}{}^-$ に関する次の三つの条件は，たがいに同値である．

(i)　$AA_{l(B)}{}^-A = A, (Q_BAA_{l(B)}{}^-)' = Q_BAA_{l(B)}{}^-$　(4.54 a)

(ii)　$A'Q_BAA_{l(B)}{}^- = A'Q_B$　(4.54 b)

(iii)　$AA^-{}_{l(B)} = A(A'Q_BA)^-A'Q_B$　(4.54 c)

証明　(i)→(ii)　$AA_{l(B)}{}^-A = A \Rightarrow \quad Q_BAA_{l(B)}{}^-A = Q_BA$

両辺の転置行列を求めると，$A'(Q_BAA_{l(B)}{}^-)'=A'Q_B$

左辺は，(4.54 a) 式の第二番目の式より $A'Q_BAA_{l(B)}{}^-$ に一致する．

(ii)→(iii)　左から $A(A'Q_BA)^-$ をかけて，(4.3) 式を用いればよい．

(iii)→(i)　右から A をかけると，$AA_{l(B)}{}^-A=A$．$Q_BAA_{l(B)}{}^-$ が対称になることは，(4.19) 式より明らか．　(証明終り)

定理 4.11 の (i), (ii) および (iii) の条件は，$E^n=S(A)\oplus S(B)$ のとき，$AA_{l(B)}{}^-$ が $S(B)$ に沿った $S(A)$ への射影行列となることを示しているものである．

定義 4.2　(4.54) の三つの式のいずれかを満たす一般逆行列 $A_{l(B)}{}^-$ を行列 A の B 制約最小 2 乗型一般逆行列 (一般最小 2 乗型一般逆行列) と呼ぶ．

なお，(4.54) 式より，$A_{l(B)}{}^-$ の一般表現は次式となる．

$$A_{l(B)}{}^- = (A'Q_BA)^-A'Q_B+[I_m-(A'Q_BA)^-(A'Q_BA)]Z \tag{4.55}$$

(ただし，Z は任意の (m, n) 型行列)

なお，反射型一般逆行列の条件，すなわち $A_{l(B)}{}^-AA_{l(B)}{}^-=A_{l(B)}{}^-$, rank

$A_{l(B)}^{-}=\mathrm{rank}\,A$ を満たす $A_{l(B)}^{-}$ を $A_{lr(B)}^{-}$ とおくと次式が導かれる．

$$A_{lr(B)}^{-}=(A'Q_BA)^{-}A'Q_B \tag{4.56}$$

注意　$B=A^{\perp}$(ただし，$S(A^{\perp})=S(A)^{\perp}$)のとき，$A_{l(A^{\perp})}^{-}$ は最小2乗型一般逆行列 A_l^{-} に等しくなる．また，(4.56)式は $B=A^{\perp}$ のとき，反射型最小2乗型一般逆行列 A_{lr}^{-} に等しくなる．

注意　M を n 次の正定値行列としたとき，

$$A_{l(M)}^{-}=(A'MA)^{-}A'M \tag{4.57}$$

は，$AA_{l(M)}^{-}A=A$, $(MAA_{l(M)}^{-})'=MAA_{l(M)}^{-}$ を満たす一般逆行列となる．なお，この一般逆行列は $\|A\boldsymbol{x}-\boldsymbol{b}\|_M^2$ を最小にするものとして定義される．なお，M が正定値行列でない場合には，$A_{l(M)}^{-}$ は必ずしも A の一般逆行列にならない．

なお，$A=(A_1, A_2, \cdots, A_s)$ が

$$S(A)=S(A_1)\oplus S(A_2)\oplus\cdots\oplus S(A_s) \tag{4.58}$$

のように直和分解されているとき

$$A_{(j)}=(A_1, A_2, \cdots, A_{j-1}, A_{j+1}, \cdots, A_s)$$

とおくと，行列 A_j の $A_{(j)}$ 制約最小2乗型一般逆行列は

$$A_{j(j)}^{-}=(A'_jQ_{(j)}A_j)^{-}A_j'Q_{(j)}+[I_p-(A_j'Q_{(j)}A_j)^{-}(A'_jQ_{(j)}A_j)]Z \tag{4.59}$$

と表わされる．なお，$Q_{(j)}=I_n-P_{(j)}$，および $P_{(j)}$ は $S(A_{(j)})$ への直交射影行列である．

上記のような一般逆行列 $A_{j(j)}^{-}$ の存在は次の定理によって保証される．

定理 4.12　$A=(A_1, A_2, \cdots, A_s)$ が(4.58)式を満たすための必要十分条件は，A の一般逆行列 Y(ただし $Y'=(Y_1', Y_2', \cdots, Y_s')$) が

$$A_iY_iA_i=A_i,\quad A_iY_iA_j=O\qquad (i\neq j) \tag{4.60}$$

を満たすことである．

証明　(必要性)　$AYA=A$ に $A=(A_1, A_2, \cdots, A_s)$, $Y'=(Y_1', Y_2', \cdots, Y_s')$ を代入して展開すると，任意の $i=1, \cdots, s$ について

$$A_1Y_1A_i+A_2Y_2A_i+\cdots+A_iY_iA_i+\cdots+A_sY_sA_i=A_i,$$

すなわち

$$A_1Y_1A_i+A_2Y_2A_i+\cdots+A_i(Y_iA_i-I)+\cdots+A_sY_sA_i=O$$

が成立する．$S(A_i)\cap S(A_j)=\{\boldsymbol{0}\}(i\neq j)$ より定理1.4を用いると，(4.60)式が成

立する．

（十分性） $A_1\boldsymbol{x}_1+A_2\boldsymbol{x}_2+\cdots+A_s\boldsymbol{x}_s=\boldsymbol{0}$ に左から(4.60)式を満たす A_iY_i をかけると，$A_i\boldsymbol{x}_i=\boldsymbol{0}$．したがって，$S(A_1), S(A_2), \cdots, S(A_s)$ は互いに素で，$S(A)$ はこれらの部分空間の直和となる． （証明終り）

上記の定理 4.12 において，

$$A_{(j)} = [A_1, A_2, \cdots, A_{j-1}, A_{j+1}, \cdots, A_s]$$

とおくと，$S(A_{(j)})\oplus S(A_j)=S(A)$ となり，

$$A_jA_{j(j)}^-A_j = A_j,\ A_jA_{j(j)}^-A_i = O \qquad (i \neq j) \tag{4.61}$$

を満たす $A_{j(j)}^-$ が存在する．$A_{j(j)}^-$ は，行列 A_j の行列 $A_{(j)}$ 制約最小2乗型一般逆行列である．

なお，$E^n=S(A)\oplus S(B)$ の場合，

$$AXA = A,\ \ AXB = O$$
$$BYB = B,\ \ BYA = O$$

を満たす X, Y が存在するが，X は $A_{l(B)}^-$, Y は $B_{l(A)}^-$ に等しくなる．

系 $A' = \begin{bmatrix} A_1' \\ A_2' \\ \vdots \\ A_s' \end{bmatrix}$ が

$$S(A') = S(A_1') \oplus S(A_2') \oplus\cdots\oplus S(A_s')$$

を満たすための必要十分条件は，A の一般逆行列 Z (ただし，$Z=(Z_1, Z_2, \cdots, Z_s)$) が

$$A_iZ_iA_i = A_i,\ \ A_iZ_jA_j = O\,(i \neq j) \tag{4.62}$$

を満たすことである．

証明 $AZA=A \Rightarrow A'Z'A'=A'$．定理 4.12 を用いると $A_i'Z_i'A_i'=A_i'$, $A_j'Z_j'A_i'=O(j\neq i)$．これらの式の転置行列を求めると(4.62)式が導かれる．

（証明終り）

4.4.2 一般化ノルム最小型一般逆行列

定理 4.12 の系において $s=2$ かつ $S(A')=E^m$，すなわち $E^m=\tilde{V}\oplus\widetilde{W}$ で，$\tilde{V}=S(A_1')$, $\widetilde{W}=S(A_2')$ の場合，A (ただし $A'=(A_1', A_2')$) の一般逆行列を $Z=(Z_1, Z_2)$ とおくと

$$A_1Z_1A_1 = A_1,\ \ A_1Z_2A_2 = O,\ \ A_2Z_2A_2 = A_2,\ \ A_2Z_1A_1 = O \quad (4.63)$$

を満たす一般逆行列 Z_1, Z_2 の存在が保証されたことになる．ここで，列の大きさが m で，行の数がそれぞれ $n_1, n_2(n_1+n_2 \geqq n)$ となる二つの行列 A と C が A の適当な一般逆行列 A^- によって

$$AA^-A = A,\ \ CA^-A = O \quad (4.64)$$

を満たすとしよう．このとき，$(A')W_1+(C')W_2=O$ と仮定すれば $(AA^-A)'W_1+(CA^-A)'W_2=O$, したがって $A'W_1=O \Rightarrow C'W_2=O$ となり，$S(A')$ と $S(C')$ は素，すなわち，$E^m=S(A')\oplus S(C')$ と仮定することができる．したがって(4.64)式の転置行列をとると

$$A'(A^-)'A' = A', \quad A'(A^-)'C' = O \quad (4.65)$$

が成立するから

$$A'(A^-)' = P_{A'\cdot C'} = A'(AQ_{C'}A')^-AQ_{C'} \quad (4.66)$$

$$(\text{ただし，} Q_{C'} = I_m - C'(CC')^-C)$$

は，$S(C')$ に沿った $S(A')$ への射影行列となる．したがって $\{((AQ_{C'}A')^-)'\} = \{(AQ_{C'}A')^-\}$ より

$$A^-A = Q_{C'}A'(AQ_{C'}A')^-A \quad (4.67)$$

が導かれる．(4.66)式または(4.67)式を満たす A^- を，$A_{m(C)}{}^-$ とおくと，

$$A_{m(C)}{}^- = Q_{C'}A'(AQ_{C'}A')^- + \tilde{Z}\{I_n - (AQ_{C'}A')(AQ_{C'}A')^-\}$$

$$(\text{ただし，} \tilde{Z} \text{は任意の} (m, n) \text{型行列})$$

となる．さらに，反射型一般逆行列の条件 $A_{m(C)}{}^-AA_{m(C)}{}^- = A_{m(C)}{}^-$ を満たすものを $A_{mr(C)}{}^-$ とおくと

$$A_{mr(C)}{}^- = Q_{C'}A'(AQ_{C'}A')^- \quad (4.68)$$

となる．ここで補助定理 4.1 の系 2 を用いると，次の定理が導かれる．

定理 4.13　次の三つの条件は互いに同値である．

(i)　$AA_{m(C)}{}^-A = A, (A_{m(C)}{}^-AQ_{C'})' = A_{m(C)}{}^-AQ_{C'}$ (4.69 a)

(ii)　$A_{m(C)}{}^-AQ_{C'}A' = Q_{C'}A'$ (4.69 b)

(iii)　$A_{m(C)}{}^-A = Q_{C'}A'(AQ_{C'}A')^-A$ (4.69 c)

(証明省略)　(定理 4.9 と同様に証明される．補助定理 4.1 の系 2 と定理 4.2 の系 3 を利用すること．)

定義 4.3　上式のいずれか一つの性質を満たす一般逆行列 $A_{m(C)}{}^-$ を行列 A

の行列 C 制約ノルム最小型一般逆行列(一般化ノルム最小型一般逆行列)と呼ぶ.

注意　$A_{m(C)}^-$ は A_m^- の拡張表現を与えるもので, $S(C')=S(A')^{\perp}$ のとき, $A_{m(C)}^-=A_m^-$ となる.

補助定理 4.4　$E^m=S(A')\oplus S(C')$ のとき

$$E^m = S(Q_{C'}) \oplus S(Q_{A'}) \tag{4.70}$$

が成立する.

証明　$Q_{C'}\boldsymbol{x}+Q_{A'}\boldsymbol{y}=\boldsymbol{0}$ とする. 左から $Q_{C'}A'(AQ_{C'}A')^-A$ をかけると, (4.20)式より $Q_{C'}=Q_{C'}A'(AQ_{C'}A')^-AQ_{C'}$ となるから $Q_{C'}\boldsymbol{x}=\boldsymbol{0}\Rightarrow Q_{A'}\boldsymbol{y}=\boldsymbol{0}$, したがって, $S(Q_{C'})$ と $S(Q_{A'})$ は素となる. 一方, $\mathrm{rank}\,(Q_{C'})+\mathrm{rank}\,(Q_{A'})=(m-\mathrm{rank}\,C)+(m-\mathrm{rank}\,A)=2m-m=m$ となって, (4.70)式が成立する.

(証明終り)

定理 4.14　(4.70)式が成立するとき, $A_{m(C)}^-A$ は $\tilde{W}=S(Q_{A'})=\mathrm{Ker}(A)$ に沿った $\tilde{V}=S(Q_{C'})$ への射影行列である.

証明　$P_{Q_{C'}\cdot Q_{A'}}$ を $S(Q_{A'})$ に沿った $S(Q_{C'})$ への射影行列とするとき, 射影行列の定義式(4.9)式より

$$P_{Q_{C'}\cdot Q_{A'}} = Q_{C'}(Q_{C'}P_{A'}Q_{C'})^-Q_{C'}P_{A'} \tag{4.71}$$

となる. ここで, 次式

$$P_{A'}(P_{A'}Q_{C'}P_{A'})^-P_{A'}Q_{C'}(Q_{C'}P_{A'}Q_{C'})^- \in \{(Q_{C'}P_{A'}Q_{C'})^-\}$$

および(4.18 b)式より, 次式が成立する.

$$Q_{C'}(Q_{C'}P_{A'}Q_{C'})^-Q_{C'}P_{A'}+Q_{A'}(Q_{A'}P_{C'}Q_{A'})^-Q_{A'}P_{C'} = I_m \tag{4.72}$$

したがって, (4.72)式の左側から $P_{A'}$ をかけることによって

$$P_{A'}Q_{C'}(Q_{C'}P_{A'}Q_{C'})^-Q_{C'}P_{A'} = P_{A'}$$

が成立することから

$$\begin{aligned} P_{Q_{C'}\cdot Q_{A'}} &= Q_{C'}P_{A'}(P_{A'}Q_{C'}P_{A'})^-P_{A'}Q_{C'}(Q_{C'}P_{A'}Q_{C'})^-Q_{C'}P_{A'} \\ &= Q_{C'}P_{A'}(P_{A'}Q_{C'}P_{A'})^-P_{A'} = Q_{C'}A'(AQ_{C'}A')^-A \\ &= A_{m(C)}^-A \end{aligned} \tag{4.73 a}$$

となることによって定理 4.14 が証明される.　(証明終り)

系

$$(P_{Q_{C'}\cdot Q_{A'}})' = P_{A'\cdot C'} \tag{4.73 b}$$

注意　上記の定理4.14の結果から，$A_{m(C)}^{-}A$ は(4.70)式の分解が成立するとき，$A_{m(C)}^{-}A=P_{\tilde{V}\cdot\tilde{W}}$ となることから，$A_{m(C)}^{-}$ は空間 $\tilde{V}=S(Q_{C'})$ に制約されるもので厳密には $A_{m(\tilde{V})}^{-}$ と記述すべきものである．

したがって，$E^m=\tilde{V}\oplus\tilde{W}$ で，$\tilde{V}=S(A^{-}A)$, $\tilde{W}=S(I-A^{-}A)=S(I-P_{A'})=S(Q_{A'})$ が成立する場合，$S(A')\oplus S(C')=E^m$ となる C' を選ぶことによって $\tilde{V}\oplus\tilde{W}=E^m$ を満たす $\tilde{V}$ は

$$\tilde{V}=S(Q_{C'}) \tag{4.74}$$

と表わすことができる．

注意　$A_{m(C')}^{-}$ がノルム最小型一般逆行列 A_m^{-} の一般表現である一つの理由は，$A\boldsymbol{x}=\boldsymbol{b}$ の条件で $\|P_{Q_{C'}\cdot Q_{A'}}\boldsymbol{x}\|^2$ を最小にする解として $\boldsymbol{x}=A_{m(C')}^{-}\boldsymbol{b}$ が求められるからである．

注意　N を m 次の正定値行列とするとき，

$$A_{m(N)}=NA'(ANA')^{-} \tag{4.75}$$

は，$AA_{m(N)}^{-}A=A, (A_{m(N)}^{-}AN)'=A_{m(N)}^{-}AN$ を満たす一般逆行列となる．この一般逆行列は，$\boldsymbol{b}=A\boldsymbol{x}$ のとき $\|\boldsymbol{x}\|^2_N$ を最小にするものとして導かれる．

ここで，定理3.17を拡張した定理を示そう．

定理 4.15

$$\{(A')^{-}{}_{m(B')}\}=\{(A_{l(B)}^{-})'\} \tag{4.76}$$

証明　定理4.11より $AA_{l(B)}^{-}A=A\rightarrow A'(A_{l(B)}^{-})'A'=A'$．一方，

$$(Q_BAA_{l(B)}^{-})'=(Q_BAA_{l(B)}^{-})\Rightarrow(A_{l(B)}^{-})'A'Q_B=\{(A_{l(B)}^{-})'A'Q_B\}'$$

したがって定理4.13より $A_{l(B)}^{-}\in\{(A')_{m(B')}^{-}\}$．一方，定理4.11, 4.13により $(A')_{m(B')}^{-}\in\{(A_{l(B)}^{-})'\}$．したがって(4.76)式が示される．

例 4.2　(i)　$A=\begin{bmatrix}1 & 1\\ 1 & 1\end{bmatrix}$，$B=\begin{bmatrix}1\\ 2\end{bmatrix}$ の場合，$A_{l(B)}^{-}, A_{lr(B)}^{-}$ を求めよ．

(ii)　$\left.\begin{matrix}A=\begin{bmatrix}1 & 1\\ 1 & 1\end{bmatrix}\\ C=[1 \quad -2]\end{matrix}\right\}$ の場合，$A_{m(C)}^{-}, A_{mr(C)}^{-}$ を求めよ．

解　(i)　$E^2=S(A)\oplus S(B)$ となるから，$AA_{l(B)}^{-}$ は $S(B)$ に沿った $S(A)$ への射影行列 $P_{A\cdot B}$ となる．

そこで，まず $P_{A\cdot B}$ を(4.10)式によって求める．

$$[AA'+BB']^{-1}=\begin{bmatrix}3 & 4\\ 4 & 6\end{bmatrix}^{-1}=\frac{1}{2}\begin{bmatrix}6 & -4\\ -4 & 3\end{bmatrix}$$

これより

$$P_{A\cdot B} = AA'(AA'+BB')^{-1} = \begin{bmatrix} 2 & -1 \\ 2 & -1 \end{bmatrix}$$

ここで

$$A_{l(B)}{}^{-} = \begin{bmatrix} a & b \\ c & d \end{bmatrix} \text{とおくと}$$

$$\begin{bmatrix} 1 & 1 \\ 1 & 1 \end{bmatrix}\begin{bmatrix} a & b \\ c & d \end{bmatrix} = \begin{bmatrix} 2 & -1 \\ 2 & -1 \end{bmatrix} \text{より，} a+c=2, b+d=-1.$$

したがって

$$A_{l(B)}{}^{-} = \begin{bmatrix} a & b \\ 2-a & -1-b \end{bmatrix}$$

となる．したがって，$A_{lr(B)}{}^{-}$ は rank $A_{lr(B)}{}^{-}=1$ より $a(-1-b)=b(2-a)$ したがって $b=-\frac{1}{2}a$. これより

$$A_{lr(B)}{}^{-} = \begin{bmatrix} a & -\frac{1}{2}a \\ 2-a & -1+\frac{1}{2}a \end{bmatrix}$$

となる．

(ii)　$S(A')\oplus S(C')=E^2$ となることに注意する．

(4.73 a), (4.73 b) 式および (4.10) 式より

$$A_{m(C)}{}^{-}A = (P_{A'\cdot C'})' = (A'A+C'C)^{-1}A'A$$

$$A'A(A'A+C'C)^{-1} = \frac{1}{3}\begin{bmatrix} 2 & 1 \\ 2 & 1 \end{bmatrix}$$

ここで

$$A_{m(C)}{}^{-} = \begin{bmatrix} e & f \\ g & h \end{bmatrix} \text{とおくと}$$

$$\begin{bmatrix} e & f \\ g & h \end{bmatrix}\begin{bmatrix} 1 & 1 \\ 1 & 1 \end{bmatrix} = \frac{1}{3}\begin{bmatrix} 2 & 2 \\ 1 & 1 \end{bmatrix} \text{より}$$

$e+f=\frac{2}{3}$, $g+h=\frac{1}{3}$,　したがって

$$A_{m(C)}{}^{-} = \begin{bmatrix} e & \frac{2}{3}-e \\ g & \frac{1}{3}-g \end{bmatrix} \text{となる．}$$

さらに

$$A_{mr(C)}^{-} = \begin{bmatrix} e & \dfrac{2}{3}-e \\ \dfrac{1}{2}e & \dfrac{1}{3}-\dfrac{1}{2}e \end{bmatrix}$$

となる．

4.4.3　一般化ムーアペンローズ逆行列

$V=S(A)$ の補空間 $W=S(B)$, $\tilde{W}=\mathrm{Ker}(A)=S(Q_{A'})$ の補空間 $\tilde{V}=S(Q_{C'})$ が特定化されている場合，すなわち，

$$\begin{aligned} E^n &= V \oplus W = S(A) \oplus S(B) \\ E^m &= \tilde{V} \oplus \tilde{W} = S(Q_{C'}) \oplus S(Q_{A'}) \end{aligned} \tag{4.77}$$

が満たされる場合, $\boldsymbol{y} \in E^n \to \boldsymbol{x} \in \tilde{V} = S(Q_{C'})$ への変換行列 $A_{W\cdot\tilde{V}}^{+}$ を $A_{B\cdot C}^{+}$ と記すと，$A_{B\cdot C}^{+}$ は反射型一般逆行列となるから，

（i）　$AA^{+}_{B\cdot C}A = A$　(4.78)

（ii）　$A_{B\cdot C}^{+}AA_{B\cdot C}^{+} = A_{B\cdot C}^{+}$　(4.79)

となる．さらに定理3.3から明らかに，$AA_{B\cdot C}^{+}$ は $W=S(B)$ に沿った $V=S(A)$ への射影行列，$(A_{B\cdot C}^{+}A)$ は $\tilde{W}=\mathrm{Ker}(A)=S(Q_{A'})$ に沿った $\tilde{V}=S(Q_{C'})$ への射影行列になるから，定理4.11と定理4.13により次の二つの関係式

(iii)　$(Q_BAA_{B\cdot C}^{+})' = (Q_BAA_{B\cdot C}^{+})$　(4.80)

(iv)　$(A_{B\cdot C}^{+}AQ_{C'})' = (A_{B\cdot C}^{+}AQ_{C'})$　(4.81)

が成立することは明らかである．また上記の四つの式より

（v）　$CA_{B\cdot C}^{+} = O$　　および　　$A_{B\cdot C}^{+}B = O$　(4.82)

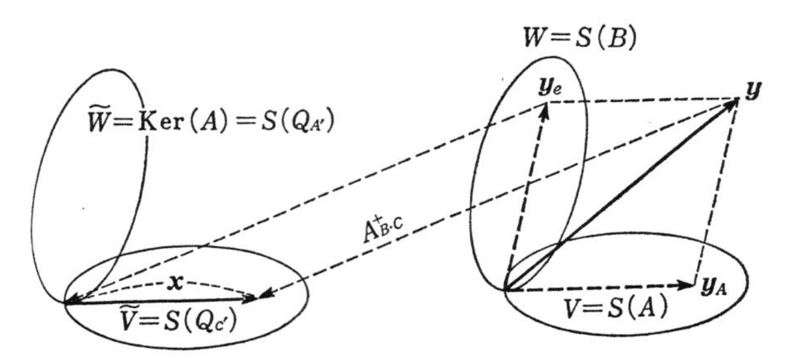

図4.3　一般化ムーアペンローズ逆行列の空間表現

が成立する.

なお, $A'B=O$(ただし $V=W^{\perp}$), $AC'=O$(ただし $\tilde{V}=(\tilde{W})^{\perp}$)が成立する場合には, 上式はムーアペンローズ逆行列の四つの式に還元される.

定義 4.4　(4.78)～(4.81)の四つの式を満たす行列 $A_{B\cdot C}^{+}$ を行列 A の行列 B, C 制約型ムーアペンローズ逆行列(または一般化ムーアペンローズ逆行列)と呼ぶ(図 4.3 参照).

定理 4.16　(n, m) 型行列 A が与えられている場合, $E^n=S(A)\oplus S(B)$, $E^m=S(Q_{A'})\oplus S(Q_{C'})$ を満たす部分空間 $W=S(B)$, $\tilde{W}=S(Q_{C'})$ が与えられている場合, $A_{B\cdot C}^{+}$ は $W, \tilde{W}$ を生成する任意の行列 B, C について一意に定められる.

証明　(4.82)式の二つの式の性質により

$$Q_{C'}A_{B\cdot C}^{+}=A_{B\cdot C}^{+} \text{ および, } A_{B\cdot C}^{+}Q_B=A_{B\cdot C}^{+}$$

が成立するから, (4.78)～(4.81)式の(i), (ii), (iii), (iv)は

$$\left.\begin{array}{ll}
(\mathrm{i})' & (Q_BAQ_{C'})A_{B\cdot C}^{+}(Q_BAQ_{C'})=Q_BAQ_{C'} \\
(\mathrm{ii})' & A_{B\cdot C}^{+}(Q_BAQ_{C'})A_{B\cdot C}^{+}=A_{B\cdot C}^{+} \\
(\mathrm{iii})' & ((Q_BAQ_{C'})A_{B\cdot C}^{+})'=(Q_BAQ_{C'})A_{B\cdot C}^{+} \\
(\mathrm{iv})' & (A_{B\cdot C}^{+}(Q_BAQ_{C'}))'=A_{B\cdot C}^{+}(Q_BAQ_{C'})
\end{array}\right\} \quad (4.83)$$

となる. したがって, $A^{+}{}_{B\cdot C}$ は $A_{B\cdot C}=Q_BAQ_{C'}$ のムーアペンローズ逆行列になっている. ところで, $Q_B, Q_{C'}$ は $S(B)^{\perp}, S(C')^{\perp}$ への直交射影行列であるから, $S(B)=S(\tilde{B}), S(C')=S(\tilde{C}')$ を満たす任意の行列 $\tilde{B}$ および $\tilde{C}$ について一意に定められる. したがって, $A_{B\cdot C}$ は一意になる. 一方, 定理 3.20 より, ムーアペンローズ逆行列は一意に定められるから, $A_{B\cdot C}^{+}$ も一意となる.　(証明終り)

注意　定理4.16を満たす $A_{B\cdot C}^{+}$ は, 第3章で示したムーアペンローズ逆行列の一般形になっていることはこれまでの記述より明らかであろう. ムーアペンローズ逆行列 A^{+} は, $E^n=V\dot{\oplus}W, E^m=\tilde{V}\dot{\oplus}\tilde{W}$ における $E^n\to\tilde{V}$ の線形変換に対応するもので, 射影行列との関連でいえば“直交化”一般逆行列になっているのに対し, $A_{B\cdot C}^{+}$ は, $W=S(B)$, $\tilde{V}=S(Q_{C'})$ が, V および $\tilde{W}$ と直交していないという意味で, “斜交”一般逆行列といえよう. このような“斜交”一般逆行列の存在は, R. D. Milne(1968)によって論じられている.

次に, 一般化ムーアペンローズ逆行列 $A_{B\cdot C}^{+}$ の表現を考察しよう.

補助定理 4.5

(i)　$AA_{B\cdot C}^{+} = P_{A\cdot B}$　(4.84)

(ii)　$A_{B\cdot C}^{+}A = P_{Q_{C'}\cdot Q_{A'}} = (P_{A'\cdot C'})'$　(4.85)

証明　(i)は定理4.1より明らか．(ii)は定理4.14と(4.71)式を用いることにより証明される．　(証明終り)

定理 4.17　$A_{B\cdot C}^{+}$ の表現法として次の式が導かれる．

(i)　$A_{B\cdot C}^{+} = Q_{C'}{}^{*}(AQ_{C'}{}^{*})^{-}A(Q_{B}{}^{*}A)^{-}Q_{B}{}^{*}$　(4.86)

(ただし，$Q_{C'}{}^{*} = I_m - C'(C')^{-}$ および $Q_{B}{}^{*} = I_m - BB^{-}$)

(ii)　$A_{B\cdot C}^{+} = Q_{C'}A'(AQ_{C'}A')^{-}A(A'Q_{B}A)^{-}A'Q_{B}$　(4.87)

(iii)　$A_{B\cdot C}^{+} = (A'A+C'C)^{-1}A'AA'(AA'+BB')^{-1}$　(4.88)

証明　補助定理4.5より $A_{B\cdot C}^{+}AA_{B\cdot C}^{+} = A_{B\cdot C}^{+}P_{A\cdot B} = (P_{A'\cdot C'})'A_{B\cdot C}^{+} = A_{B\cdot C}^{+}$ となることを用い，さらに定理4.1とその系を用いればよい．

系　(i)　$S(B)=S(A)^{\perp}$ のとき，

$$A_{B\cdot C}^{+} = Q_{C'}A'(AQ_{C'}A')^{-}A(A'A)^{-}A' \qquad (4.89\,\mathrm{a})$$

$$= (A'A+C'C)^{-1}A' \qquad (4.89\,\mathrm{b})$$

(上式を $A_{m(C)}^{+}$ と定義する)

(ii)　$S(C')=S(A')^{\perp}$ のとき

$$A_{B\cdot C}^{+} = A'(AA')^{-}A(A'Q_{B}A)^{-}A'Q_{B} \qquad (4.90\,\mathrm{a})$$

$$= A'(AA'+BB')^{-1} \qquad (4.90\,\mathrm{b})$$

(上式を $A_{l(B)}^{+}$ と定義する)

(iii)　$S(B)=S(A)^{\perp}$ および $S(C')=S(A')^{\perp}$ のとき

$$A_{B\cdot C}^{+} = A'(AA')^{-}A(A'A)^{-}A' = A^{+} \qquad (4.91)$$

注意　上記によって定義される $A_{m(C)}^{+}$ は $\mathrm{rank}(A)=n$ のとき

$A_{m(C)}^{+} = A_{mr(C)}^{-}$，$A_{l(B)}^{+}$ は $\mathrm{rank}(A) = m$ のとき $A_{l(B)}^{+} = A_{lr(B')}^{-}$

に一致するが，一般には一致しない．なお，(4.91)式は，(3.77)式によって導かれた A^{+} に一致している．

定理 4.18　$\|A\boldsymbol{x}-\boldsymbol{b}\|^2_{Q_B}$ を最小にするベクトル $\boldsymbol{x}$ のうちで，$\|P_{Q_{C'}Q_{A'}}\boldsymbol{x}\|^2$ を最小にする解は，$\boldsymbol{x}=A_{B\cdot C}^{+}\boldsymbol{b}$ で与えられる．

証明　$\boldsymbol{x}$ は $||A\boldsymbol{x}-\boldsymbol{b}||_{Q_B}{}^2$ を最小にすることから，正規方程式

$$A'Q_BA\boldsymbol{x} = A'Q_B\boldsymbol{b} \tag{4.92}$$

を満たす．この条件下で，ノルム $||P_{Q_{C'}\cdot Q_{A'}}\boldsymbol{x}||^2$ を最小にするために，$\boldsymbol{\lambda}$ をラグランジュ未定乗数ベクトルとする次式

$$f(\boldsymbol{x}, \boldsymbol{\lambda}) = \frac{1}{2}\boldsymbol{x}'(\tilde{P})'\tilde{P}\boldsymbol{x} - \boldsymbol{\lambda}'(A'Q_BA\boldsymbol{x} - A'Q_B\boldsymbol{b})$$

(ただし，$\tilde{P}=P_{Q_{C'}\cdot Q_{A'}}$) を $\boldsymbol{x}$ で偏微分してゼロとおくと，

$$(\tilde{P})'\tilde{P}\boldsymbol{x} = A'Q_BA\boldsymbol{\lambda} \tag{4.93}$$

となる．(4.92)式と(4.93)式をまとめて行列表現すると，

$$\begin{bmatrix} (\tilde{P})'\tilde{P} & A'Q_BA \\ A'Q_BA & O \end{bmatrix}\begin{bmatrix} \boldsymbol{x} \\ \boldsymbol{\lambda} \end{bmatrix} = \begin{bmatrix} \boldsymbol{0} \\ A'Q_B\boldsymbol{b} \end{bmatrix}$$

となる．したがって，

$$\begin{bmatrix} \boldsymbol{x} \\ \boldsymbol{\lambda} \end{bmatrix} = \begin{bmatrix} (\tilde{P}')\tilde{P} & A'Q_BA \\ A'Q_BA & O \end{bmatrix}^{-}\begin{bmatrix} \boldsymbol{0} \\ A'Q_B\boldsymbol{b} \end{bmatrix} = \begin{bmatrix} C_1 & C_2 \\ C_2' & -C_3 \end{bmatrix}\begin{bmatrix} \boldsymbol{0} \\ A'Q_B\boldsymbol{b} \end{bmatrix}$$

となる．ここで，$(\tilde{P})'\tilde{P}=A'(AQ_{C'}A')^-A$．さらに行列 $(\tilde{P}Q_{C'})$ は $S(C')$ に沿った $S(A')$ への射影行列となるから，$S((\tilde{P})'\tilde{P}_{Q_{C'}})=S(A)$ より，$S((\tilde{P})'\tilde{P})=S(A')=S(A'Q_BA)$．したがって，(3.47) 式を用いると，

$$\begin{aligned} \boldsymbol{x} &= C_2A'Q_B\boldsymbol{b} \\ &= (\tilde{P}'\tilde{P})^-A'Q_BA(A'Q_BA(\tilde{P}'\tilde{P})^-A'Q_BA)^-A'Q_B\boldsymbol{b} \end{aligned}$$

となる．次に，

$$Q_{C'}A'(AQ_{C'}A')^-A'Q_{C'} \in \{(A'(AQ_{C'}A')^-A)^-\} = \{((\tilde{P})'\tilde{P})^-\}$$

となることを用いると，

$$\boldsymbol{x} = Q_{C'}A'Q_BA(A'Q_BAQ_{C'}A'Q_BA)^-A'Q_B\boldsymbol{b} \tag{4.94}$$

となる．さらに

$$(A'Q_BA)^-A'(AQ_{C'}A')^-A(A'Q_BA)^- \in \{(A'Q_BAQ_{C'}A'Q_BA)^-\}$$

となることに注意すると，次式となる．

$$\begin{aligned} \boldsymbol{x} &= Q_{C'}A'(AQ_{C'}A')^-A(A'Q_BA)^-A'Q_B\boldsymbol{b} \qquad (4.95) \\ &= A_{B\cdot C}{}^+\boldsymbol{b} \end{aligned}$$

(証明終り)

上記の結果により，定理 4.4 が次のように拡張される．

定理 4.19　$S(A)=S(A_1)\oplus\cdots\oplus S(A_r)$ のとき

$S((A_j)')\oplus S((C_j)')=E^{k_j}$ (ただし k_j は A_j の列の数) となる行列 C_j が存在すれば

$$P_A = A_1(A_1)_{A_{(1)}\cdot C_1}{}^+ + \cdots + A_r(A_r)_{A_{(r)}\cdot C_r}{}^+ \tag{4.96}$$

(ただし，$A_{(j)} = (A_1, A_2, \cdots, A_{j-1}, A_{j+1}, \cdots, A_r)$)

証明　定理4.4と $A_j(A_j)_{A_{(j)}\cdot C_j}{}^+ = P_{j\cdot(j)}$ ((4.22)式参照) より明らか.

例 4.3　$A=\begin{bmatrix}1 & 1\\1 & 1\end{bmatrix}$, $B=\begin{bmatrix}1\\2\end{bmatrix}$, $C=(1, -2)$ のとき $A_{B\cdot C}{}^+$ を求めよ.

解　$S(A)\oplus S(B)=E^2$, $S(A')\oplus S(C')=E^2$ となるから $A_{B\cdot C}{}^+$ が定義される. $A_{B\cdot C}{}^+$ は例4.2において，$A_{mr(C)}{}^-$ 中の l と $A_{lr(B)}{}^-$ 中の a を等しくおくことにより，$A_{mr(C)}{}^- = A_{lr(B)}{}^-$. したがって $a=e=\dfrac{4}{3}$. これより次式が導かれる.

$$A_{B\cdot C}{}^+ = \frac{1}{3}\begin{bmatrix}4 & -2\\2 & -1\end{bmatrix}$$

別解　(4.88)式を用いて直接に計算する.

$$A'A+C'C = \begin{bmatrix}1 & 1\\1 & 1\end{bmatrix}^2 + \begin{bmatrix}1\\-2\end{bmatrix}(1, -2) = \begin{bmatrix}3 & 0\\0 & 6\end{bmatrix}$$

$$AA'+BB' = \begin{bmatrix}1 & 1\\1 & 1\end{bmatrix}^2 + \begin{bmatrix}1\\2\end{bmatrix}(1, 2) = \begin{bmatrix}3 & 4\\4 & 6\end{bmatrix}$$

したがって

$$A_{B\cdot C}{}^+ = \begin{bmatrix}3 & 0\\0 & 6\end{bmatrix}^{-1}\begin{bmatrix}1 & 1\\1 & 1\end{bmatrix}^3\begin{bmatrix}3 & 4\\4 & 6\end{bmatrix}^{-1} = \frac{1}{3}\begin{bmatrix}4 & -2\\2 & -1\end{bmatrix}$$ となる.

($A_{B\cdot C}{}^+$ が(4.78)～(4.81)の四つの式を満たすことを確かめよ)

注意　$A_{B\cdot C}{}^+$ が定義されるには(n, m)型行列 A の階数が $r\,(<\mathrm{Min}(n, m))$, B は階数$(n-r)$をもつ(n, s)型行列$(s\geqq n-r)$, C は階数$(m-r)$をもつ(t, m)型行列$(t\geqq m-r)$で,

$$\begin{bmatrix}A & B\\C & O\end{bmatrix}$$

の形にかけるように定義されるものであればよい.

定理 4.20　$S(A')\oplus S(C')=E^m$ のとき，$\boldsymbol{d}=\boldsymbol{0}$ であれば(4.50)式は，次式となる.

$$\boldsymbol{x} = A_{m(C)}{}^+\boldsymbol{b} \tag{4.97}$$

(ただし $A_{m(C)}{}^+$ は(4.89 a), (4.89 b)式で与えられる)

証明　$A'(AQ_{C'}A')^-AQ_{C'}A'=A'$ が成立するから,

$$(Q_{C'}A'AQ_{C'})A'(AQ_{C'}A')^-A(A'A)^-A'(AQ_{C'}A')^-A(Q_{C'}A'AQ_{C'})$$

$$= Q_{C'}A'A(A'A)^{-}A'(AQ_{C'}A')^{-}AQ_{C'}A'AQ_{C'} = Q_{C'}A'AQ_{C'}$$

したがって

$$G = A'(AQ_{C'}A')^{-}A(A'A)^{-}A'(AQ_{C'}A')^{-}A$$

は $Q_{C'}A'AQ_{C'}$ の一般逆行列となる．したがって

$$\begin{aligned}\boldsymbol{x} &= Q_{C'}GQ_{C'}A'\boldsymbol{b} = Q_{C'}A'(AQ_{C'}A')^{-}A(A'A)^{-}A'(AQ_{C'}A')^{-}AQ_{C'}A'\boldsymbol{b}\\ &= Q_{C'}A'(AQ_{C'}A')^{-}A(A'A)^{-}A'\boldsymbol{b}\end{aligned}$$

となり(4.89 a)式より(4.97)式が導かれる．

例 4.3 $\boldsymbol{b}$，および二つの名義尺度（カテゴリー数3）からなる項目が与えられている．

$$\boldsymbol{b} = \begin{bmatrix} 72 \\ 48 \\ 40 \\ 48 \\ 28 \\ 48 \\ 40 \\ 28 \end{bmatrix}, \qquad \tilde{A} = \left[\begin{array}{ccc|ccc} 0 & 1 & 0 & 1 & 0 & 0 \\ 0 & 1 & 0 & 1 & 0 & 0 \\ 1 & 0 & 0 & 0 & 0 & 1 \\ 0 & 1 & 0 & 1 & 0 & 0 \\ 0 & 0 & 1 & 0 & 1 & 0 \\ 0 & 1 & 0 & 0 & 0 & 1 \\ 1 & 0 & 0 & 1 & 0 & 0 \\ 0 & 0 & 1 & 0 & 1 & 0 \end{array}\right]$$

ここで，各列の成分から平均値をひくと，$Q_M = I_8 - \dfrac{1}{8}\mathbf{1}\mathbf{1}'$ により

$$A = Q_M\tilde{A} = \frac{1}{8}\begin{bmatrix} -2 & -3 & 5 & 4 & -2 & -2 \\ -2 & 5 & -3 & 4 & -2 & -2 \\ 6 & -3 & -3 & -4 & -2 & 6 \\ -2 & 5 & -3 & 4 & -2 & -2 \\ -2 & -3 & 5 & -4 & 6 & -2 \\ -2 & 5 & -3 & -4 & -2 & 6 \\ 6 & -3 & -3 & 4 & -2 & -2 \\ -2 & -3 & 5 & -4 & 6 & -2 \end{bmatrix} = (\boldsymbol{a}_1, \boldsymbol{a}_2, \cdots, \boldsymbol{a}_6)$$

より rank A=rank $\tilde{A}-2$ となる．ここで

$$\|\boldsymbol{b} - \alpha_1\boldsymbol{a}_1 - \alpha_2\boldsymbol{a}_2 - \alpha_3\boldsymbol{a}_3 - \beta_1\boldsymbol{a}_4 - \beta_2\boldsymbol{a}_5 - \beta_3\boldsymbol{a}_6\|$$

を最小にする $\alpha_1, \alpha_2, \alpha_3, \beta_1, \beta_2, \beta_3$ は一通りに定まらないので $(\boldsymbol{\alpha})' = (\alpha_1, \alpha_2, \alpha_3)$，$(\boldsymbol{\beta})' = (\beta_1, \beta_2, \beta_3)$ より $C\begin{bmatrix}\boldsymbol{\alpha}\\ \boldsymbol{\beta}\end{bmatrix} = \mathbf{0}$ という条件をつけて

$$\begin{bmatrix}\hat{\boldsymbol{\alpha}}\\ \hat{\boldsymbol{\beta}}\end{bmatrix} = (A'A + C'C)^{-1}(A)'\boldsymbol{b}$$

により，C の成分を以下の3通りに変えて解を求める．その結果は次の通りである．

$$\text{(a)}\quad C=\begin{bmatrix}1\ 1\ 1 & 0\ 0\ 0\\ 0\ 0\ 0 & 1\ 1\ 1\end{bmatrix}\to\hat{\boldsymbol{\alpha}}=\begin{bmatrix}-1.67\\-0.67\\2.33\end{bmatrix}\quad \hat{\boldsymbol{\beta}}=\begin{bmatrix}1.83\\-3.67\\1.83\end{bmatrix}$$

$$\text{(b)}\quad C=\begin{bmatrix}2\ 1\ 1 & 0\ 0\ 0\\ 0\ 0\ 0 & 1\ 2\ 2\end{bmatrix}\to\hat{\boldsymbol{\alpha}}=\begin{bmatrix}-1.24\\-0.24\\2.74\end{bmatrix}\quad \hat{\boldsymbol{\beta}}=\begin{bmatrix}2.19\\-3.29\\2.19\end{bmatrix}$$

$$\text{(c)}\quad C=\begin{bmatrix}1 & 1 & 1 & 1 & 1 & 1\\ 1 & -1 & 1 & -1 & 1 & -1\end{bmatrix}\to\hat{\boldsymbol{\alpha}}=\begin{bmatrix}1.33\\2.33\\5.33\end{bmatrix}\quad \hat{\boldsymbol{\beta}}=\begin{bmatrix}-1.16\\-6.67\\-1.16\end{bmatrix}$$

注意　上記は数量化理論第1類として行われている重み係数を求める方法であるが，パラメータ α_j, β_j の制約条件の構成法によって，得られる解が異ってくることに注意されたい．

定理 4.21　$S(A)\oplus S(B)=E^n$, $S(A')\oplus S(C')=E^m$ のとき $C\boldsymbol{x}=\boldsymbol{0}$ の制約条件で $\|\boldsymbol{y}-A\boldsymbol{x}\|_{Q_B}{}^2$ を最小にする $\boldsymbol{x}$ は

$$\boldsymbol{x}=A_{B\cdot C}{}^{+}\boldsymbol{y} \tag{4.98}$$

で与えられる(ただし $A_{B\cdot C}{}^{+}$ は，(4.86)～(4.88) 式で与えられる)．

証明　定理 4.8 の系より $\underset{x}{\mathrm{Min}}\|\boldsymbol{y}-A\boldsymbol{x}\|_{Q_B}{}^2=\|\boldsymbol{y}-P_{A\cdot B}\boldsymbol{y}\|_{Q_B}{}^2$ となる．ここで，$P_{A\cdot B}=AA_{B\cdot C}{}^{+}$ となることを用いると，$A\boldsymbol{x}=AA_{B\cdot C}{}^{+}\boldsymbol{y}$，両辺に左から $A_{B\cdot C}{}^{+}$ をかけて，$(A_{B\cdot C}{}^{+}A)Q_{C'}=Q_{C'}$ となることより，$\boldsymbol{x}=A_{B\cdot C}{}^{+}\boldsymbol{y}$ が導かれる．

§4.5　最適化逆行列

前節で示したところの一般化ムーアペンローズ逆行列 $A_{B\cdot C}{}^{+}$ は，$\|A\boldsymbol{x}-\boldsymbol{b}\|_{Q_B}{}^2$ を最小にする $\boldsymbol{x}$ のうちで，$\|\boldsymbol{x}\|_{Q_{C'}}{}^2$ を最小にするものとして導かれたものである．ここでは，

$$\begin{aligned}&\|A\boldsymbol{x}-\boldsymbol{b}\|_{Q_B}{}^2+\|\boldsymbol{x}\|_{Q_{C'}}{}^2\\ &=(A\boldsymbol{x}-\boldsymbol{b})'Q_B(A\boldsymbol{x}-\boldsymbol{b})+\boldsymbol{x}'Q_{C'}\boldsymbol{x}\\ &=\boldsymbol{x}'(A'Q_BA+Q_{C'})\boldsymbol{x}-\boldsymbol{x}'A'Q_B\boldsymbol{b}-\boldsymbol{b}'Q_BA\boldsymbol{x}+\boldsymbol{b}'Q_B\boldsymbol{b}\end{aligned} \tag{4.99}$$

を最小にする $\boldsymbol{x}$ を求めてみよう．上式をベクトル $\boldsymbol{x}$ の各成分で偏微分すると，次式が導かれる．

$$(A'Q_BA+Q_{C'})\boldsymbol{x} = A'Q_B\boldsymbol{b} \qquad (4.100)$$

ここで，左辺の逆行列が存在するものと仮定して，

$$A_{Q(B)\oplus Q(C)}{}^{(+)} = (A'Q_BA+Q_{C'})^{-1}A'Q_B \qquad (4.101)$$

とおくと，(4.100)式の解は次式となる．

$$\boldsymbol{x} = A_{Q(B)\oplus Q(C)}{}^{(+)}\boldsymbol{b} \qquad (4.102)$$

ここで，上式の $A_{Q(B)\oplus Q(C)}{}^{(+)}$ を G とおくと，次の定理が成立する．

定理 4.22　(i)　$\text{rank}\, G = \text{rank}\, A$

(ii)　$(Q_{C'}GA)' = Q_{C'}GA$　(4.103)

(iii)　$(Q_BAG)' = Q_BAG$

証明　(i)　$S(A)$ と $S(B)$ は素であるから，$\text{rank}\, G=\text{rank}\,(A'Q_B)=\text{rank}\, A'=\text{rank}\, A$

(ii)　$Q_{C'}GA = Q_{C'}(A'Q_BA+Q_C)^{-1}A'Q_BA$

$$= (Q_{C'}+A'Q_BA-A'Q_BA)(A'Q_BA+Q_{C'})^{-1}A'Q_BA$$

$$= A'Q_BA-A'Q_BA(A'Q_BA+Q_C)^{-1}A'Q_BA$$

Q_B, Q_C は対称行列であるから，上式も対称行列となる．

(iii)　$Q_BAG=Q_BA(A'Q_BA+Q_{C'})^{-1}A'Q_B$ は明らかに対称行列である．

（証明終り）

系　$S(Q_{C'}GA) = S(Q_{C'}) \cap S(A'Q_BA)$　(4.104)

証明　$Q_{C'}GA=Q_{C'}(A'Q_BA+Q_{C'})^{-1}A'Q_BA$ は行列 $Q_{C'}$ および $A'Q_BA$ の並列和であることを用いると，定理 3.12 の (iii) より明らかである．

注意　$A-AGA=A(A'Q_BA+Q_{C'})^{-1}Q_{C'}$ となることから，G は A の一般逆行列にはならないが，定理 4.22 の (i), (ii), (iii) の性質は，ムーアペンローズ逆行列の一般表現 $A_{B\cdot C}{}^{+}$ にきわめて類似している．S. K. Mitra (1975) は，(4.102)式のかわりに，M, N をそれぞれ n 次，p 次の正定値行列とした．

$$||A\boldsymbol{x}-\boldsymbol{b}||_M{}^2+||\boldsymbol{x}||_N{}^2 \qquad (4.105)$$

を最小にする $\boldsymbol{x}=A_{M\oplus N}{}^{(+)}\boldsymbol{b}$ に現われる

$$A_{M\oplus N}{}^{(+)} = (A'MA+N)^{-1}A'M \qquad (4.106)$$

を最適化逆行列(optimal inverse)と呼んでいる．このとき，(4.106)式を G とおくと，

定理4.21(ii)は$(NGA)' = NGA$, (iii)は$(MAG)'=MAG$となる．この他に，次式も成立する．

$$(A')_{N\oplus M}{}^{(+)} = A_{M^{-1}\oplus N^{-1}}{}^{(+)} \tag{4.107}$$

第4章 練習問題

問題1 $A=\begin{bmatrix}1 & 2 & 3\\ 2 & 3 & 1\end{bmatrix}$および$C=(1,1,1)$のとき$A_{mr(C')}{}^{-}$を求めよ．

問題2 $A=\begin{bmatrix}1 & 2\\ 2 & 1\\ 1 & 1\end{bmatrix}$とするとき次の問いに答えよ．

(i) $B=\begin{bmatrix}1\\ 1\\ 1\end{bmatrix}$のとき，$A_{lr(B)}{}^{-}$を求めよ．

(ii) $\tilde{B}=\begin{bmatrix}1\\ a\\ b\end{bmatrix}$のとき，$A_{lr(\tilde{B})}{}^{-}$を求め，$a=-3, b=1$のとき$A_{lr(\tilde{B})}{}^{-}=A_{lr}{}^{-}$となることを示せ．

問題3 $A=\begin{bmatrix}2 & -1 & -1\\ -1 & 2 & -1\\ -1 & -1 & 2\end{bmatrix}$のとき，$S(A)\oplus S(B)=E^3, S(A')\oplus S(C')=E^3$を満たす$B'=[1,2,1]$ $C=[2,1,1]$が与えられている．このとき，$A_{B\cdot C}{}^{+}$を求めよ．

問題4 $E^n=S(A)\oplus S(B)$でP_A, P_Bが$S(A), S(B)$への直交射影行列であるとき，次の問いに答えよ．

(i) $(I_n-P_AP_B)$は正則行列であることを示せ．

(ii) $(I_n-P_AP_B)^{-1}P_A=P_A(I-P_BP_A)^{-1}$を示せ．

(iii) $(I_n-P_AP_B)^{-1}P_A(I-P_AP_B)$は$S(B)$に沿った$S(A)$への射影行列となることを示せ．

問題5 $S(A')\oplus S(C')\subset E^m$のとき，$C\boldsymbol{x}=\boldsymbol{0}$の制約条件で$||A\boldsymbol{x}-\boldsymbol{b}||^2$を最小にする$\boldsymbol{x}$は次式で与えられることを示せ．

$$\boldsymbol{x} = (A'A+C'C+D'D)^{-1}A'\boldsymbol{b}$$

(ただしD'は$S(D')=(S(A')\oplus S(C'))^C$を満たす任意の行列)

問題6 Aを(n,m)型行列，Gを$E^n=S(A)\oplus S(GZ)$(ただし，$S(Z)=S(A)^{\perp}$)を満たすn次の非負定値行列とする．このとき，次式が成立することを示せ．

$$P_{A\cdot TZ}= {}_{(T^{-})}P_A$$

ただし，上式の右辺は(4.46)式によって定義される擬ノルム $||\boldsymbol{x}||^2=\boldsymbol{x}'(T^-)\boldsymbol{x}$ による直交射影行列．さらに T は次式で与えられる．

$T=G+AUA'$(ただし U は $S(T)=S(G)+S(A)$ を満たす任意の m 次の対称行列)

問題7　A が(n, m)次の行列のとき，$\text{rank}(A'MA)=\text{rank}(A)$を満たす n 次の非負定値行列 M が与えられている．このとき，次のことを示せ．

(i)　$E^n=S(A)\oplus\text{Ker}(A'M)$

(ii)　${}_MP_A=A(A'MA)^-A'M$ は $\text{Ker}(A'M)$に沿った $S(A)$ への射影行列である．

(iii)　$E^n=S(A)\oplus S(B)$ のとき，$M=Q_B$ とおくと，$\text{Ker}(A'M)=S(B)$，および ${}_{Q_B}P_A=P_{A\cdot B}=A(A'Q_BA)^-A'Q_B$ となることを示せ．

問題8　$E^n=S(A)\oplus S(B)=S(A)\oplus S(\tilde{B})$ および，$E^m=S(A')\oplus S(C')$ を満たすとき次式を示せ．

$$A_{\tilde{B}\cdot C}{}^+AA_{B\cdot C}{}^+ = A_{B\cdot C}{}^+$$

問題9　(n, m)型行列 A について，$V\subset E^m$, $W\subset E^n$ の二つの部分空間を考える．このとき，次の四つの条件を考える．

(a)　G は E^n の任意のベクトルを V に写す．

(b)　G' は E^m の任意のベクトルを W に写す．

(c)　GA を V に制限したものは恒等変換である．

(d)　$(AG)'$ を W に制限したものは恒等変換である．

(i)　ここで，(a)と(c)を満たす G は，$V=S(H)$のとき，

$$\text{rank}(AH) = \text{rank}\, A' \qquad ①$$

であれば，

$$G_1 = H(AH)^- \qquad ②$$

が A の一般逆行列となることを示せ．

(ii)　(b), (d)を満たす G は，$W=S(F')$のとき，

$$\text{rank}\,(FA) = \text{rank}\, F \qquad ③$$

であれば，

$$G_2 = (FA)^-F \qquad ④$$

が A の一般逆行列となることを示せ．

(iii)　(a), (b), (c), (d)のすべての条件を満たす G は，$V=S(H)$, $W=(F')$のとき，

$$\text{rank}\,(FAH) = \text{rank}\, H = \text{rank}\, F \qquad ⑤$$

であれば，

$$G_3 = H(FAH)^-F \qquad ⑥$$

が A の一般逆行列になることを示せ．

(このようにして定義される一般逆行列を制約付一般逆行列という(Rao & Mitra

1971))

(iv), (i)において，$E^m=S(A')\oplus S(C')$ のとき，$H=I_p-C'(CC')^-C$ とおくと，①式と

$$G_1 = A_{mr(C')}^- \quad ⑦$$

が成立し，$E^n=S(A)\oplus S(B)$ のとき，$F=I_n-B(B'B)^-B'$ とおくと，③式と

$$G_2 = A_{lr(B')}^- \quad ⑧$$

が成立し，さらに，⑤式と

$$G_3 = A_{B\cdot C}^+ \quad ⑨$$

が成立することを示せ．

第5章　特異値分解

§5.1　線形変換による特異値分解の定義

前節で $E^m \to E^n$ の線形変換 $\boldsymbol{y}=A\boldsymbol{x}$ を表わす (n, m) 型行列 A のムーアペンローズ逆行列 A^+ を定義した際に次の直交直和分解，すなわち，

$$E^n = V_1 \dot{\oplus} W_1 \quad \text{および} \quad E^m = V_2 \dot{\oplus} W_2 \tag{5.1}$$

(ただし $V_1=S(A)$，$W_1=V_1^{\perp}$，$W_2=\mathrm{Ker}(A)$ および $V_2=W_2^{\perp}$) を利用した．ここで A' を $E^n \to E^m$ の線形変換 $\boldsymbol{x}=A'\boldsymbol{y}$ を表わす行列とするとき，次の定理が成立する．

定理 5.1

(i)　$V_2 = S(A') = S(A'A)$

(ii)　$V_2 \to V_1$ の変換 $\boldsymbol{y}=A\boldsymbol{x}$，および $V_1 \to V_2$ の変換 $\boldsymbol{x}=A'\boldsymbol{y}$ はそれぞれ1対1である．

(iii)　$V_2 \to V_2$ の変換を $f(\boldsymbol{x})=A'A\boldsymbol{x}$ として $\boldsymbol{x}$ を V_2 に制限した $f(\boldsymbol{x})$ の像空間を，

$$S_{V_2}(A'A) = \{f(\boldsymbol{x}) = A'A\boldsymbol{x} \mid \boldsymbol{x} \in V_2\} \tag{5.2}$$

とおくと

$$S_{V_2}(A'A) = V_2. \tag{5.3}$$

このとき，$V_2 \to V_2$ の変換は1対1である．

注意　$V_2=S(A')$ より，$S_{V_2}(A'A)=S_{A'}(A'A)$ と記すこともある．

証明　(i)　定理1.7の系および補助定理3.1より明らか．

(ii)　$\mathrm{rank}\,(A'A)=\mathrm{rank}\,A$ より $\dim V_1=\dim V_2$，よって $V_2 \to V_1$ の変換 $\boldsymbol{y}=A\boldsymbol{x}$ および $V_1 \to V_2$ の変換 $\boldsymbol{x}=A'\boldsymbol{y}$ はそれぞれ1対1である．

(iii)　任意の $\boldsymbol{x}\in E^m$ に対して，$\boldsymbol{x}=\boldsymbol{x}_1+\boldsymbol{x}_2(\boldsymbol{x}_1\in V_2,\ \boldsymbol{x}_2\in W_2)$ とすると，$\boldsymbol{z}=A'A\boldsymbol{x}=A'A\boldsymbol{x}_1\in S_{V2}(A'A)$. ゆえに，$S_{V2}(A'A)=S(A'A)=S(A')=V_2$ また $A'A\boldsymbol{x}_1=A'A\boldsymbol{x}_2\Rightarrow A'A(\boldsymbol{x}_2-\boldsymbol{x}_1)=\boldsymbol{0}\Rightarrow\boldsymbol{x}_2-\boldsymbol{x}_1\in\mathrm{Ker}\,(A'A)=\mathrm{Ker}\,(A)=W_2$. したがって，$\boldsymbol{x}_1,\boldsymbol{x}_2\in V_2$ ならば $\boldsymbol{x}_1=\boldsymbol{x}_2$.　　　　(証明終り)

ある $E^n\rightarrow E^n$ の線形変換 $\boldsymbol{y}=T\boldsymbol{x}$ (T は n 次の正方行列) に対して部分空間 $V\subset E^n$ は $V=\{T\boldsymbol{x}\,|\,\boldsymbol{x}\in V\}$ であるとき，V は変換 T に関して不変(invariant)であるという. 上記の議論により，$V_2=S(A')$ は変換行列 $A'A$ に関して不変である. また $E^m\rightarrow E^n$ の線形変換 $\boldsymbol{y}=T\boldsymbol{x}$，およびその共役で，$E^n\rightarrow E^m$ の線形変換 $\boldsymbol{x}=T'\boldsymbol{y}$ に対して，二つの部分空間 $V_1\subset E^n$, $V_2\subset E^m$ が

$$V_1=\{\boldsymbol{y}\,|\,\boldsymbol{y}=T\boldsymbol{x},\boldsymbol{x}\in V_2\} \tag{5.4}$$

および

$$V_2=\{\boldsymbol{x}\,|\,\boldsymbol{x}=T'\boldsymbol{y},\boldsymbol{y}\in V_1\} \tag{5.5}$$

を満たすとき，V_1 と V_2 は互いに双不変(bi-invariant)であるという. 明らかに，上記の V_1，および V_2 は (n,m) 型行列 A によって構成される変換 A, A' について双不変である.

次に，V_1 および V_2 の部分空間 V_{11}, V_{21} をとって，それらを互いに双不変にすることを考えよう. すなわち

$$S_{V_1}(V_{21})=V_{11}\qquad S_{V_2}(V_{11})=V_{21} \tag{5.6}$$

となる V_{11}, V_{21} を考える. このとき，明らかに $\dim V_{11}=\dim V_{21}$ であるから，この中で次元数最小の場合，すなわち $\dim V_{11}=\dim V_{21}=1$ となる場合を考えよう. このことは，二つのベクトル $\boldsymbol{x}\in E^m$, $\boldsymbol{y}\in E^n$ について

$$A\boldsymbol{x}=c_1\boldsymbol{y},\qquad A'\boldsymbol{y}=c_2\boldsymbol{x} \tag{5.7}$$

(ただし，c_1, c_2 はゼロでない定数)

となるものを探すことに等しい. このようなベクトルの組 $\boldsymbol{x},\boldsymbol{y}$ のうちの一つは次のようにして定めることができる.

補助定理 5.1

$$\underset{\boldsymbol{x}}{\mathrm{Max}}\,\phi(\boldsymbol{x})=\underset{\boldsymbol{x}}{\mathrm{Max}}\frac{||A\boldsymbol{x}||^2}{||\boldsymbol{x}||^2}=\lambda_1(A'A) \tag{5.8}$$

(ただし $\lambda_1(A'A)$ は $A'A$ の最大固有値である)

証明　$\phi(\boldsymbol{x})$ は $\boldsymbol{x}$ の各要素の連続関数になり，明らかに有界であるから，E^m

の球面上 $c=\{\boldsymbol{x}|\,\|\boldsymbol{x}\|=1\}$ 上で最大値および最小値をもつ．

ここで分母 $\|\boldsymbol{x}\|^2=\boldsymbol{x}'\boldsymbol{x}=1$ として，分子 $\|A\boldsymbol{x}\|^2=\boldsymbol{x}'A'A\boldsymbol{x}$ を最大にするために，λ をラグランジュ未定乗数とする次の関数

$$f(\boldsymbol{x},\lambda)=\boldsymbol{x}'A'A\boldsymbol{x}-\lambda(\boldsymbol{x}'\boldsymbol{x}-1)$$

を $\boldsymbol{x}$ の各成分で偏微分し，その結果を 0 とおく．

$$\frac{1}{2}\frac{\partial f}{\partial \boldsymbol{x}}=A'A\boldsymbol{x}-\lambda\boldsymbol{x}=\boldsymbol{0}$$

上式に左から $\boldsymbol{x}'$ をかけると，

$$\boldsymbol{x}'A'A\boldsymbol{x}=\lambda\boldsymbol{x}'\boldsymbol{x}=\lambda$$

となって，$\|A\boldsymbol{x}\|^2/\|\boldsymbol{x}\|^2$ の最大値は行列 $A'A$ の最大固有値 $\lambda_1(A'A)(=\lambda_1$ と記す$)$ に一致する．　(証明終り)

$\|A\boldsymbol{x}\|^2/\|\boldsymbol{x}\|^2$ を最大にするベクトルを $\boldsymbol{x}_1$，$\boldsymbol{y}_1=A\boldsymbol{x}_1$ とおくと

$$A'\boldsymbol{y}_1=A'A\boldsymbol{x}_1=\lambda_1\boldsymbol{x}_1 \tag{5.9}$$

となるから，$\boldsymbol{x}_1,\boldsymbol{y}_1$ は(5.7)式を満たす解となる．ここで，c,d を実数として $V_{11}=\{c\boldsymbol{y}_1\}$, $V_{21}=\{d\boldsymbol{x}_1\}$ とおく．次に，V_1, V_2 の中で，それぞれ $\boldsymbol{y}_1,\boldsymbol{x}_1$ と直交するベクトルの全体を V_{11}^*, V_{21}^*とすると, $\boldsymbol{x}^*\in V_{21}^*$ のとき, $\boldsymbol{y}'_1A\boldsymbol{x}^*=\lambda_1\boldsymbol{x}_1'\boldsymbol{x}^*=0$ となるから $A\boldsymbol{x}^*\in V_{11}^*$，また $\boldsymbol{y}^*\in V_{11}^*$ のとき，$\boldsymbol{x}_1'A'\boldsymbol{y}^*=\boldsymbol{y}_1'\boldsymbol{y}^*=0\Rightarrow A'\boldsymbol{y}^*\in V_{21}^*$．したがって $S_A(V_{21}^*)\subset V_{11}^*, S_{A'}(V_{11}^*)\subset V_{21}^*$ となるから $V_{11}\dot{\oplus}V_{11}^*=V_1$, $V_{21}\dot{\oplus}V_{21}^*=V_2$, したがって，$S_A(V_2)=V_1$, $S_{A'}(V_1)=V_2$ となるから，$S_A(V_{21})=V_{11}$ および $S_{A'}(V_{11})=V_{21}$．したがって，$S_A(V_{21}^*)=V_{11}^*$, $S_{A'}(V_{11}^*)=V_{21}^*$ となる．そこで，次に

$$A_1=A-\boldsymbol{y}_1\boldsymbol{x}_1' \tag{5.10}$$

とすると，$\boldsymbol{x}^*\in V_{21}^*$ のとき

$$A_1\boldsymbol{x}^*=A\boldsymbol{x}^*-\boldsymbol{y}_1\,\boldsymbol{x}_1\boldsymbol{x}^*=A\boldsymbol{x}^*$$
$$A_1\boldsymbol{x}_1=A\boldsymbol{x}_1-\boldsymbol{y}_1\boldsymbol{x}_1'\boldsymbol{x}_1=\boldsymbol{y}_1-\boldsymbol{y}_1=0$$

となるから，行列 A_1 は V_{21}^* から V_{11}^* への変換としては，A と同一の変換を定義し，V_{21} はその零空間 $\mathrm{Ker}(A_1)$ の一部になる．同様に

$$\boldsymbol{y}^*\in V_{11}^* \text{ のとき } A_1'\boldsymbol{y}^*=A'\boldsymbol{y}^*-\boldsymbol{x}_1\boldsymbol{y}_1'\boldsymbol{y}^*=A'\boldsymbol{y}^*$$
$$\boldsymbol{y}_1\in V_{11} \text{ のとき } A_1'\boldsymbol{y}_1=A'\boldsymbol{y}_1-\boldsymbol{x}_1\boldsymbol{y}_1'\boldsymbol{y}_1=\lambda\boldsymbol{x}_1-\lambda\boldsymbol{x}_1=\boldsymbol{0}$$

となるから，A_1' は V_{11}^* から V_{21}^* へ，すなわち A' と同じ変換を定義する．A_1

の零空間は $V_{11}\dot{\oplus}W_1$ で，その次元は $(\dim W_1+1)$ であるから，rank A_1=rank $A-1$ となる.

次に同様に，$\|A_1\boldsymbol{x}\|^2/\|\boldsymbol{x}\|^2$ を最大にするベクトルを $\boldsymbol{x}_2$ とし，$A_1\boldsymbol{x}_2=A\boldsymbol{x}_2=\boldsymbol{y}_2$ とすると，$A'\boldsymbol{y}_2=\lambda_2\boldsymbol{x}_2$ となる．λ_2 は行列 $A'A$ の2番目の固有値となる．そうして

$$V_{22}=\{c\boldsymbol{x}_2|c\text{ は定数}\},\ \text{および}\ V_{12}=\{c\boldsymbol{y}_2|c\text{ は定数}\}$$

と定義すると，$S_A(V_{22})=V_{12}$, $S_{A'}(V_{12})=V_{22}$ となることがわかるから V_{12} と V_{22} は A に関しても双不変な空間となる．また，$\boldsymbol{x}_2\in V_{21}^*$, $\boldsymbol{y}_2\in V_{11}^*$．したがって，$\boldsymbol{x}_1'\boldsymbol{x}_2=0$, $\boldsymbol{y}_1'\boldsymbol{y}_2=0$ である．次に

$$A_2=A_1-\boldsymbol{y}_2\boldsymbol{x}_2'=A-\boldsymbol{y}_1\boldsymbol{x}_1'-\boldsymbol{y}_2\boldsymbol{x}_2' \tag{5.11}$$

とおくと，rank A_2=rank $A-2$ となる.

以下，同様に続けると最後に各成分がすべてゼロの行列，すなわち O 行列が得られる．このとき

$$A-\boldsymbol{y}_1\boldsymbol{x}_1'-\cdots\cdots-\boldsymbol{y}_r\boldsymbol{x}_r'=O$$

いいかえれば

$$A=\boldsymbol{y}_1\boldsymbol{x}_1'+\cdots\cdots+\boldsymbol{y}_r\boldsymbol{x}_r' \tag{5.12}$$

となる．ここで，$\boldsymbol{x}_1,\boldsymbol{x}_2\cdots\boldsymbol{x}_r,\boldsymbol{y}_1,\boldsymbol{y}_2\cdots\boldsymbol{y}_r$ はそれぞれ $V_2=S(A')$, $V_1=S(A)$ の直交基底となり，かつ,

$$A\boldsymbol{x}_j=\boldsymbol{y}_j,\ \ A'\boldsymbol{y}_j=\lambda_j\boldsymbol{x}_j\ \ (j=1\cdots r) \tag{5.13}$$

という関係が成立する．そして，$\lambda_1>\lambda_2>\cdots>\lambda_r>0$ は行列 $A'A$（または AA'）の0でない固有値である．ところで,

$$\|\boldsymbol{y}_j\|^2=\boldsymbol{y}_j'\boldsymbol{y}_j=\boldsymbol{y}_j'A\boldsymbol{x}_j=\lambda_j\boldsymbol{x}_j'\boldsymbol{x}_j=\lambda_j>0$$

より $\lambda_j=\mu_j^2(\mu_j>0)$ となる $\mu_j=\sqrt{\lambda_j}$ の存在によって $\boldsymbol{y}_j^*=\boldsymbol{y}_j/\mu_j$ とおくと,

$$A\boldsymbol{x}_j=\boldsymbol{y}_j=\mu_j\boldsymbol{y}_j^* \tag{5.14}$$

$$A'\boldsymbol{y}_j^*=\lambda_j\boldsymbol{x}_j/\mu_j=\mu_j\boldsymbol{x}_j \tag{5.15}$$

となり，(5.12)式より

$$A=\mu_1\boldsymbol{y}_1^*\boldsymbol{x}_1'+\cdots+\mu_r\boldsymbol{y}_r^*\boldsymbol{x}_r'$$

となる．ここで $\boldsymbol{u}_j=\boldsymbol{y}_j^*(j=1\cdots r)$, $\boldsymbol{v}_j=\boldsymbol{x}_j(j=1\cdots r)$，すなわち

$$V_{[r]}=[\boldsymbol{v}_1,\boldsymbol{v}_2\cdots,\boldsymbol{v}_r],\ \ U_{[r]}=[\boldsymbol{u}_1,\boldsymbol{u}_2,\cdots\boldsymbol{u}_r] \tag{5.16}$$

$$\Delta_r = \begin{bmatrix} \mu_1 & & & 0 \\ & \mu_2 & & \\ & & \ddots & \\ 0 & & & \mu_r \end{bmatrix} \tag{5.17}$$

とおくと，次の定理が導かれる．

定理 5.2　階数 r をもつ (n, m) 型行列 A は次のように分解される．

$$A = \mu_1 \boldsymbol{u}_1 \boldsymbol{v}_1' + \mu_2 \boldsymbol{u}_2 \boldsymbol{v}_2' + \cdots\cdots + \mu_r \boldsymbol{u}_r \boldsymbol{v}_r' \tag{5.18a}$$

$$= U_{[r]} \Delta_r' V_{[r]}' \tag{5.18b}$$

ただし，$\lambda_j = \mu_j^2 (j=1, \cdots r)$ は行列 $A'A$ のゼロでない固有値である(等根はないものとする)．

系 1　(5.18)式を満たす $\boldsymbol{v}_i, \boldsymbol{u}_i$ は次式を満たす．

(i)　$A\boldsymbol{v}_j = \mu_j \boldsymbol{u}_j$　および　$A'\boldsymbol{u}_j = \mu_j \boldsymbol{v}_j (j=1 \cdots r)$　(5.19a)

(ii)　$A'A\boldsymbol{v}_j = \lambda_j \boldsymbol{v}_j$　および　$A\boldsymbol{v}_j = \mu_j \boldsymbol{u}_j$　(5.19b)

(iii)　$AA'\boldsymbol{u}_j = \lambda_j \boldsymbol{u}_j$　および　$A'\boldsymbol{u}_j = \mu_j \boldsymbol{v}_j$　(5.19c)

証明　(i)　(5.18 a)式の右から $\boldsymbol{v}_j$ をかけると，$A\boldsymbol{v}_j = \mu \boldsymbol{u}_j$, (5.18 a)式の転置行列 A' に右から $\boldsymbol{u}_j$ をかけることによって $A'\boldsymbol{u}_j = \mu_j \boldsymbol{v}_j$ が導かれる．

系 2　$A'A = AA'$ (A は正規行列)のとき，次のように与えられる．

$$A = \mu_1 \boldsymbol{u}_1 \boldsymbol{u}_1' + \mu_2 \boldsymbol{u}_2 \boldsymbol{u}_2' + \cdots\cdots + \mu_r \boldsymbol{u}_r \boldsymbol{u}_r'$$

証明　(5.19b), (5.19c)式より $A'A = AA'$ のとき $\boldsymbol{u}_j = \boldsymbol{v}_j (j=1, \cdots r)$ となることから明らか．　(証明終り)

定義 5.1　(5.18)式を行列 A の特異値分解(singular value decomposition), μ_j は行列 A の j 番目の特異値(singular value)と呼ばれ，$\mu_j = \mu_j(A)$ と記すことがある．

ところで，(5.16)式の $U_{[r]}$ と $V_{[r]}$ の間に

$$U'_{[r]} U_{[r]} = V'_{[r]} V_{[r]} = I_r \tag{5.20}$$

という直交条件が成立し，さらに，$(n-r)$ 個の正規直交ベクトル $U_{[o]} = [\boldsymbol{u}_{r+1}, \cdots\cdots, \boldsymbol{u}_m]$ を $u_{[r]}^{\perp}$ に付け加えることによって，$\boldsymbol{U} = (\boldsymbol{U}_{[r]}, \boldsymbol{U}_{[0]})$ を m 次の直交行列にすることができる．同様にして，$(m-r)$ 個の正規直交ベクトル $V_{[0]} = [\boldsymbol{v}_{r+1}, \cdots, \boldsymbol{v}_m]$ を $V_{[r]}$ に付け加えることによって，$V = [V_{[r]}, V_{[0]}]$ を m 次の直交行列とすることができる．したがって，A の特異値分解は，より詳しくか

くと，

$$U'U = UU' = I_n,\ \text{および}\ V'V = VV' = I_m \tag{5.21}$$

を満たす直交行列 U および V によって

$$A = U\varDelta V' \tag{5.22}$$

となる．ただし，$\varDelta$ は (n, m) 型の行列で次の形をもつ．

$$\varDelta = \begin{bmatrix} \varDelta_r & O \\ O & O \end{bmatrix}\ \text{ただし}\quad \varDelta_r = \begin{bmatrix} \mu_1 & & & 0 \\ & \mu_2 & & \\ & & \ddots & \\ 0 & & & \mu_r \end{bmatrix}\ \text{は}\ r\ \text{次の対角行列．} \tag{5.23}$$

したがって，(5.22)式の左から U' をかけると

$$U'A = \varDelta V' \quad \Rightarrow \quad A'U = V\varDelta$$

(5.22)式の右から V をかけると，

$$AV = U\varDelta$$

となる．また，(5.22)式の左と右から U', V をかけると，

$$U'AV = \varDelta \tag{5.24}$$

となる．

なお，行列 A の正の特異値（または行列 $A'A$ の正の固有値）がすべて異なる場合，$V_{[r]}, U_{[r]}$ の各要素は一意に定めることができるが，$V_{[0]}, U_{[0]}$ に含まれるベクトルは，それぞれ $\mathrm{Ker}(A), S(A)^{\perp}$ の任意の正規直交基底を選べばよく，したがって $V_{[0]}, U_{[0]}$ の各成分を一意に定めることはできない．

次に，$\boldsymbol{y}=A\boldsymbol{x}$ という線形変換を考察しよう．

このとき(5.21)式と(5.22)式より

$$\boldsymbol{y} = U\varDelta V'\boldsymbol{x} \quad \Rightarrow \quad U'\boldsymbol{y} = \varDelta V'\boldsymbol{x}$$

となるから，$\tilde{\boldsymbol{y}}=U'\boldsymbol{y}$, $\tilde{\boldsymbol{x}}=V'\boldsymbol{x}$ とおくと次式となる．

$$\tilde{\boldsymbol{y}} = \varDelta\tilde{\boldsymbol{x}} \tag{5.25}$$

したがって，$\boldsymbol{x}\rightarrow\boldsymbol{y}$ の線形変換 $\boldsymbol{y}=A\boldsymbol{x}$ を特異値分解の立場から眺めると

$$\boldsymbol{x} \xrightarrow{V'} \tilde{\boldsymbol{x}} \xrightarrow{\varDelta} \tilde{\boldsymbol{y}} \xrightarrow{U} \boldsymbol{y}$$

という三種の変換，すなわち $\boldsymbol{x}$ を $\tilde{\boldsymbol{x}}$ への直交変換，つづいて $\tilde{\boldsymbol{x}}$ の各要素を方向を変えず，$\varDelta$ の対角成分の大きさに応じて $\tilde{\boldsymbol{y}}$ の各要素の長さのみ伸縮する変換を行ない，さらに $\tilde{\boldsymbol{y}}$ を $\boldsymbol{y}$ に直交変換することに相当するものである．なお，

(5.25)式は E^n の基底を U, E^m の基底を V に選んだ場合における線形変換行列 A の表現行列 B が対角行列 $\varDelta$ になることを示唆している.

例 5.1　$A=\begin{bmatrix} -2 & 1 & 1 \\ 1 & -2 & 1 \\ 1 & 1 & -2 \\ -2 & 1 & 1 \end{bmatrix}$の特異値分解を求めよ.

解　$A'A=\begin{bmatrix} 10 & -5 & -5 \\ -5 & 7 & -2 \\ -5 & -2 & 7 \end{bmatrix}$より

$$\varphi(\lambda)=|\lambda I_3-A'A|=(\lambda-15)(\lambda-9)\lambda=0$$

したがって, $A'A$ の固有値は $\lambda_1=15$, $\lambda_2=9$, $\lambda_3=0$ となるから, 行列 A の特異値は, $\mu_1=\sqrt{15}$, $\mu_2=3$, $\mu_3=0$ となる. したがって

$$\varDelta_2=\begin{bmatrix} \sqrt{15} & 0 \\ 0 & 3 \end{bmatrix}$$

さらに, $A'AV_{[2]}=V_{[2]}\varDelta_2^2$, $U_{[2]}=AV_2\varDelta_2^{-1}$ より

$$U_{[2]}=\begin{pmatrix} \sqrt{\frac{2}{5}} & 0 \\ -\sqrt{\frac{1}{10}} & \frac{\sqrt{2}}{2} \\ -\sqrt{\frac{1}{10}} & -\frac{\sqrt{2}}{2} \\ \sqrt{\frac{2}{5}} & 0 \end{pmatrix}, \quad V_{[2]}=\begin{bmatrix} -\frac{2}{\sqrt{6}} & 0 \\ \frac{1}{\sqrt{6}} & -\frac{1}{\sqrt{2}} \\ \frac{1}{\sqrt{6}} & \frac{1}{\sqrt{2}} \end{bmatrix}$$

となるから, A の特異値分解は

$$A=\sqrt{15}\begin{pmatrix} \sqrt{\frac{2}{5}} \\ -\frac{1}{\sqrt{10}} \\ -\frac{1}{\sqrt{10}} \\ \sqrt{\frac{2}{5}} \end{pmatrix}\left[-\frac{2}{\sqrt{6}},\ \frac{1}{\sqrt{6}},\ \frac{1}{\sqrt{6}}\right]+3\begin{bmatrix} 0 \\ \frac{\sqrt{2}}{2} \\ -\frac{\sqrt{2}}{2} \\ 0 \end{bmatrix}\left[0,\ -\frac{1}{\sqrt{2}},\ \frac{1}{\sqrt{2}}\right]$$

$$
=\sqrt{15}\begin{pmatrix} -\frac{2}{\sqrt{15}} & \frac{1}{\sqrt{15}} & \frac{1}{\sqrt{15}} \\ \frac{1}{\sqrt{15}} & -\frac{1}{2\sqrt{15}} & -\frac{1}{2\sqrt{15}} \\ \frac{1}{\sqrt{15}} & -\frac{1}{2\sqrt{15}} & -\frac{1}{2\sqrt{15}} \\ -\frac{2}{\sqrt{15}} & \frac{1}{\sqrt{15}} & \frac{1}{\sqrt{15}} \end{pmatrix}+3\begin{bmatrix} 0 & 0 & 0 \\ 0 & -\frac{1}{2} & \frac{1}{2} \\ 0 & \frac{1}{2} & -\frac{1}{2} \\ 0 & 0 & 0 \end{bmatrix}
$$

となる.

例 5.2 右のような(10, 10)型のデータ行列 A と B (A は文字の「行」, B は文字の「列」を表わしている)を特異値分解し,

$$A_j(\text{または } B_j)=\mu_1\boldsymbol{u}_1\boldsymbol{v}_1'+\mu_2\boldsymbol{u}_2\boldsymbol{v}_2'+\cdots+\mu_j\boldsymbol{u}_j\boldsymbol{v}_j'$$

を表現したものが下図である(A_j の各成分の値が 0.8 以上を“*”, 0.6〜0.8 の場合を“+”, 0.6 以下の場合は空欄にした). μ_j は j 番目の大きさの特異値, S_j は

$$S_j=(\lambda_1+\lambda_2+\cdots+\lambda_j)/(\lambda_1+\lambda_2+\cdots+\lambda_{10})\times 100(\%)$$

によって, 定義される累積寄与率である.「行」は第5番目までの特異値によって, データ行列 A が完全に再現される. 一方,「列」は四つの点において「*」が「+」になっている点を除くと, 5番目までの特異値によって, ほぼ, データ行列 B が再現されている. この結果から, 特異値分解によってパターンを分析することにより, 原データの情報の伝達と比較して明らかに効率よく情報が伝達されるといえよう.

(1) データ行列 A

$$
\begin{matrix}
0&0&0&1&0&1&1&1&1&1\\
0&0&1&0&0&0&0&0&0&0\\
0&1&0&1&0&0&0&0&0&0\\
1&0&1&0&0&1&1&1&1&1\\
0&1&1&0&0&0&0&1&0&0\\
1&0&1&0&0&0&0&1&0&0\\
0&0&1&0&0&0&0&1&0&0\\
0&0&1&0&0&0&0&1&0&0\\
0&0&1&0&0&0&0&1&0&0\\
0&0&1&0&0&0&0&1&0&0
\end{matrix}
$$

(2) データ行列 B

$$
\begin{matrix}
1&1&1&1&1&0&1&0&0&1\\
0&1&0&0&0&0&1&0&0&1\\
0&1&1&1&1&0&1&0&0&1\\
0&1&0&0&1&0&1&0&0&1\\
0&1&0&0&1&0&1&0&0&1\\
0&1&1&1&1&0&1&0&0&1\\
0&1&0&0&1&0&0&0&0&1\\
0&0&0&0&1&0&0&0&0&1\\
0&0&0&0&1&0&1&0&0&1\\
0&1&1&1&1&0&1&1&1&1
\end{matrix}
$$

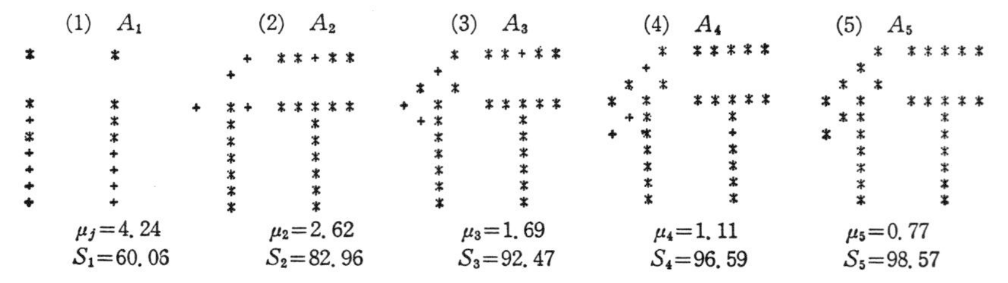

図 5.1 データ行列 A および B の特異値分解(μ_j は特異値, S_j は累積寄与率)

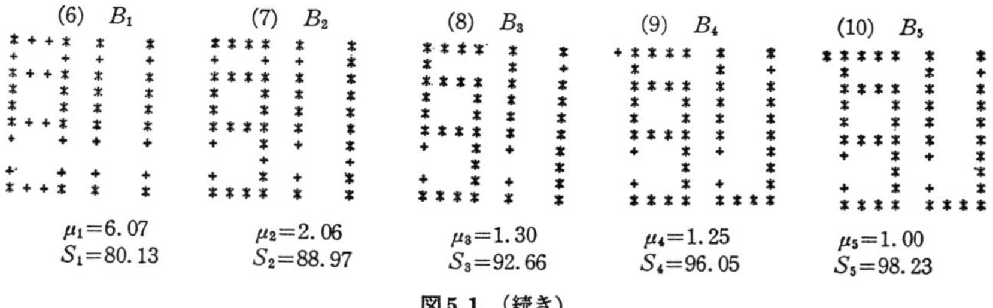

図5.1（続き）

§5.2　特異値分解と射影行列

次に，以上述べてきたところの特異値分解についてその原理を射影行列を用いることによって，より詳しく考察しよう．

補助定理 5.2

$$P_i = \boldsymbol{u}_i\boldsymbol{u}_i',\ \tilde{P}_i = \boldsymbol{v}_i\boldsymbol{v}_i',\ Q_i = \boldsymbol{u}_i\boldsymbol{v}_i'\ (i=1,\cdots,r) \tag{5.26}$$

とおくと，次の関係が成立する．

$$\left.\begin{array}{ll}
\text{(i)} & P_i^2 = P_i,\ P_iP_j = O\quad (i \neq j)\\
\text{(ii)} & \tilde{P}_i^2 = \tilde{P}_i,\ \tilde{P}_i\tilde{P}_j = O\quad (i \neq j)\\
\text{(iii)} & Q_iQ_i' = P_i \qquad Q_i'Q_i = \tilde{P}_i\\
\text{(iv)} & Q_i'Q_j = O\quad (i \neq j),\quad Q_iQ_j' = O\quad (i \neq j)\\
\text{(v)} & P_i'Q_i = Q_i,\quad \tilde{P}_iQ_i' = Q_i'
\end{array}\right\} \tag{5.27}$$

（証明略）

上記の結果から明らかに，$P_j, \tilde{P}_j$ は階数1の直交射影行列となるが，$r<\mathrm{Min}(n,m)$ のとき，$P_1+P_2+\cdots+P_r=I_n$, $\tilde{P}_1+\tilde{P}_2+\cdots+\tilde{P}_r=I_m$ のいずれも成立しない．それにかわって，次の定理が成立する．

補助定理 5.3　$V_1=S(A)$, $V_2=S(A')$ のとき，$V_{1j}=S(\boldsymbol{u}_j)$, $V_{2j}=S(\boldsymbol{v}_j)$, P_{1j}, P_{2j} を空間 V_{1j}, V_{2j} への直交射影行列とするとき，次の関係式が成り立つ．

$$\text{(i)}\quad \left.\begin{array}{l}
V_1 = V_{11} \dot{\oplus} V_{12} \dot{\oplus} \cdots \dot{\oplus} V_{1r}\\
V_2 = V_{21} \dot{\oplus} V_{22} \dot{\oplus} \cdots \dot{\oplus} V_{2r}
\end{array}\right\} \tag{5.28}$$

$$\text{(ii)}\quad \left.\begin{array}{l}
P_A = P_{11}+P_{12}+\cdots+P_{1r}\\
P_{A'} = P_{21}+P_{22}+\cdots+P_{2r}
\end{array}\right\} \tag{5.29}$$

（証明略）

定理 5.3　行列 A は(5.27)式のすべての式を満たす行列 $P_j, \tilde{P}_j, Q_j$ によって次のように分解される.

(i)　$A = (P_1+P_2+\cdots+P_r)A$　　(5.30)

(ii)　$A' = (\tilde{P}_1+\tilde{P}_2+\cdots+\tilde{P}_r)A'$　　(5.31)

(iii)　$A = \mu_1 Q_1+\mu_2 Q_2+\cdots+\mu_r Q_r$　　(5.32)

証明　(i), (ii)は補助定理5.3の結果と $A=P_A A$, $A'=P_{A'}A'$ より明らか.

(iii)　は $A=(P_1+P_2+\cdots+P_r)A(\tilde{P}_1+\tilde{P}_2+\cdots+\tilde{P}_r)$. ところで, $P_j A\tilde{P}_i=\boldsymbol{u}_j(\boldsymbol{u}_j' A\boldsymbol{v}_i)\boldsymbol{v}_i'=\mu_i\boldsymbol{u}_j(\boldsymbol{u}_j'\boldsymbol{v}_i)\boldsymbol{v}_i'=\delta_{ij}\mu_i$ ($i=j$ のとき $\delta_{ij}=1$, $i\neq j$ のとき $\delta_{ij}=0$) となるから

$$\begin{aligned}
A &= P_1A\tilde{P}_1+P_2A\tilde{P}_2+\cdots+P_rA\tilde{P}_r \\
&= \boldsymbol{u}_1(\boldsymbol{u}_1'A\boldsymbol{v}_1)\boldsymbol{v}_1'+\boldsymbol{u}_2(\boldsymbol{u}_2'A\boldsymbol{v}_2)\boldsymbol{v}_2'+\cdots+\boldsymbol{u}_r(\boldsymbol{u}_r'A\boldsymbol{v}_r)\boldsymbol{v}_r' \\
&= \mu_1\boldsymbol{u}_1\boldsymbol{v}_1'+\mu_2\boldsymbol{u}_2\boldsymbol{v}_2'+\cdots+\mu_r\boldsymbol{u}_r\boldsymbol{v}_r' \\
&= \mu_1Q_1+\mu_2Q_2+\cdots+\mu_rQ_r
\end{aligned}$$

となる.　　　　(証明終り)

ここで, $V_1=S(A)$, $V_2=S(A')$ のそれぞれの空間の正規直交基底ベクトルを F, G とすると, $F'F=I_r$, $G'G=I_r$ より

$$P_A = P_F = F(F'F)^{-1}F' = FF',\ P_{A'} = P_G = G(G'G)^{-1}G' = GG'$$

したがって,

$$A = P_F A P_G = F(F'AG)G' \qquad (5.33)$$

となる. ここで, $F'AG=\Delta$(対角行列)となるよう, F, G を定めたものが A の特異値分解とみなすことができよう.

系　(i)　$\boldsymbol{x}\in S(A)$ のとき $\{\boldsymbol{u}_1, \boldsymbol{u}_2, \cdots, \boldsymbol{u}_r\}$ を $S(A)$ の正規直交基底として

$$\begin{aligned}
\boldsymbol{x} &= (\boldsymbol{u}_1, \boldsymbol{x})\boldsymbol{u}_1+(\boldsymbol{u}_2, \boldsymbol{x})\boldsymbol{u}_2+\cdots+(\boldsymbol{u}_r, \boldsymbol{x})\boldsymbol{u}_r \\
\|\boldsymbol{x}\|^2 &= (\boldsymbol{u}_1, \boldsymbol{x})^2+(\boldsymbol{u}_2, \boldsymbol{x})^2+\cdots+(\boldsymbol{u}_r, \boldsymbol{x})^2
\end{aligned} \qquad (5.34a)$$

(ii)　$\boldsymbol{y}\in S(A')$ のとき

$$\begin{aligned}
\boldsymbol{y} &= (\boldsymbol{v}_1, \boldsymbol{y})\boldsymbol{v}_1+(\boldsymbol{v}_2, \boldsymbol{y})\boldsymbol{v}_2+\cdots+(\boldsymbol{v}_r, \boldsymbol{y})\boldsymbol{v}_r \\
\|\boldsymbol{y}\|^2 &= (\boldsymbol{v}_1, \boldsymbol{y})^2+(\boldsymbol{v}_2, \boldsymbol{y})^2+\cdots+(\boldsymbol{v}_r, \boldsymbol{y})^2
\end{aligned} \qquad (5.34b)$$

(証明略)

(5.34a), (5.34b)式は, (1.28)式のパーセバルの等式に対応するものである.

次に, 対称行列 AA' と $A'A$ の分解に関する定理を示す.

定理 5.4　(5.27)式を満たす $P_i, \tilde{P}_i$ によって，

$$AA' = \lambda_1 P_1 + \lambda_2 P_2 + \cdots + \lambda_r P_r \tag{5.35}$$

$$A'A = \lambda_1 \tilde{P}_1 + \lambda_2 \tilde{P}_2 + \cdots + \lambda_r \tilde{P}_r \tag{5.36}$$

と分解される．ただし，$\lambda_j = \mu_j{}^2$ は，$A'A$(または AA')の正の固有値である．

証明　(5.30)，(5.31)式と $Q_i Q_i' = P_i$．$G_i' G_i = \tilde{P}_i$．$Q_j' Q_j = O(i \neq j)$，$G_i G_j' = O(i \neq j)$ を用いればよい．　(証明終り)

なお，上記の(5.35)，(5.36)式は行列 $AA', A'A$ のスペクトル分解とよばれる．上記の定理はさらに次のように一般化される．

定理 5.5　f を行列 $B = A'A$ についての任意の多項式としたとき，B の正の固有値を $\lambda_1, \lambda_2, \cdots, \lambda_r$ とすれば，(5.36)式を満たす $\tilde{P}_j$ によって

$$f(B) = f(\lambda_1)\tilde{P}_1 + f(\lambda_2)\tilde{P}_2 + \cdots + f(\lambda_r)\tilde{P}_r \tag{5.37}$$

と分解される．

証明　補助定理 5.2 の性質により，s を任意の自然数とすると $(\tilde{P}_i)^2 = \tilde{P}_i$ および $\tilde{P}_i \tilde{P}_j = O(i \neq j)$ より，次式が導かれる．

$$\begin{aligned} B^s &= (\lambda_1 \tilde{P}_1 + \lambda_2 \tilde{P}_2 + \cdots + \lambda_r \tilde{P}_r)^s \\ &= \lambda_1{}^s \tilde{P}_1 + \lambda_2{}^s \tilde{P}_2 + \cdots + \lambda_r{}^s \tilde{P}_r \end{aligned}$$

したがって，s_1, s_2 を異なる自然数とすれば，上式より，

$$vB^{s_1} + wB^{s_2} = \sum_{j=1}^{r} (v\lambda_j{}^{s_1} + w\lambda_j{}^{s_2})\tilde{P}_j$$

となることから，一般に(5.37)式が成立する．　(証明終り)

系　(n, m) 型行列 $A(n \geqq m)$ について，$f(B) = f(A'A)$ が正則行列であるとき，次式が成立する．

$$(f(B))^{-1} = f(\lambda_1)^{-1}\tilde{P}_1 + f(\lambda_2)^{-1}\tilde{P}_2 + \cdots + f(\lambda_m)^{-1}\tilde{P}_m \tag{5.38}$$

証明　$A'A$ が正則行列であるから，m 個の固有値 $\lambda_1, \lambda_2, \cdots, \lambda_m$ がすべて異なるとすれば，

$$\tilde{P}_1 + \tilde{P}_2 + \cdots + \tilde{P}_m = I_m$$

が成立する．したがって，

$$(f(\lambda_1)\tilde{P}_1 + \cdots + f(\lambda_m)\tilde{P}_m)(f(\lambda_1)^{-1}\tilde{P}_1 + \cdots + f(\lambda_m)^{-1}\tilde{P}_m) = I_m$$

となり，(5.38)式が成立する．　(証明終り)

注意 行列 $A'A$ の r 個の正の固有値が何組かの等根をもつ場合，異なる固有値を $\lambda_1, \lambda_2, \cdots, \lambda_s (s<r)$，それらの固有値の重複度を $n_1, n_2, \cdots, n_s$（ただし，$n_1+n_2+\cdots+n_s=r$）としよう．このとき，λ_j に対応する n_j 個の固有ベクトルの集合を (n, n_j) 型行列 U_i によって表わす（このとき $S(U_j)$ は，λ_j の固有空間となる）．ここで

$$P_i = U_i U_i', \quad \tilde{P}_i = V_i V_i' \text{ および } Q_i = U_i V_i'$$

とおくと，補助定理 5.3，定理 5.3，定理 5.4，定理 5.5 はそのまま成立する．ただし，この場合 P_i および $\tilde{P}_i$ は階数 n_i をもつ直交射影行列である．

§5.3 特異値分解と一般逆行列

行列 A の特異値分解が (5.22) 式で与えられている場合，A の一般逆行列がどのように表現されるかについて考察しよう．

補助定理 5.4 (n, m) 型行列 A の特異値分解が (5.22) 式で与えられ，S_1, S_2, S_3 がそれぞれ任意の $(r, n-r)$，$(m-r, r)$，$(m-r, n-r)$ 型行列のとき，A の一般逆行列は次式で与えられる．

$$A^- = V\begin{bmatrix} \varDelta_r^{-1} & S_1 \\ S_2 & S_3 \end{bmatrix} U' \tag{5.39}$$

証明 $A=U\varDelta V'$ を $AA^-A=A$ に代入すると $U\varDelta V'A^-U\varDelta V'=U\varDelta V'$．ここで．$V'A^-U=A^*$ とおくと，$\varDelta A^*\varDelta=\varDelta$，すなわち $A^*=\varDelta^-$ となり $A^-=V\varDelta^-U'$ となる．ところで

$$\varDelta^- = \begin{pmatrix} \varDelta_{11} & \varDelta_{12} \\ \varDelta_{21} & \varDelta_{22} \end{pmatrix}$$

（$\varDelta_{11}$ は (r, r) 型，$\varDelta_{12}$ は $(r, n-r)$ 型，$\varDelta_{21}$ は $(m-r, r)$ 型，$\varDelta_{21}$ は $(m-r, n-r)$ 型）

とおくと，$\varDelta$ が (5.23) 式で与えられることにより

$$\varDelta\varDelta^-\varDelta = \begin{bmatrix} \varDelta_r & O \\ O & O \end{bmatrix} = \varDelta$$

となる．したがって $\varDelta_r\varDelta_{11}\varDelta_r=\varDelta_r$．

ここで，$\varDelta_r$ は r 次の正則行列であるから，$\varDelta_{11}=\varDelta_r^{-1}$ その他の行列は任意でよい．したがって，(5.39) 式が導かれる．（証明終り）

上記の補助定理より，次の定理が導かれる．

定理 5.6

(i)　$$A_r^- = V\begin{bmatrix} \varDelta_r^{-1} & S_1 \\ S_2 & S_3 \end{bmatrix} U' \tag{5.40}$$

(ただし，$S_3=S_2\varDelta_rS_1$，S_1, S_2 はそれぞれ任意の $(r, n-r)$ 型，$(m-r, r)$ 型行列)

(ii)　$$A_m^- = V\begin{bmatrix} \varDelta_r^{-1} & T_1 \\ O & T_2 \end{bmatrix} U' \tag{5.41}$$

(ただし，T_1, T_2 は任意の $(r, n-r)$ 型，$(m-r, n-r)$ 型行列)

(iii)　$$A_l^- = V\begin{bmatrix} \varDelta_r^{-1} & O \\ W_1 & W_2 \end{bmatrix} U' \tag{5.42}$$

(ただし，W_1, W_2 は任意の $(m-r, r)$ 型，$(m-r, n-r)$ 型行列)

(iv)　$$A^+ = V\begin{bmatrix} \varDelta_r^{-1} & O \\ O & O \end{bmatrix} U' \tag{5.43a}$$

または

$$A^+ = \frac{1}{\mu_1}\boldsymbol{v}_1\boldsymbol{u}_1' + \frac{1}{\mu_2}\boldsymbol{v}_2\boldsymbol{u}_2' + \cdots + \frac{1}{\mu_r}\boldsymbol{v}_r\boldsymbol{u}_r' \tag{5.43b}$$

証明　(i)　$\mathrm{rank}(A_r^-)=\mathrm{rank}(A)$，一方 V と U は正則行列であるから (1.58) 式より

$$\mathrm{rank}\,A_r^- = \mathrm{rank}\begin{bmatrix} \varDelta_r^{-1} & S_1 \\ S_2 & S_3 \end{bmatrix} = \mathrm{rank}\begin{bmatrix} \varDelta_r^{-1} \\ S_2 \end{bmatrix} = \mathrm{rank}(\varDelta_r^{-1})$$

したがって，第3章の例3.3により，$S_3=S_2\varDelta_rS_1$ が導かれる．

(ii)　A_m^-A が対称行列となることから

$$V\begin{bmatrix} \varDelta_r^{-1} & S_1 \\ S_2 & S_3 \end{bmatrix} U'U\varDelta V' = V\begin{bmatrix} \varDelta_r^{-1} & S_1 \\ S_2 & S_3 \end{bmatrix}\begin{bmatrix} \varDelta_r & O \\ O & O \end{bmatrix} V'$$
$$= V\begin{bmatrix} I_r & O \\ S_2\varDelta_r & O \end{bmatrix} V'$$

上式が対称行列となるためには，$S_2=O$ が必要十分．よって (5.41) 式が導かれる．

(iii)　AA_l^- が対称行列となることから

$$AA_l^- = U\begin{bmatrix} I_r & S_1\varDelta_r \\ O & O \end{bmatrix} U'$$

より，$S_1=O$．したがって (5.42) 式が導かれる．

(iv)　(5.40)，(5.41)，(5.42) 式を満たすことから $S_3=O$．したがって (5.43a)

式が導かれる.　　　　(証明終り)

§5.4　特異値に関する性質

すでに§5.1で述べたことから明らかに. (n, m)型行列Aの特異値$\mu_j(A)$および$A'A$(またはAA')の固有値$\lambda_j(A'A)$について次の二つの補助定理が成立する.

補助定理 5.5

$$\operatorname*{Max}_{x} \frac{\|A\boldsymbol{x}\|}{\|\boldsymbol{x}\|} = \mu_1(A) \tag{5.44}$$

証明　補助定理5.1より明らか.

補助定理 5.6　$V_1=(\boldsymbol{v}_1, \boldsymbol{v}_2, \cdots, \boldsymbol{v}_s)$(ただし$s<r$)を$A'A$の最大$s$個の固有値に対応する固有ベクトルを集めた行列とするとき,

(i) $$\operatorname*{Max}_{V_1'\boldsymbol{x}=0} \frac{\boldsymbol{x}'A'A\boldsymbol{x}}{\boldsymbol{x}'\boldsymbol{x}} = \lambda_{s+1}(A'A) \tag{5.45a}$$

(ii) $$\operatorname*{Max}_{V_1'\boldsymbol{x}=0} \frac{\|A\boldsymbol{x}\|}{\|\boldsymbol{x}\|} = \mu_{s+1}(A) \tag{5.45b}$$

証明　(i)　$V_1'\boldsymbol{x}=0$より, $\boldsymbol{x}=(I_m-(V_1')^-(V_1'))\boldsymbol{z}$ ($\boldsymbol{z}$は任意のm次元ベクトル). ところで, $V_1'V_1=I_s \Rightarrow V_1'V_1V_1'=V_1'$, $V_1 \in \{(V_1')^-\} \Rightarrow \boldsymbol{x}=(I-V_1V_1')\boldsymbol{z}$. ところで, $V_2=[V_{s+1}, \cdots V_r]$, さらに,

$$\Delta_1^2 = \begin{bmatrix} \lambda_1 & & & 0 \\ & \lambda_2 & & \\ & & \ddots & \\ 0 & & & \lambda_s \end{bmatrix}, \quad \Delta_2^2 = \begin{bmatrix} \lambda_{s+1} & & & 0 \\ & \lambda_{s+2} & & \\ & & \ddots & \\ 0 & & & \lambda_r \end{bmatrix}$$

とおくと, $A'A=V_1\Delta_1^2V_1'+V_2\Delta_2^2V_2'$が成立するから, $\boldsymbol{z}'V_2=[a_{s+1}, \cdots, a_r]$とおくと,

$$\boldsymbol{x}'A'A\boldsymbol{x} = \boldsymbol{z}'V_2\Delta_2^2V_2'\boldsymbol{z} = \lambda_{s+1}a^2{}_{s+1}+\cdots+\lambda_r a_r^2$$
$$\boldsymbol{x}'\boldsymbol{x} = \boldsymbol{z}'V_2V_2'\boldsymbol{z} = a^2{}_{s+1}+\cdots+a_r^2$$

となる.

ところで, $a_1, a_2, \cdots a_r$がすべて正で, $b_1 \geqq b_2 \geqq \cdots \geqq b_r > 0$のとき,

$$b_1 \geqq \frac{a_1b_1+a_2b_2+\cdots+a_rb_r}{a_1+a_2+\cdots+a_r} \geqq b_r \tag{5.46}$$

が成立するから, 次式が成立する.

$$\lambda_r \leqq \frac{\boldsymbol{x}'A'A\boldsymbol{x}}{\boldsymbol{x}'\boldsymbol{x}} = \frac{\sum_{j=s+1}^{r} \lambda_j \|\boldsymbol{a}_j\|^2}{\sum_{j=s+1}^{r} \|\boldsymbol{a}_j\|^2} \leqq \lambda_{s+1}$$

(ii) は $\mu_j^2 = \lambda_j$, $\mu_j > 0$ より (i) の証明から明らかである.

（証明終り）

別証　行列 A の特異値分解を利用して，直接次のように証明することができる．すなわち，$\boldsymbol{x}$ は m 次元ベクトルであるが，$A\boldsymbol{x} \neq \boldsymbol{0}$ より $V_{[0]} = \mathrm{Ker}(A)^{\perp}$ から基底ベクトルを選べばよいが，$V_1'\boldsymbol{x} = \boldsymbol{0}$ という条件により適当な重み係数 $\alpha_{s+1}, \cdots, \alpha_r$ の選択により

$$\boldsymbol{x} = \alpha_{s+1}\boldsymbol{v}_{s+1} + \cdots + \alpha_r \boldsymbol{v}_r = V_2 \boldsymbol{\alpha}_s$$

とすることができる．ここで (5.18) 式の特異値分解を利用すると，

$$A\boldsymbol{x} = \alpha_{s+1}\mu_{s+1}\boldsymbol{u}_{s+1} + \cdots + \alpha_r \mu_r \boldsymbol{u}_r$$

となる．一方，$(\boldsymbol{u}_i, \boldsymbol{u}_j) = 0$, $(\boldsymbol{v}_i, \boldsymbol{v}_j) = 0$ $(i \neq j)$ であるから

$$\frac{\|A\boldsymbol{x}\|^2}{\|\boldsymbol{x}\|^2} = \frac{\alpha_{s+1}^2 \mu_{s+1}^2 + \cdots + \alpha_r^2 \mu_r^2}{\alpha_{s+1}^2 + \cdots + \alpha_r^2}$$

となるが，$\mu_{s+1} \geqq \mu_{s+2} \geqq \cdots \geqq \mu_r$ より (5.46) 式を用いると，次式が導かれる．

$$\mu_r^2 \leqq \frac{\|A\boldsymbol{x}\|^2}{\|\boldsymbol{x}\|^2} \leqq \mu_{s+1}^2 \Rightarrow \mu_r \leqq \frac{\|A\boldsymbol{x}\|}{\|\boldsymbol{x}\|} \leqq \mu_{s+1}$$

（証明終り）

系　(5.45 b) 式において，V_1 を任意の (n, s) 型行列 B にかえると，

$$\mu_{s+1}(A) \leqq \operatorname*{Max}_{B'\boldsymbol{x}=0} \frac{\|A\boldsymbol{x}\|}{\|\boldsymbol{x}\|} \leqq \mu_1(A) \tag{5.47}$$

が成立する．

証明　右辺は明らか．左辺については，$B'\boldsymbol{x} = \boldsymbol{0}$ より，$\boldsymbol{x} = (I_n - (B')^{-}B')\boldsymbol{z} = (I_n - P_{B'})\boldsymbol{z}$．ここで，$B' = [\boldsymbol{v}_1, \cdots, \boldsymbol{v}_s]$ とおくと，

$$\boldsymbol{x}'A'A\boldsymbol{x} = \boldsymbol{z}'(I - P_{B'})A'A(I - P_{B'})\boldsymbol{z}$$

$$= \boldsymbol{z}'\left(\sum_{j=s+1}^{r} \lambda_j \boldsymbol{v}_j \boldsymbol{v}'_j\right)\boldsymbol{z}$$

となることを用いればよい．　（証明終り）

上記の補助定理と系により次の定理が導かれる．

定理 5.7　C_{11}, C_{22} は k 次，$(m-k)$ 次の正方行列，C_{12}, C_{21} は $(k, m-k)$ 型，

$(m-k, k)$型の行列とするとき，m 次の正方行列を

$$C=\begin{bmatrix} C_{11} & C_{12} \\ C_{21} & C_{22} \end{bmatrix}$$

とおくと，次式が成立する．

$$\lambda_j(C) \geqq \lambda_j(C_{11}) \qquad (j=1, \cdots, k) \tag{5.48}$$

証明　$\boldsymbol{e}_j$ を j 番目の要素が 1 で，他は 0 のベクトルとするとき，$B=(\boldsymbol{e}_{k+1}, \cdots, \boldsymbol{e}_m)$ とおくと，$B'\boldsymbol{x}=\boldsymbol{0} \Rightarrow \boldsymbol{x}_j=\boldsymbol{0}\ (k+1 \leqq j \leqq m)$．ここで，$\boldsymbol{0}$ を $(m-k)$ 個のゼロを成分とするゼロベクトルとすれば，$\boldsymbol{y}'=(\boldsymbol{z}', \boldsymbol{o}')$ とおくと，

$$\underset{B'\boldsymbol{x}=\boldsymbol{o}}{\mathrm{Max}} \frac{\boldsymbol{x}'C\boldsymbol{x}}{\boldsymbol{x}'\boldsymbol{x}} = \underset{\boldsymbol{y}}{\mathrm{Max}} \frac{\boldsymbol{y}'C\boldsymbol{y}}{\boldsymbol{y}'\boldsymbol{y}} = \underset{\boldsymbol{z}}{\mathrm{Max}} \frac{\boldsymbol{z}'C_{11}\boldsymbol{z}}{\boldsymbol{z}'\boldsymbol{z}}$$

となるから，行列 C の最大 j 個の固有値に対応する固有ベクトルを V_j，そのうち，最大 k 個の固有値に対応する固有ベクトルを $\tilde{V}_j$，それ以外を $(\tilde{\tilde{V}}_j)'$，すなわち，$(V_j)'=((\tilde{V}_j)', (\tilde{\tilde{V}}_j)')$ とおくと，補助定理 5.6 より次式が導かれる．

$$\lambda_{j+1}(C) = \underset{V_j'\boldsymbol{x}=\boldsymbol{o}}{\mathrm{Max}} \frac{\boldsymbol{x}'C\boldsymbol{x}}{\boldsymbol{x}'\boldsymbol{x}} \geqq \underset{\substack{V_j'\boldsymbol{x}=\boldsymbol{o} \\ B'\boldsymbol{x}=\boldsymbol{o}}}{\mathrm{Max}} \frac{\boldsymbol{x}'C\boldsymbol{x}}{\boldsymbol{x}'\boldsymbol{x}} = \underset{(\tilde{V}_j)'\boldsymbol{z}=\boldsymbol{o}}{\mathrm{Max}} \frac{\boldsymbol{z}'C_{11}\boldsymbol{z}}{\boldsymbol{z}'\boldsymbol{z}} \geqq \lambda_{j+1}(C_{11})$$

（証明終り）

系
$$C=\begin{bmatrix} C_{11} & C_{12} \\ C_{21} & C_{22} \end{bmatrix} = \begin{bmatrix} A_1'A_1 & A_1'A_2 \\ A_2'A_1 & A_2'A_2 \end{bmatrix}$$

とおけば，次式が成立する．

$$\mu_j(C) \geqq \mu_j(A_1) \text{ および } \mu_j(C) \geqq \mu_j(A_2) \qquad (j=1, \cdots, k)$$

証明　$\lambda_j(C) \geqq \lambda_j(C_{11}) = \lambda_j(A_1'A_1)$

$\lambda_j(C) \geqq \lambda_j(C_{22}) = \lambda_j(A_2'A_2)$

を用いればよい．（証明終り）

補助定理 5.7　A が (n, m) 型，B が (m, n) 型行列のとき．AB または BA の 0 でない固有値について，次式が成立する．

$$\lambda_j(AB) = \lambda_j(BA) \tag{5.49}$$

（証明略）

上記の補助定理より，次の系が導かれる．

系　T が m 次の直交行列$(T'T=TT'=I_m)$のとき，次式が成立する．

$$\lambda_j(T'A'AT) = \lambda_j(A'A) \qquad (j=1, \cdots, m) \tag{5.50}$$

証明　$\lambda_j(T'A'AT)=\lambda_j(A'ATT')=\lambda_j(A'A)$　（証明終り）

上記の系と定理5.7より$T_r'T_r=I_r$となる行列T_rについて次式が成立する.

補助定理 5.8　$\lambda_j(T_r'A'AT_r) \leqq \lambda_j(A'A) \quad (j=1, \cdots, r)$

証明　$T=(T_r, T_o)$がn次の直交行列となるようにT_0を定めると,

$$T'A'AT = \begin{bmatrix} T_r'A'AT_r & T_r'A'AT_o \\ T_o'A'AT_r & T_o'A'AT_o \end{bmatrix}$$

となるから，定理5.7と補助定理5.6を用いると，次式が導かれる.

$$\lambda_j(A'A) = \lambda_j(T'A'AT) \geqq \lambda_j(T_r'A'AT_r) \qquad \text{(証明終り)}$$

なお，上記の定理において，等号が成立するのは，$A'A$の最大r個の固有値に対応する固有ベクトルを含む行列を$V_{[r]}$として，$T_r=V_{[r]}$とおき，

$$V'_{[r]}V\Delta_r^2V'V_{[r]} = \Delta^2{}_{[r]} = \begin{bmatrix} \lambda_1 & & & 0 \\ & \lambda_2 & & \\ & & \ddots & \\ 0 & & & \lambda_r \end{bmatrix}$$

すなわち，$\lambda_i(\Delta^2{}_{[r]})=\lambda_i(A'A) \quad (i=1, \cdots, r)$が成立するときである.

一方，$V_{(r)}$を$A'A$の小さい方からr個の固有値に対応する固有ベクトルを含む行列とすると，

$$V'_{(r)}V\Delta_r^2V'V_{(r)} = \Delta^2{}_{(r)} = \begin{bmatrix} \lambda_{m-r+1} & & & 0 \\ & \lambda_{m-r+2} & & \\ & & \ddots & \\ 0 & & & \lambda_m \end{bmatrix}$$

となることから，$\lambda_j(\Delta^2{}_{(r)})=\lambda_{m-r+j}(A'A)$. したがって，次の定理が成立する.

定理 5.8　Aが(n, m)型行列，T_rを$T_r'T_r=I_r$の(m, r)型行列とすると，

$$\lambda_{m-r+j}(A'A) \leqq \lambda_j(T_r'A'AT_r) \leqq \lambda_j(A'A) \qquad (5.51)$$

が成立する.

(証明省略)

ところで，上記の関係式は，証明の過程から明らかに，$A'A$を対称行列におきかえても成立する.（これをポアンカレの分離定理 Poincare Separation Theorem という).

上記の定理を用いると，行列の特異値について次の結果が導かれる(Rao, 1979).

系　Aを(m, n)型行列，Bを(n, r)型行列，Cを(m, k)型行列，そして，$B'B=I_r, C'C=I_k$が成立するとき，Aのj番目の特異値を$\mu_j(A)$とすると，

$$\mu_{j+t}(A) \leqq \mu_j(B'AC) \leqq \mu_j(A) \qquad (j = 1, \cdots, \mathrm{Min}(r, k)) \tag{5.52}$$

が成立する(ただし，$t=m+n-r-k$).

証明　右辺については，$\mu_j{}^2(B'AC)=\lambda_j(B'ACC'A'B) \leqq \lambda_j(ACC'A')=\lambda_j(C'A'AC) \leqq \lambda_j(A'A)=\mu_j{}^2(A)$. 左辺については，$\mu_j{}^2(B'AC)=\lambda_j(B'ACC'A'B) \geqq \lambda_{m-r+j}(ACC'A')=\lambda_{j+m-r}(C'A'AC) \geqq \lambda_{t+j}(A'A)=\mu^2{}_{j+t}(A)$　　(証明終り)

上記の結果より，次の定理が導かれる.

定理 5.9　(i)　Pを階数kをもつm次の直交射影行列としたとき，

$$\lambda_{m-k+j}(A'A) \leqq \lambda_j(A'PA) \leqq \lambda_j(A'A), \qquad j = 1, \cdots, r \tag{5.53}$$

(ii)　P_1を階数rをもつn次の直交射影行列，P_2を階数kをもつm次の直交射影行列としたとき，$t=m-r+n-k$とおくと，

$$\mu_{j+t}(A) \leqq \mu_j(P_1AP_2) \leqq \mu_j(A), \qquad j = 1, \cdots, \mathrm{Min}\,(k, r) \tag{5.54}$$

証明　(i)　$P=T_kT_k'$(ただし$T_k'T_k=I_k$)と分解されるから，$P^2=P$より，$\lambda_j(A'PA)=\lambda_j(PAA'P)=\lambda_j(T_kT_k'AA'T_kT_k')=\lambda_j(T_k'AA'T_kT_k'T_k)=\lambda_j(T_k'AA'T_k) \leqq \lambda_j(AA')=\lambda_j(A'A)$

(ii)　$P_1=T_rT_r'$(ただし，$T_r'T_r=I_r$). $P_2=\tilde{T}_k(\tilde{T}_k)'$(ただし，$(\tilde{T}_k)'\tilde{T}_k=I_k$)と分解すれば，(i)と同様に証明できる.　　(証明終り)

上記の結果から，次の結果が導かれる(Rao, 1980).

系　$A'A-B'B \geqq O$(非負定値行列)のとき，

$$\mu_j(A) \geqq \mu_j(B) \qquad (j = 1, 2, 3 \cdots r, r = \mathrm{Min}\,(\mathrm{rank}\,A, \mathrm{rank}\,B))$$

証明　$A'A-B'B=C'C$とおくことができるから，

$$A'A = B'B+C'C = [B', C']\begin{bmatrix} B \\ C \end{bmatrix}$$

$$\geqq [B', C']\begin{bmatrix} I & O \\ O & O \end{bmatrix}\begin{bmatrix} B \\ C \end{bmatrix} = B'B$$

ところで，$\begin{bmatrix} I & O \\ O & O \end{bmatrix}$は直交射影行列であるから，上記の定理が適用されて$\mu_j(A) \geqq \mu_j(B)$が示される.　　(証明終り)

例 5.3　粗得点データ行列をX_R，平均偏差得点行列をXとすると，(2.18)式より，$X=Q_MX_R$. したがって，

$$X_R = P_MX_R+Q_MX_R = P_RX_R+X$$

が成立する．したがって，$X_R'X_R=X_R'P_MX_R+X'X$より，$\lambda_j(X_R'X_R) \geqq \lambda_j(X'X)$

(または $\mu_j(X_R) \geqq \mu_j(X)$) が成立する．ここで，

$$X_R = \begin{bmatrix} 0 & 1 & 2 & 3 & 4 \\ 2 & 1 & 1 & 2 & 0 \\ 0 & 2 & 1 & 0 & 2 \\ 0 & 1 & 2 & 2 & 1 \\ 3 & 1 & 2 & 0 & 3 \\ 4 & 3 & 3 & 2 & 7 \end{bmatrix} \Rightarrow X = \begin{bmatrix} -1.5 & -0.5 & 1/6 & 1.5 & 7/6 \\ 0.5 & -0.5 & -5/6 & 0.5 & -17/6 \\ -1.5 & 0.5 & -5/6 & -1.5 & -5/6 \\ -1.5 & -0.5 & 1/6 & 0.5 & -11/6 \\ 1.5 & -0.5 & 1/6 & -1.5 & 1/6 \\ 2.5 & 1.5 & 7/6 & 0.5 & 25/6 \end{bmatrix}$$

とおくと，

$$\begin{aligned} \mu_1(X_R) &= 4.813 & \mu_1(X) &= 3.936 \\ \mu_2(X_R) &= 3.953 & \mu_2(X) &= 3.309 \\ \mu_3(X_R) &= 3.724 & \mu_3(X) &= 2.671 \\ \mu_4(X_R) &= 1.645 & \mu_4(X) &= 1.171 \\ \mu_5(X_R) &= 1.066 & \mu_5(X) &= 0.471 \end{aligned}$$

となり，明らかに $\mu_j(X_R) > \mu_j(X)$ となる．

上記の定理 5.9 と系より，次の定理が導かれる (Rao, 1980)，

定理 5.10　A を階数 r の (n, m) 型行列，B を階数 $k(k<r)$ の (n, m) 型行列とするとき，

(i)　$\mu_j(A-B) \geqq \mu_{j+k}(A)$　　ただし $j+k \leqq r$　　(5.55)

$\qquad\qquad\geqq 0$　　ただし $j+k>r$

(ii)　行列 A の特異値分解が，

$$A = \mu_1(A)\boldsymbol{u}_1\boldsymbol{v}_1' + \mu_2(A)\boldsymbol{u}_2\boldsymbol{v}_2' + \cdots + \mu_r(A)\boldsymbol{u}_r\boldsymbol{v}_r'$$

すなわち，$A=U\Delta_r V'$ **(ただし** $V=(\boldsymbol{v}_1, \boldsymbol{v}_2, \cdots, \boldsymbol{v}_r)$, $U=(\boldsymbol{u}_1, \boldsymbol{u}_2 \cdots, \boldsymbol{u}_r)$ で与えられる場合，(5.55)式における等号は，

$$B = \mu_1(A)\boldsymbol{u}_1\boldsymbol{v}_1' + \mu_2(A)\boldsymbol{u}_2\boldsymbol{v}_2' + \cdots + \mu_k(A)\boldsymbol{u}_k\boldsymbol{v}_k' \tag{5.56}$$

の場合に成立する．

証明　P_B を $S(B)$ への直交射影行列とすると，$(A-B)'(I_n-P_B)(A-B)=A'(I_n-P_B)A$ となるから，定理 5.9 を用いると，$k+j \leqq r$ のとき，

$$\begin{aligned} \mu_j{}^2(A-B) &= \lambda_j\{(A-B)'(A-B)\} \geqq \lambda_j\{A'(I_n-P_B)A\} \\ &\geqq \lambda_{j+k}(A'A) = \mu^2{}_{j+k}(A) \end{aligned} \tag{5.57}$$

したがって，(i)が証明された．(ii)については，上式の第1の等号が $(A-B)=(I_n-P_B)A \Rightarrow B=P_BA$ の場合に成立すること．さらに，$I_n-P_B=TT'$ (T は

$(n, r-k)$ 型行列で，$T'T=I_{r-k}$) と分解すると，(5.57)式の第2の等号が成立する場合には，$T=[\boldsymbol{u}_{k+1}, \cdots, \boldsymbol{u}_r]=U_{(r-k)}$ が成立することを用いると，

$$
\begin{aligned}
B &= P_B A = (I_n - U_{(r-k)}U'_{(r-k)})A \\
&= U_{[k]}U'_{[k]}U\Delta_r V' \\
&= U_{[k]}\begin{bmatrix} I_k & \\ & O \end{bmatrix}\begin{bmatrix} \Delta_{[k]} & O \\ O & \Delta_{(r-k)} \end{bmatrix}V' \\
&= U_{[k]}\Delta_{[k]}V'_{[k]} \qquad (5.58)
\end{aligned}
$$

となって，上式は(5.56)式に一致する. (証明終り)

ところで，定理5.10は，

$$\lambda_j\{(A-B)'(A-B)\} \geqq \lambda_{j+k}(A'A) \qquad j+k \geqq r \qquad (5.59)$$

を意味するもので，このことから，一般的に，A, B がそれぞれ階数 r, k をもつ (n, m) 型行列の場合，

$$\mathrm{tr}(A-B)'(A-B) \geqq \lambda_{k+1}(A'A)+\cdots+\lambda_r(A'A) \qquad (5.60)$$

が成立し，B が(5.58)式で与えられる場合に，上式の等号が成立する.

第5章 練習問題

問題1 $A=\begin{bmatrix} 1 & -2 \\ -2 & 1 \\ 1 & 1 \end{bmatrix}$ の特異値分解を行い，A^+ を求めよ.

問題2 $\|\boldsymbol{x}\|=\|\boldsymbol{y}\|=1$ の条件で，$(\boldsymbol{x}'A\boldsymbol{y})^2$ を最大にすると，その最大値は，A の最大特異値の平方に一致することを示せ.

問題3 任意の行列 A について $\lambda_j(A+A')\leqq 2\mu_j(A)$ を示せ．ただし，$\lambda_j(A)$, $\mu_j(A)$ はそれぞれ行列 A の j 番目の固有値，特異値を示す.

問題4 (n, m) 型行列 A の特異値分解が $A=U\Delta V'$ で与えられるとき，$\tilde{A}=SAT$ (ただし，$S'S=I_n$, $T'T=I_m$) の特異値分解は，$\tilde{A}=\tilde{U}\Delta\tilde{V}$ (ただし，$\tilde{U}=SU$, $\tilde{V}=T'V$) で与えられることを示せ.

問題5 正方行列 A のスペクトル分解が，

$$A = \lambda_1 P_1+\lambda_2 P_2+\cdots+\lambda_n P_n \text{(ただし } P_i^2=P_i,\ P_iP_j=O(i\neq j))$$

で与えられるとき，

$$e^A = I+A+\frac{1}{2}A^2+\frac{1}{3!}A^3+\cdots$$

と定義すれば，

$$e^A = e^{\lambda_1}P_1 + e^{\lambda_2}P_2 + \cdots + e^{\lambda_n}P_n$$

となることを示せ．

問題6　A のすべての特異値が1となるための必要十分条件は，$A' \in \{A^-\}$ であることを示せ．

問題7　次のことを示せ．

（i）　$\mu_j(A-BX) \geqq \mu_j((I_n-P_B)A)$

（ii）　$\mu_j(A-YC) \geqq \mu_j(A(I_n-P_{C'}))$

（iii）　$\mu_j(A-BX-YC) \geqq \mu_j[(I_n-P_B)A(I_n-P_{C'})]$

（A, B, C, X, Y の定義については，定理2.25を参照せよ．）

問題8　B は階数 r を持つ，直交射影行列のとき，

$$\sum_{i=1}^{r}\lambda_{n-i+1} \leqq \mathrm{tr}(AB) \leqq \sum_{i=1}^{r}\lambda_i$$

を示せ．ただし，A は固有値 $\lambda_1 \geqq \lambda_2 \geqq \cdots \geqq \lambda_n$ をもつ，n 次の対称行列である．

問題9　$\|\boldsymbol{y}-A\boldsymbol{x}\|^2$ を最小にする $\boldsymbol{x}$ のうちで，$\|\boldsymbol{x}\|^2$ を最小にする解が $\boldsymbol{x}=A^+\boldsymbol{y}$ によって与えられることを，行列 A の特異値分解を用いて証明せよ．

第6章　応　　　用

§6.1　線形回帰分析法

6.1.1　最小2乗法と重回帰分析

線形回帰分析法とは，基準変数yをp個の説明変数$x_1, x_2, \cdots, x_p$の一次結合と誤差項の和，すなわち，

$$y_j = \alpha+\beta_1 x_{1j}+\cdots+\beta_p x_{pj}+\varepsilon_j \qquad (j=1, \cdots, n) \tag{6.1}$$

によって表わし，パラメータ$\alpha, \beta_1, \cdots, \beta_p$の推定値を求める手法である．まず．誤差項$\varepsilon_1, \cdots, \varepsilon_n$は相互に独立で，等分散$\sigma^2$をもつと仮定しよう．このとき，最小2乗法によって

$$\sum_{j=1}^{n}(y_j-a-b_1 x_{1j}-b_2 x_{2j}-\cdots-b_p x_{pj})^2 \tag{6.2}$$

を最小にする推定値$a, b_1, \cdots, b_p$を求める．(6.2)式をaで偏微分することにより，

$$a = \bar{y}-b_1\bar{x}_1-\cdots-b_p\bar{x}_p \tag{6.3}$$

となるので，これを(6.2)式に代入し，$X=(\boldsymbol{x}_1, \boldsymbol{x}_2, \cdots, \boldsymbol{x}_p)$を平均偏差得点を成分とする$n$次元ベクトルとすれば，

$$||\boldsymbol{y}-b_1\boldsymbol{x}_1-b_2\boldsymbol{x}_2-\cdots-b_p\boldsymbol{x}_p||^2 = ||\boldsymbol{y}-X\boldsymbol{b}||^2 \tag{6.4}$$

を最小にする$\boldsymbol{b}'=(b_1, b_2, \cdots b_p)$は，$P_X$を$S(X)$への直交射影行列としたとき，

$$P_X\boldsymbol{y} = X\boldsymbol{b} \tag{6.5}$$

の解，すなわち，

$$\boldsymbol{b} = X_l^-\boldsymbol{y}+(I_p-X_l^-X)\boldsymbol{z} \qquad (\boldsymbol{z}\text{は任意の}p\text{次元ベクトル})$$

として求められる．ところで，(4.25)式より，$\boldsymbol{x}_1, \boldsymbol{x}_2, \cdots \boldsymbol{x}_p$ が1次独立なベクトルである場合，

$$P_X = P_{1\cdot(1)} + \cdots + P_{p\cdot(p)}$$

(ただし，$P_{j\cdot(j)}$ は $S(X_{(j)}) = S(\boldsymbol{x}_1, \cdots, \boldsymbol{x}_{j-1}, \boldsymbol{x}_{j+1}, \cdots, \boldsymbol{x}_p) \dot{\oplus} S(X)^{\perp}$ に沿った $S(\boldsymbol{x}_j)$ への射影行列である) と分解されるから，$Q_{(j)}$ を $S(X_{(j)})^{\perp}$ への直交射影行列とすれば，(4.22)式より

$$b_j \boldsymbol{x}_j = P_{j\cdot(j)} \boldsymbol{y} = \boldsymbol{x}_j (\boldsymbol{x}_j' Q_{(j)} \boldsymbol{x}_j)^{-1} \boldsymbol{x}_j' Q_{(j)} \boldsymbol{y} \tag{6.6}$$

より，パラメータ β_j の推定値は，

$$b_j = (\boldsymbol{x}_j' Q_{(j)} \boldsymbol{x}_j)^{-1} \boldsymbol{x}'_j Q_{(j)} \boldsymbol{y} = (\boldsymbol{x}_j)_{l\cdot X(j)}^{-} \boldsymbol{y} \tag{6.7}$$

となる．なお，上式は $\tilde{\boldsymbol{x}}_j = Q_{(j)} \boldsymbol{x}_j$ とおくことによって，

$$b_j = (\tilde{\boldsymbol{x}}_j, \boldsymbol{y}) / \|\tilde{\boldsymbol{x}}_j\|^2 \tag{6.8}$$

となることから，b_j は $\boldsymbol{x}_j$ から $X_{(j)}$ に関連する部分を取り除いた回帰係数すなわち，$\boldsymbol{y}$ を基準変数，$\tilde{\boldsymbol{x}}_j$ を説明変数としたときの回帰係数となり，この意味で b_j は偏回帰係数 partial regression coefficient と呼ばれる．

ところで，上記のことから，b_j は

$$\|\boldsymbol{y} - b_j \boldsymbol{x}_j\|^2_{Q(j)} = (\boldsymbol{y} - b_j \boldsymbol{x}_j)' Q_{(j)} (\boldsymbol{y} - b_j \boldsymbol{x}_j) \tag{6.9}$$

を最小にする解(図6.1)として得られるものであることは興味深い．

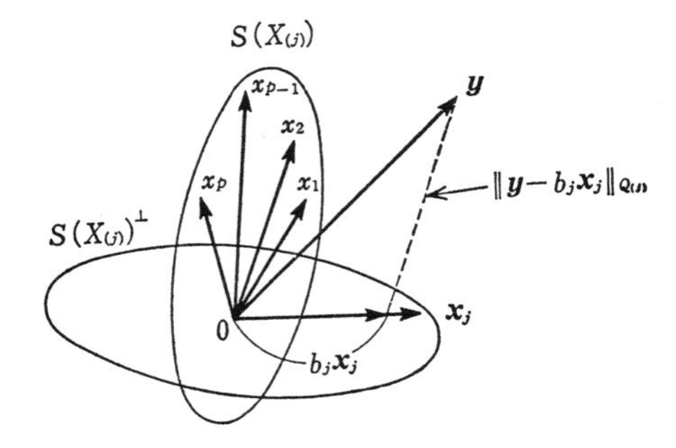

図6.1　偏回帰係数 b_j の幾何学的表現

なお，$X = (\boldsymbol{x}_1, \boldsymbol{x}_2, \cdots, \boldsymbol{x}_p)$ に含まれるベクトルが必ずしも1次独立でない場合，$S(X)$ を

$$S(X) = S(X_1) \oplus S(X_2) \oplus \cdots \oplus S(X_m) \qquad (m < p) \tag{6.10}$$

となるように m 個の部分空間の直和に分解したとしよう．

このとき，X_j に含まれる変数のパラメータに対応する偏回帰係数の推定ベクトルを $\boldsymbol{b}_j$ とすると $X_j\boldsymbol{b}_j = P_{X_j \cdot X_{(j)}}\boldsymbol{y}$ であるから

$$X_j\boldsymbol{b}_j = X_j(X_j'Q_{(j)}X_j)^- X_j'Q_{(j)}\boldsymbol{y} \tag{6.11}$$

となる(ただし，$Q_{(j)}$ は $S(X_1)\oplus\cdots\oplus S(X_{j-1})\oplus S(X_{j+1})\oplus\cdots\oplus S(X_m)$ への直交射影行列)．

このとき，$(X_j'X_j)$ が正則行列であれば，

$$\boldsymbol{b}_j = (X'_jQ_{(j)}X_j)^- X_j'Q_{(j)}\boldsymbol{y} = (X_j)_{l(X_{(j)})}{}^-\boldsymbol{y} \tag{6.12}$$

となる(ただし，$(X_j)^-{}_{l(X_{(j)})}$ は行列 X_j の $X_{(j)}$ 制約最小二乗型一般逆行列である)．ところで $X_j'X_j$ が正則でない場合には，$\boldsymbol{b}_j$ の要素が一意には定まらないので，$E^{k_j} = S(X_j')\oplus S(C_j')$ (ただし，$k_j = \text{rank}(\text{X}_j) + \text{rank}(C_j)$) となる C_j によって

$$C_j\boldsymbol{b}_j = \boldsymbol{0} \Leftrightarrow \boldsymbol{b}_j = Q_{C_j}\boldsymbol{z}\ (\boldsymbol{z}\text{ は任意のベクトル}) \tag{6.13}$$

という制約条件をつける．このとき(4.84)式より

$$X_j\boldsymbol{b}_j = P_{X_j \cdot X_{(j)}}\boldsymbol{y} = (X_j)(X_j)_{X_{(j)} \cdot C_j}{}^+\boldsymbol{y} \tag{6.14}$$

となる．上式の左から $(X_j)^+{}_{X_{(j)} \cdot C_j}$ をかけて反射型一般逆行列の条件より

$$\boldsymbol{b}_j = (X_j)_{X_{(j)} \cdot C_j}{}^+\boldsymbol{y} = (X_jX_j' + C_jC_j')^{-1}X_j'X_jX_j'(X_jX_j' + X_{(j)}X_{(j)}')^{-1}\boldsymbol{y} \tag{6.15}$$

となる．

6.1.2　重相関係数とその分割

このようにして得られた基準変数 y と推定値 $\hat{y}$ の相関係数(これは $\hat{y}_R$ と y_R の相関に等しい)は，$\hat{\boldsymbol{y}} = X\boldsymbol{b} = P_X\boldsymbol{y}$ より次式となる．

$$\begin{aligned} r_{y\hat{y}} &= (\boldsymbol{y}, \hat{\boldsymbol{y}})/\{\|\boldsymbol{y}\|\,\|\hat{\boldsymbol{y}}\|\} = (\boldsymbol{y}, X\boldsymbol{b})/\{\|\boldsymbol{y}\|\,\|X\boldsymbol{b}\|\} \\ &= (\boldsymbol{y}, P_X\boldsymbol{y})/\{\|\boldsymbol{y}\|\,\|P_X\boldsymbol{y}\|\} \\ &= \|P_X\boldsymbol{y}\|/\|\boldsymbol{y}\| \end{aligned} \tag{6.16}$$

(2.54)式より，明らかに $r_{y\hat{y}}$ の値は1より小さくなり，$P_X\boldsymbol{y} = \boldsymbol{y}$，つまり $\boldsymbol{y}\in S(X)$ のときにのみ1に等しくなる．(6.16)式を $R_{X \cdot y}$ と記すと，$R_{X \cdot y}$ は説明変数 $X = (\boldsymbol{x}_1, \boldsymbol{x}_2, \cdots, \boldsymbol{x}_p)$ に基づく基準変数 $\boldsymbol{y}$ に対する重相関係数(multiple correlation coefficient)と呼ばれるもので，その平方 $R^2{}_{X \cdot y}$ は多重決定係数(multiple coefficient of determination)と呼ばれることがあり，次のように展開される．

$$R^2{}_{X \cdot y} = \boldsymbol{y}'X(X'X)^-X'\boldsymbol{y}/\boldsymbol{y}'\boldsymbol{y}$$

$$= (\boldsymbol{c}_{Xy})' C_{XX}^{-} \boldsymbol{c}_{Xy} / s_y^2$$
$$= (\boldsymbol{r}_{Xy})' R_{XX}^{-} \boldsymbol{r}_{Xy}$$

ただし，C_{Xy}, R_{Xy} は X と y の共分散，および相関係数を各成分とする列ベクトル，C_{XX}, R_{XX} は p 個の変数 X の共分散行列，および相関係数行列で，$p=2$ のとき

$$R_{X\cdot y}^2 = (r_{yx_1}, r_{yx_2}) \begin{bmatrix} 1 & r_{x_1x_2} \\ r_{x_2x_1} & 1 \end{bmatrix}^{-} \begin{bmatrix} r_{yx_1} \\ r_{yx_2} \end{bmatrix}$$

上式は $r_{x_1x_2}^2 \neq 1$ のとき

$$= \frac{r_{yx_1}^2 + r_{yx_2}^2 - 2r_{x_1x_2} r_{yx_1} r_{yx_2}}{(1 - r_{x_1x_2}^2)}$$

となる．

重相関係数 $R_{X\cdot y}$ については，次の定理が成立する．

定理 6.1　$S(X) \supset S(X_1)$ のとき，$R_{X\cdot y} \geqq R_{X_1\cdot y}$ (6.17)

証明　(6.16)式と(2.61)式を用いればよい．（証明終り）

定理 6.2　$X=(X_1, X_2)$，すなわち $S(X)=S(X_1)+S(X_2)$ のとき，

$$R^2_{X\cdot y} = R^2_{X_1\cdot y} + R^2_{X_2[X_1]\cdot y} \quad (6.18)$$

ただし，$R^2_{X_2[X_1]\cdot y}$ は，説明変数として Q_1X_2（ただし．$Q_1 = I_n - P_{X_1}$）を用いた基準変数 $\boldsymbol{y}$ に対する多重決定係数（重相関係数の平方）である．

証明　(4.33)式による分解 $P_X = P_{X_1 \cup X_2} = P_{X_1} + P_{X_2[X_1]}$ を用いればよい．

（証明終り）

ここで，$R^2_{X_2[X_1]\cdot y}$ を展開してみる．Q_1 を $S(X_1)^{\perp}$ への直交射影行列，$P_{Q_1X_2}$ を $S(Q_1X_2)$ への直交射影行列とするとき次式が導かれる．

$$\begin{aligned} R^2_{X_2[X_1]\cdot y} &= \boldsymbol{y}' P_{Q_1X_2} \boldsymbol{y} / \boldsymbol{y}'\boldsymbol{y} \\ &= \boldsymbol{y}' Q_1 X_2 (X_2' Q_1 X_2)^{-} X_2' Q_1 \boldsymbol{y} / (\boldsymbol{y}'\boldsymbol{y}) \\ &= (\boldsymbol{c}_{02} - \boldsymbol{c}_{01} C_{11}^{-} C_{12})(C_{22} - C_{21} C_{11}^{-} C_{12})^{-} (\boldsymbol{c}_{20} - C_{21} C_{11}^{-} \boldsymbol{c}_{10}) / s_y^2 \end{aligned} \quad (6.19)$$

ただし，ベクトル C_{io}，行列 C_{ij} は，$\boldsymbol{y}$ と X_i の共分散ベクトルと X_i と X_j の共分散行列を示す．

さらに，上式を相関係数行列を用いて表わすと，

$$= (\boldsymbol{r}_{02} - \boldsymbol{r}_{01} R_{11}^{-} R_{12})(R_{22} - R_{21} R_{11}^{-} R_{12})^{-} (\boldsymbol{r}_{20} - R_{21} R_{11}^{-} \boldsymbol{r}_{10})$$

となる．なお(6.19)式は偏多重決定係数 partial multiple coefficient of determinationと呼ばれることがある.

上式がゼロになるときは,

$$\boldsymbol{y}'P_{X_2[X_1]}\boldsymbol{y} = 0 \Longleftrightarrow P_{X_2[X_1]}\boldsymbol{y} = \boldsymbol{0} \Longleftrightarrow X_2{}'Q_1\boldsymbol{y} = \boldsymbol{0} \Longleftrightarrow$$
$$\boldsymbol{c}_{20} = C_{21}C_{11}{}^{-}\boldsymbol{c}_{10} \Longleftrightarrow \boldsymbol{r}_{20} = R_{21}R_{11}{}^{-}\boldsymbol{r}_{10}$$

したがって. 上式は$\boldsymbol{y}$とX_2からX_1の影響を取り除いた偏相関係数がゼロとなることを意味するものである.

(6.19)式において, $X=(\boldsymbol{x}_1, \boldsymbol{x}_2)$, $Y=(\boldsymbol{y})$のとき$r^2{}_{x_1x_2}\neq 1$であれば

$$R^2{}_{x_1x_2\cdot y} = \frac{r^2{}_{yx_1}+r^2{}_{yx_2}-2r_{x_1x_2}r_{x_1y}r_{x_2y}}{1-r^2{}_{x_1x_2}}$$
$$= r^2{}_{yx_1}+\frac{(r_{yx_2}-r_{yx_1}r_{x_1x_2})^2}{1-r^2{}_{x_1x_2}}$$

となり, $r_{yx_2}=r_{yx_1}r_{x_1x_2}$, つまり, x_1を固定したyとx_2の偏相関係数がゼロのとき$R^2{}_{x_1x_2\cdot y}=r^2{}_{x_1y}$となる.

なお, Xがm個の変数群に分割される, すなわち, $S(X)=S(X_1)+\cdots+S(X_m)$の場合, 次の分解が成立する.

$$R^2{}_{X\cdot y} = R^2{}_{X_1\cdot y}+R^2{}_{X_2[X_1]\cdot y}+R^2{}_{X_3[X_1X_2]\cdot y}+\cdots+R^2{}_{X_m[X_1X_2\cdots X_{m-1}]\cdot y} \tag{6.20}$$

なお, この分解の方式は, 変数群$X_1, X_2, \cdots, X_m$の順序のつけ方によって全部で$m!$通り存在することになる. 重回帰分析における前進的変数選択法とは$R^2{}_{X_{j1}\cdot y}$, $R^2{}_{X_{j2}[X_{j1}]\cdot y}$, $R^2{}_{X_{j3}[X_{j1}X_{j2}]\cdot y}$がそれぞれ最大となるような変数群$X_{j1}, X_{j2}, X_{j3}$を順に選択していく手法である.

注意 (6.20)式において$X_j=(\boldsymbol{x}_j)$のとき, $\boldsymbol{r}_{x_j[x_1, x_2, \cdots x_{j-1}]\cdot y}$は, 変数$x_j$から$X_{[j-1]}=[\boldsymbol{x}_1, \boldsymbol{x}_2, \cdots, \boldsymbol{x}_{j-1}]$の影響を除去した$Q_{X[j-1]}\boldsymbol{x}_j$と$\boldsymbol{y}$の相関係数(これを$\boldsymbol{x}_j$と$\boldsymbol{y}$の部分相関係数part correlation)に等しいもので, $\boldsymbol{x}_j, \boldsymbol{y}$から$X_{[j-1]}$の影響を取り除いた$Q_{X(j-1)}\boldsymbol{x}_j$と$Q_{X(j-1)}\boldsymbol{y}$の相関係数(つまり, $X_{[j-1]}$の影響を除去した$\boldsymbol{x}_j$を$\boldsymbol{y}$の偏相関係数)には一致しない.

6.1.3 Gauss-Markoff モデル

前節においては, 線形回帰分析法におけるパラメータの推定法を, 重回帰分析法との関連から幾何学的な記述によって表現したが, 本節では, n個の変数$y_i(i=1, \cdots, n)$を, ある確率母集団から選ばれた確率変数として取り扱ってみよ

う．本節では，説明変数 $x_1, \cdots, x_p$ を相関係数行列 R_{XX} と直接関連づけないことから，$\boldsymbol{x}_1, \cdots, \boldsymbol{x}_p$ を必ずしも平均0となる成分をもつベクトルとみなさなくてよいので，(6.1)式で，$\alpha=0$ としたものをベクトルで表現した

$$\boldsymbol{y} = \beta_1\boldsymbol{x}_1+\cdots+\beta_p\boldsymbol{x}_p+\boldsymbol{\varepsilon} = X\boldsymbol{\beta}+\boldsymbol{\varepsilon} \tag{6.21}$$

を取り扱うことにする．回帰分析の確率モデルとしては．誤差項 ε_j の $(j=1, \cdots, n)$ 期待値はゼロ，すなわち

(i)　$E(\boldsymbol{\varepsilon}) = 0$

と仮定する．さらに，誤差項 ε_i と $\varepsilon_j (i\neq j)$ の共分散を $C_{OV}(\varepsilon_i, \varepsilon_j)=\sigma^2 g_{ij}$ と仮定すると，$G=(g_{ij})$ を n 次の正方行列として

(ii)　$V(\boldsymbol{\varepsilon}) = E(\boldsymbol{\varepsilon}\boldsymbol{\varepsilon}') = \sigma^2 G$

とおくと，G は非負定値行列となる．このとき，次式が成立する．

$$E(\boldsymbol{y}) = X\boldsymbol{\beta} \tag{6.22}$$

$$V(\boldsymbol{y}) = E(\boldsymbol{y}-X\boldsymbol{\beta})(\boldsymbol{y}-X\boldsymbol{\beta})' = \sigma^2 G \tag{6.23}$$

このような条件にしたがう確率変数 $\boldsymbol{y}$ は，一般にガウス・マルコフ模型 $(\boldsymbol{y}, X\boldsymbol{\beta}, \sigma^2 G)$ にしたがうという．

ここで，$\mathrm{rank}\, X=p$ で，しかも G は正則行列と仮定すると，$G=TT'$ となる n 次の正則行列 T が存在するから，$\tilde{\boldsymbol{y}}=T^{-1}\boldsymbol{y}$, $\tilde{X}=T^{-1}X$, $\tilde{\boldsymbol{\varepsilon}}=T^{-1}\boldsymbol{\varepsilon}$ とおくと，(6.21)式は

$$\tilde{\boldsymbol{y}} = \tilde{X}\boldsymbol{\beta}+\tilde{\boldsymbol{\varepsilon}} \tag{6.24}$$

となり，

$$V(\tilde{\boldsymbol{\varepsilon}}) = V(T^{-1}\boldsymbol{\varepsilon}) = T^{-1}V(\varepsilon)T^{-1} = \sigma^2 I_n$$

となるから，前節で示した最小2乗法により，$\boldsymbol{\beta}$ の推定ベクトルは

$$\hat{\boldsymbol{\beta}} = (\tilde{X}'\tilde{X})^{-1}\tilde{X}'\tilde{\boldsymbol{y}} = (X'G^{-1}X)^{-1}X'G^{-1}\boldsymbol{y} \tag{6.25}$$

となる．

また，上記の $\hat{\boldsymbol{\beta}}$ を直接求めるには，$S'=G^{-1}$ とおいて，

$$\|\boldsymbol{y}-X\boldsymbol{\beta}\|^2{}_V = (\boldsymbol{y}-X\boldsymbol{\beta})'\ S'(\boldsymbol{y}-X\boldsymbol{\beta}) \tag{6.26}$$

を最小にする $\hat{\boldsymbol{\beta}}$ を求めると

$$X\hat{\boldsymbol{\beta}} = X(X'G^{-1}X)^{-1}X'G^{-1}\boldsymbol{y} = {}_V P_X \boldsymbol{y} \tag{6.27}$$

となる．なお，(6.25) 式の $\hat{\boldsymbol{\beta}}$ は一般化最小2乗推定量と呼ばれる．

補助定理 6.1　(6.25)式で与えられる $\hat{\boldsymbol{\beta}}$ について

(i)　$E(\hat{\boldsymbol{\beta}}) = \boldsymbol{\beta}$　(6.28)

(ii)　$V(\hat{\boldsymbol{\beta}}) = \sigma^2(X'G^{-1}X)^{-1}$　(6.29)

が成立する.

証明　(i)　$\hat{\boldsymbol{\beta}}=(X'G^{-1}X)^{-1}X'G^{-1}\boldsymbol{y}=(X'G^{-1}X)^{-1}X'G^{-1}(X\boldsymbol{\beta}+\boldsymbol{\varepsilon})=\boldsymbol{\beta}+(X'G^{-1}X)^{-1}X'G^{-1}\boldsymbol{\varepsilon}$ となるから，$E(\boldsymbol{\varepsilon})=\mathbf{0}$ より，$E(\hat{\boldsymbol{\beta}})=\boldsymbol{\beta}$.

(ii)　$\hat{\boldsymbol{\beta}}-\boldsymbol{\beta}=(X'G^{-1}X)^{-1}X'G^{-1}\boldsymbol{\varepsilon}$ より，$V(\hat{\boldsymbol{\beta}})=E(\hat{\boldsymbol{\beta}}-\boldsymbol{\beta})(\hat{\boldsymbol{\beta}}-\boldsymbol{\beta})'=(X'G^{-1}X)^{-1}X'G^{-1}E(\boldsymbol{\varepsilon}\boldsymbol{\varepsilon}')G^{-1}X(X'G^{-1}X)^{-1}=\sigma^2(X'G^{-1}X)^{-1}X'G^{-1}GG^{-1}X(X'G^{-1}X)^{-1}=\sigma^2(X'G^{-1}X)^{-1}$.　(証明終り)

定理 6.3　$\boldsymbol{\beta}$ の任意の線形不偏推定量を $\hat{\boldsymbol{\beta}}^*$ とすると，$(V(\hat{\boldsymbol{\beta}}^*)-V(\hat{\boldsymbol{\beta}}))$ は非負定値行列となる.

証明　S を $\hat{\boldsymbol{\beta}}^*=S\boldsymbol{y}$ を満たす (p,n) 型行列とすると，$\boldsymbol{\beta}=E(\hat{\boldsymbol{\beta}}^*)=SE(\boldsymbol{y})=SX\boldsymbol{\beta}\Rightarrow SX=I_p$. ここで，${}_VP_X=X(X'G^{-1}X)^{-1}X'G^{-1}$，${}_VQ_X=I_n-{}_VP_X$ とおくと，

$$E({}_VP_X(\boldsymbol{y}-X\boldsymbol{\beta})(\boldsymbol{y}-X\boldsymbol{\beta})'({}_VQ_X)') = {}_VP_XV(\boldsymbol{y})({}_VQ_X)'$$
$$= \sigma^2X(X'G^{-1}X)^{-1}X'G^{-1}G(I_n-G^{-1}X(X'G^{-1}X)^{-1}X') = O$$

となることより，

$$V(\hat{\boldsymbol{\beta}}^*) = V(S\boldsymbol{y}) = SV(\boldsymbol{y})S' = S(V({}_VP_X\boldsymbol{y}+{}_VQ_X\boldsymbol{y}))S'$$
$$= SV({}_VP_X\boldsymbol{y})S'+SV({}_VQ_X\boldsymbol{y})S'$$

ところで，上式の第1項は，

$$SV({}_VP_X\boldsymbol{y})S' = (SX(X'G^{-1}X)^{-1}X'G^{-1}GG^{-1}X'(X'G^{-1}X)^{-1}X'S')\sigma^2$$
$$=\sigma^2(X'G^{-1}X)^{-1} =V(\hat{\beta})$$

となり，第2項は非負定値行列であるから，$V(\hat{\boldsymbol{\beta}}^*)-V(\hat{\boldsymbol{\beta}})$ は非負定値行列となる.　(証明終り)

したがって，(6.25)式で与えられる一般化最小2乗推定量 $\hat{\boldsymbol{\beta}}$ は不偏で，しかも最小分散をもつことが示された. このように，線形で不偏な推定量のうちで最小分散をもつ推定量は，最良線形不偏推定量(best linear unbiased estimator, 略記 BLUE)と呼ばれる. さらに，上記の定理6.3はガウス・マルコフの定理(Gauss-Markoff's Theorem)と呼ばれる.

補助定理 6.2　n 個の確率変数 $\boldsymbol{y}'=(y_1, y_2, \cdots, y_n)$ の線形結合を

$$\boldsymbol{d}'\boldsymbol{y} = d_1y_1+d_2y_2+\cdots+d_ny_n$$

とするとき，次の四つの条件はたがいに同値である.

$$\left.\begin{array}{ll}\text{(i)} & \boldsymbol{d}'\boldsymbol{y}\text{ は }\boldsymbol{c}'\boldsymbol{\beta}\text{ の不偏推定量である.}\\ \text{(ii)} & \boldsymbol{c}\in S(X')\\ \text{(iii)} & \boldsymbol{c}'X^-X=\boldsymbol{c}'\\ \text{(iv)} & \boldsymbol{c}'(X'X)^-X'X=\boldsymbol{c}'\end{array}\right\} \tag{6.30}$$

証明　(i)→(ii)　$E(\boldsymbol{d}'\boldsymbol{y})=\boldsymbol{d}'E(\boldsymbol{y})=\boldsymbol{d}'X\boldsymbol{\beta}=\boldsymbol{c}'\boldsymbol{\beta}$ が任意の $\boldsymbol{\beta}$ について成立するから，$\boldsymbol{d}'X=\boldsymbol{c}'\Rightarrow\boldsymbol{c}=X'\boldsymbol{d}\Rightarrow\boldsymbol{c}\in S(X')$

(ii)→(iii)　$\boldsymbol{c}\in S(X')$ より，$S(X')$ への任意の射影行列は，$(X')(X')^-$ となるから，$X'(X')^-\boldsymbol{c}=\boldsymbol{c}$. ところで，$XX^-X=X\Rightarrow X'(X^-)'X'=X'$ より，$(X^-)'\in\{(X')^-\}$. したがって，$X'(X')^-\boldsymbol{c}=\boldsymbol{c}\Rightarrow X'(X^-)'\boldsymbol{c}=\boldsymbol{c}\Rightarrow\boldsymbol{c}'=\boldsymbol{c}'X^-X$.

(iii)→(iv)　(3.13)式より，$X(X'X)^-X'X=X$ であるから，$(X'X)^-X'\in\{X^-\}$ となることを用いればよい. (iv)→(ii)は自明(両辺の転置をとればよい). (ii)→(i)　$\boldsymbol{c}=X'\boldsymbol{d}$ とおけばよい.　　　　　　　　　　　　　　　(証明終り)

補助定理6.2にあらわれる四つの条件のうち少なくとも一つが満たされるとき，$\boldsymbol{\beta}$ の1次結合値 $\boldsymbol{c}'\boldsymbol{\beta}$ は不偏推定可能(または，推定可能 estimable)であるという. 明らかに，$X\boldsymbol{\beta}$ は，推定可能であるから，このとき，$\hat{\boldsymbol{\beta}}$ が $\boldsymbol{\beta}$ の BLUE であれば，$X\hat{\boldsymbol{\beta}}$ は $X\boldsymbol{\beta}$ の BLUE となる. 次に，誤差項 $\boldsymbol{\varepsilon}'=(\varepsilon_1, \varepsilon_2, \cdots\varepsilon_n)$ の分散共分散行列 G を，必ずしも正則と仮定しない場合に $X\boldsymbol{\beta}$ の BLUE $X\hat{\boldsymbol{\beta}}$ を，射影行列の考え方を用いて導いてみることにしよう.

定理 6.4　ガウス・マルコフ模型$(\boldsymbol{y}, X\boldsymbol{\beta}, \sigma^2G)$において，$G$ が必ずしも正則でない場合，

(i)　$PX=X$ 　　(6.31)

(ii)　$PGZ=O$　　(ただし，$S(Z)=S(X)^{\perp}$)　　(6.32)

を満たす正方行列 P を用いて，$X\boldsymbol{\beta}$ の BLUE は

$$X\hat{\boldsymbol{\beta}}=P\boldsymbol{y} \tag{6.33}$$

と表わされる.

証明　まず，$X\boldsymbol{\beta}$ の不偏推定ベクトルを $P\boldsymbol{y}$ とすると，$E(P\boldsymbol{y})=PE(\boldsymbol{y})=PX\boldsymbol{\beta}=X\boldsymbol{\beta}\Rightarrow PX=X$. ところで，

$$\begin{aligned}V(P\boldsymbol{y})&=E(P\boldsymbol{y}-X\boldsymbol{\beta})(P\boldsymbol{y}-X\boldsymbol{\beta})'=E(P\boldsymbol{\varepsilon}\boldsymbol{\varepsilon}'P')\\&=PV(\boldsymbol{\varepsilon})P'=\sigma^2PGP'\end{aligned}$$

となるから，推定ベクトル $P\boldsymbol{y}$ の各成分の分散の和は，$\sigma^2\mathrm{tr}(PGP')$ となる. こ

こで，$PX=X$ の条件で，$\mathrm{tr}(PGP')$ を最小にするには，L をラグランジュ未定乗数行列として，

$$f(P,L)=\frac{1}{2}\mathrm{tr}(PGP')-\mathrm{tr}((PX-X)L)$$

を行列 P の各成分で偏微分すると，

$$GP'=XL\Rightarrow Z'GP'=Z'XL=O\Rightarrow PGZ=O$$

したがって，(6.31)式と(6.32)式を満たす P によって，$X\boldsymbol{\beta}$ の BLUE は $P\boldsymbol{y}$ と表わされることがわかる．（証明終り）

ここで，(6.31)式と(6.32)式を満たす $P\boldsymbol{y}$ の具体的な表現形を求めてみよう．このためには，次の Rao(1974)による補助定理が必要となる．

補助定理 6.3

(i) $S(X:G)=S(X)\oplus S(GZ)$ ただし $S(Z)=S(X)^{\perp}$ (6.34)

(ii) $\boldsymbol{y}\in S(X:G)$ が確率1で成立する． (6.35)

証明 (i) $X\boldsymbol{a}+GZ\boldsymbol{b}=\boldsymbol{0}\Rightarrow Z'X\boldsymbol{a}+Z'GZ\boldsymbol{b}=Z'GZ\boldsymbol{b}=\boldsymbol{0}\Rightarrow GZ\boldsymbol{b}=\boldsymbol{0}$. したがって，定理1.4より $S(X)$ と $S(GZ)$ は素である．(ii) $\boldsymbol{w}'G=\boldsymbol{0}', \boldsymbol{w}'X=\boldsymbol{0}'$ となるベクトル $\boldsymbol{w}$ が存在する，すなわち $w\in S(X,G)^{\perp}$ と仮定すれば，$E(\boldsymbol{w}'\boldsymbol{y})=O$, $V(\boldsymbol{w}'\boldsymbol{y})=b^2\boldsymbol{w}'G\boldsymbol{w}=0$. したがって，$\boldsymbol{w}'\boldsymbol{y}=\boldsymbol{0}$ が確率1で成立することから，(6.35)式が導かれる．（証明終り）

上記の補助定理より，$S(X)$ と $S(GZ)$ は素な部分空間となるから，$S(X)\oplus S(GZ)=E^n$ のときは，$S(GZ)$ に沿った $S(X)$ への射影行列を $P_{X\cdot GZ}$, $S(X)$ に沿った $S(GZ)$ への射影行列を $P_{GZ\cdot X}$ とおくと，

$$P_{X\cdot GZ}=X(X'(I_n-P_{GZ})X)^-X'(I_n-P_{GZ}) \tag{6.36}$$

一方，$Z=I_n-P_X$ とおくと，

$$\begin{aligned}P_{GZ\cdot X}&=GZ(ZG(I_n-P_X)GZ)^-ZG(I_n-P_X)\\&=GZ(ZGZGZ)^-ZGZ\end{aligned}$$

ところで，$S(X)\oplus S(GZ)=E^n$ より，$\dim S(GZ)=\dim S(Z)\Rightarrow \mathrm{rank}\,(GZ)=\mathrm{rank}\,Z$, したがって，$Z(ZGZ)^-ZGZ=Z$ が成立する，これより，$(ZGZ)^-Z(ZGZ)^-$ が，対称行列 $(ZGZGZ)$ の一般逆行列となるから，

$$P_{GZ\cdot X}=GZ(ZGZ)^-Z \tag{6.37}$$

となる．一方，T を

$$T = XUX' + G \tag{6.38}$$

ただし，U は $\text{rank}\,T = \text{rank}\,(X, G)$ となる任意の行列とすると，$P_{X \cdot GZ}GZ = O \Rightarrow P_{X \cdot GZ}(G+XUX')Z = P_{X \cdot GZ}TZ = O \Rightarrow P_{X \cdot GZ}T = KX' \Rightarrow P_{X \cdot GZ} = KX'T^{-1}$. これを $P_{X \cdot GZ}X = X$ に代入すると，$KX'T^{-1}X = X \Rightarrow K = X(X'T^{-1}X)^-$. したがって，$T$ を(6.38)式で与えられる行列とすると，

$$P_{X \cdot GZ} = X(X'T^{-1}X)^- X'T^{-1} \tag{6.39}$$

となる．したがって，次の定理が導かれることになる．

定理 6.5　$S(X, G) = E^n$ のとき $\boldsymbol{\beta}$ の BLUE を $\hat{\boldsymbol{\beta}}$ としたとき，$\tilde{\boldsymbol{y}} = X\hat{\boldsymbol{\beta}}$ は次式のいずれかで与えられる．

(i)　$X(X'Q_{GZ}X)^- X'Q_{GZ}\boldsymbol{y}$　　(ただし，$Q_{GZ} = I_n - P_{GZ}$)

(ii)　$(I_n - GZ(ZGZ)^- Z)\boldsymbol{y}$

(iii)　$X(X'T^{-1}X)^- X'T^{-1}\boldsymbol{y}$　　(ただし，T は(6.38)式で与えられる)

系　$S(G) + S(X)$ が全空間 E^n を被覆しない場合，$S(GZ)$ に沿った $S(X)$ への一般化された意味での射影行列は，

(i)　$I_n - GZ(ZGZ)^- Z + A(I - ZGZ(ZGZ)^-)Z$

(ii)　$X(X'T^- X)^- X'T^- + A(I_n - TT^-)$

となる(A は任意の n 次の正方行列)．　　(証明略)

6.1.4　変量モデルにおける予測

ここで，これまで述べてきた(6.1)式，または(6.21)式の線形モデルにおいては説明変数 $x_1, x_2, \cdots, x_p$ を定数として取り扱ってきたが，これを一般化して，n 次元の確率ベクトル $\boldsymbol{y}$ が n 次元の確率ベクトル $\boldsymbol{x}' = (x_1, x_2, \cdots, x_n)$ と誤差ベクトル $\boldsymbol{\varepsilon}' = (\varepsilon_1, \varepsilon_2, \cdots, \varepsilon_n)$ の和，すなわち

$$\boldsymbol{y} = \boldsymbol{x} + \boldsymbol{\varepsilon} \tag{6.40}$$

に分解される変量モデルの場合を想定しよう($E(\boldsymbol{x}\boldsymbol{\varepsilon}') = 0$ を満たし，しかも2次の積率 $E(x_i x_j), E(y_i y_j), E(x_i y_j)$ はすべて有限の値をもつと仮定)．このとき，P を n 次の正方行列とすると，次の定理が成立する．

定理 6.6　$\text{tr}[E\{(P\boldsymbol{y} - \boldsymbol{x})(P\boldsymbol{y} - \boldsymbol{x})'\}]$ を最小にする $\boldsymbol{x}$ に対する予測値ベクトルは，

$$P\boldsymbol{y} = E(\boldsymbol{x}\boldsymbol{y}')E(\boldsymbol{y}\boldsymbol{y}')^- \boldsymbol{y} \tag{6.41}$$

によって与えられる．ただし，

$$E(\boldsymbol{x}\boldsymbol{y}')=\begin{bmatrix} E(x_1y_1)\cdots E(x_1y_n) \\ E(x_2y_1) \quad E(x_2y_n) \\ \vdots \qquad\quad \vdots \\ E(x_ny_1)\cdots E(x_ny_n)\end{bmatrix},\quad E(\boldsymbol{y}\boldsymbol{x}')=(E(\boldsymbol{x}\boldsymbol{y}'))'$$

$$E(\boldsymbol{y}\boldsymbol{y}')=\begin{bmatrix} E(y_1{}^2) & \cdots & E(y_1y_n) \\ E(y_2y_1) & \cdots & E(y_2y_n) \\ \vdots & \ddots & \vdots \\ E(y_ny_1) & \cdots & E(y_n{}^2)\end{bmatrix}$$

証明　$\mathrm{tr}\{E(P\boldsymbol{y}-\boldsymbol{x})(P\boldsymbol{y}-\boldsymbol{x})'\}=\mathrm{tr}\{PE(\boldsymbol{y}\boldsymbol{y}')P'-E(\boldsymbol{x}\boldsymbol{y}')P'-PE(\boldsymbol{y}\boldsymbol{x}')+E(\boldsymbol{x}\boldsymbol{x}')\}$

上式をPの各成分で偏微分し，その結果をゼロとおくと，

$$PE(\boldsymbol{y}\boldsymbol{y}')=E(\boldsymbol{x}\boldsymbol{y}')$$

したがって，

$$P=E(\boldsymbol{x}\boldsymbol{y}')E(\boldsymbol{y}\boldsymbol{y}')^-+Z\{I_n-E(\boldsymbol{y}\boldsymbol{y}')E(\boldsymbol{y}\boldsymbol{y}')^-\} \tag{6.42}$$

ここで，$S'=E(\boldsymbol{y}\boldsymbol{y}')E(\boldsymbol{y}\boldsymbol{y}')^-\boldsymbol{y}-\boldsymbol{y}$ とおくと，$E(SS')=E(\boldsymbol{y}\boldsymbol{y}')E(\boldsymbol{y}\boldsymbol{y}')^-E(\boldsymbol{y}\boldsymbol{y}')E(\boldsymbol{y}\boldsymbol{y}')^-E(\boldsymbol{y}\boldsymbol{y}')-2E(\boldsymbol{y}\boldsymbol{y}')E(\boldsymbol{y}\boldsymbol{y}')^-E(\boldsymbol{y}\boldsymbol{y}')+E(\boldsymbol{y}\boldsymbol{y}')=E(\boldsymbol{y}\boldsymbol{y}')-2E(\boldsymbol{y}\boldsymbol{y}')+E(\boldsymbol{y}\boldsymbol{y}')=O$．したがって，$SS'=O\Rightarrow S=O$ より，次式が成立する．

$$E(\boldsymbol{y}\boldsymbol{y}')E(\boldsymbol{y}\boldsymbol{y}')^-\boldsymbol{y}=\boldsymbol{y} \tag{6.43}$$

これより，(6.42)式に右から $\boldsymbol{y}$ をかけると(6.41)式が導かれる．（証明終り）

系　(6.41)式で定義されるPについて次の関係式が成立する．

(i)　$E\{(P\boldsymbol{y})(P\boldsymbol{y})'\}=E(P\boldsymbol{y}\boldsymbol{x}')=E\{\boldsymbol{x}(P\boldsymbol{y})'\}=E(\boldsymbol{x}\boldsymbol{y}')E(\boldsymbol{y}\boldsymbol{y}')^-E(\boldsymbol{y}\boldsymbol{x}')$

(ii)　$E\{(\boldsymbol{x}-P\boldsymbol{y})(P\boldsymbol{y})'\}=O$

(iii)　$E\{(P\boldsymbol{y}-\boldsymbol{x})(P\boldsymbol{y}-\boldsymbol{x})'\}=E(\boldsymbol{x}\boldsymbol{x}')-E(\boldsymbol{x}\boldsymbol{y}')E(\boldsymbol{y}\boldsymbol{y}')^-E(\boldsymbol{y}\boldsymbol{x}')\geqq O$

（証明略）

注意　Pは射影行列ではない．しかし，$P\boldsymbol{y}$は，確率ベクトル$\boldsymbol{x}$をn個の確率変数ベクトル$\boldsymbol{y}_1, \boldsymbol{y}_2, \cdots, \boldsymbol{y}_n$で張られる空間$S(\boldsymbol{y}_1, \boldsymbol{y}_2, \cdots, \boldsymbol{y}_n)$の上へ正射影したものに等しくなっている．

ところで，上記の系の(i)と(6.42)式を用いると，

$$\begin{aligned} P(P\boldsymbol{y}) &= E\{\boldsymbol{x}(P\boldsymbol{y})'\}E\{(P\boldsymbol{y})(P\boldsymbol{y})'\}^-P\boldsymbol{y} \\ &= E\{(P\boldsymbol{y})(P\boldsymbol{y})'\}E\{(P\boldsymbol{y})(P\boldsymbol{y})'\}^-P\boldsymbol{y}=P\boldsymbol{y}\end{aligned}$$

となるから，$P^2\boldsymbol{y}=P\boldsymbol{y}$．したがって，$P$は射影行列の機能を果たしていることがわかる．しかし，$P^2\boldsymbol{y}=P\boldsymbol{y}\Rightarrow P^2=P$ とはならないことに注意せよ．

いま，$\boldsymbol{x}=X\boldsymbol{\beta}$ で X は既知のデータ行列，$\boldsymbol{\beta}$ は既知の分布に従う確率変数で $E(\boldsymbol{\beta})=\mathbf{0}$, $V(\boldsymbol{\beta})=S$ とし，また $\boldsymbol{\beta}$ と $\boldsymbol{\varepsilon}$ は独立とする．ところで，(6.40)式において，$E(\boldsymbol{\varepsilon})=\mathbf{0}$, $V(\boldsymbol{\varepsilon})=G$．さらに，($X, \boldsymbol{\beta}$ は定数の行列とベクトル)とおくと，$E(\boldsymbol{x}\boldsymbol{y}')=E\{X\boldsymbol{\beta}(X\boldsymbol{\beta}+\boldsymbol{\varepsilon})'\}=XS'X'$, $E(\boldsymbol{y}\boldsymbol{y}')=E(X\boldsymbol{\beta}\boldsymbol{\beta}'X')+E(\boldsymbol{\varepsilon}\boldsymbol{\varepsilon}')=XSX'+G$ となるから，

$$P\boldsymbol{y}=XSX'(XSX'+G)^{-}\boldsymbol{y} \tag{6.44}$$

一方，$E(\boldsymbol{y}\boldsymbol{y}')E(\boldsymbol{y}\boldsymbol{y}')^{-}\boldsymbol{y}=\boldsymbol{y} \Rightarrow E(\boldsymbol{y}\boldsymbol{y}')E(\boldsymbol{y}\boldsymbol{y}')^{-}X\boldsymbol{\beta}=X\boldsymbol{\beta} \Rightarrow (XSX'+G)(XSX'+G)^{-}X\boldsymbol{\beta}\boldsymbol{\beta}'X'=X\boldsymbol{\beta}\boldsymbol{\beta}'X'$ となることを用いると，$P\boldsymbol{y}$ と $X\boldsymbol{\beta}$ の予測誤差の2乗の期待値は

$$E\{(P\boldsymbol{y}-X\boldsymbol{\beta})(P\boldsymbol{y}-X\boldsymbol{\beta})'\}=G(XSX'+G)^{-}XSX' \tag{6.45}$$

となる．したがって，(6.44)式を満たす $P\boldsymbol{y}$ は予測誤差 $\mathrm{tr}\{E(P\boldsymbol{y}-X\boldsymbol{\beta})(P\boldsymbol{y}-X\boldsymbol{\beta})'\}$ を最小にするもので，明らかに $\boldsymbol{\beta}$ に最良線形不偏推定量 $\hat{\boldsymbol{\beta}}$ を代入した $X\hat{\boldsymbol{\beta}}$ とは異なり，最良線形推定量(best linear estimator, 略して BLE)と呼ばれる(左辺の定義から明らかに(6.45)式は対称行列となることに注意せよ)．

ここで，(6.31)式および(6.32)式を満たす P を P_2($P_2\boldsymbol{y}$は $X\boldsymbol{\beta}$ の BLUE)，(6.44)式を満たす P をP_1($P_1\boldsymbol{y}$ は $X\boldsymbol{\beta}$ の BLE)とするとき，

$$P_2\boldsymbol{y}-X\boldsymbol{\beta}=(P_1\boldsymbol{y}-X\boldsymbol{\beta})+(P_2-P_1)\boldsymbol{y}$$

と分解し，$P_1E(\boldsymbol{y}\boldsymbol{y}')=E(\boldsymbol{x}\boldsymbol{y}')$ より

$$E\{(P_1\boldsymbol{y}-X\boldsymbol{\beta})\boldsymbol{y}'(P_2-P_1)'\}=E\{(P_1\boldsymbol{y}\boldsymbol{y}'-\boldsymbol{x}\boldsymbol{y}')(P_2-P_1)'\}=O$$

となることから，

$$E\{(P_2\boldsymbol{y}-\boldsymbol{x})(P_2\boldsymbol{y}-\boldsymbol{x})'\}-E\{(P_1\boldsymbol{y}-\boldsymbol{x})(P_1\boldsymbol{y}-\boldsymbol{x})'\} \geqq O$$

すなわち，次式が成立する．

$$X(X'G^{-}X)^{-}X' \geqq G(X\boldsymbol{\beta}\boldsymbol{\beta}'X'+G)^{-}X\boldsymbol{\beta}\boldsymbol{\beta}'X' \tag{6.46}$$

注意 上記の式は，$\boldsymbol{\beta}$ が母数の場合，最良線形不偏推定量(BLUE)の分散は最良線形推定量(BLE)の分散より小さくならないことを意味しているが，$\boldsymbol{\beta}$ の推定値 $\hat{\boldsymbol{\beta}}$ を上式に代入すると，必ずしも上式の関係は成立しない．

なお，$P\boldsymbol{y}$ を $X\boldsymbol{\beta}$ に対する任意の不偏推定値としたとき，

$$P\boldsymbol{y}-\boldsymbol{x}=(P_1\boldsymbol{y}-\boldsymbol{x})+(P-P_1)\boldsymbol{y}$$

と分解し,

$$E\{(P_1\boldsymbol{y}-\boldsymbol{x})\boldsymbol{y}'(P-P_1)'\} = [E(P_1\boldsymbol{y}\boldsymbol{y}'-\boldsymbol{x}\boldsymbol{y}')](P-P_1)'$$
$$= [P_1E(\boldsymbol{y}\boldsymbol{y}')-E\{\boldsymbol{x}(\boldsymbol{x}+\boldsymbol{\varepsilon})'\}](P-P_1)'$$
$$= P_1G(P-P_1)' = P_1GP_X(P-P_1)' = P_1GX(X'X)^-(PX-P_1X)'$$
$$= O \qquad ((6.32)\text{式より導かれる } P_1G=P_1GP_X \text{ を用いた}).$$

となることから,

$$G = V(P\boldsymbol{y}) = E\{(P\boldsymbol{y}-\boldsymbol{x})(P\boldsymbol{y}-\boldsymbol{x})'\} \geqq V(P_1\boldsymbol{y}) \tag{6.47}$$

となることが証明される(これは,定理6.3のガウス・マルコフ定理の別証にあたる).

§6.2　分散分析法

6.2.1　一元配置モデル

前節で示した回帰分析のモデル(6.1)式においては,基準変数 y,説明変数 $x_1, x_2, \cdots x_p$ のそれぞれに間隔尺度の測定値が用いられるのがふつうであるが,$x_1, x_2, \cdots, x_p$ のうち一つの変数のみが1で他の変数は0,すなわち個体 $k(k=1, \cdots, n)$ が群 j に所属する場合を,

$$x_{kj} = 1, \ \ x_{ki} = 0 \quad (i \neq j, i = 1, \cdots, m) \tag{6.48}$$

で表現するダミー変数が線形回帰モデルに用いられる場合を考えよう.このとき,n 人の個体(被験者)が $x_1, x_2, \cdots, x_m$ で示される各群に $n_1, n_2, \cdots, n_m$(ただし $\sum_{j=1}^{m} n_j=n$)の頻度で分類されると仮定して,次のような (n, m) 型行列

$$G = \overset{x_1,\, x_2,\, \cdots\cdots,\, x_m}{\begin{pmatrix} 1 & & & 0 \\ 1 & & & 0 \\ 1 & & & 0 \\ & 1 & & \vdots \\ & 1 & & \vdots \\ & 1 & & \vdots \\ \cdots & \cdots & \cdots & \cdots \\ \cdots & \cdots & \cdots & \cdots \\ 0 & & & 1 \\ 0 & & & 1 \\ 0 & & & 1 \end{pmatrix}} \begin{matrix} \left.\vphantom{\begin{matrix}1\\1\\1\end{matrix}}\right\} n_1 \\ \left.\vphantom{\begin{matrix}1\\1\\1\end{matrix}}\right\} n_2 \\ \vdots \\ \left.\vphantom{\begin{matrix}1\\1\\1\end{matrix}}\right\} n_m \end{matrix} \tag{6.49}$$

を導入しよう.

上記の行列は,n 人の被験者が $1, 2, \cdots m$ の群のうちどのグループに所属して

いるのかを示すもので，所属している群に対応する列に1，所属していない群に対応する列には0の数字が並べられている．したがって，各行の成分の和は1，すなわち

$$G\mathbf{1}_m = \mathbf{1}_n \tag{6.50}$$

が成立する．

ところで，m 個の群に属する計 n 人の被験者のある調査(または実験)結果に対する測定値を $y_{ij}(i=1, \cdots, m, j=1, \cdots, n_j)$ とすると，(6.48)式の仮定より，一元配置の分散分析モデルとして，

$$y_{ij} = \mu + \alpha_i + \varepsilon_{ij} \tag{6.51}$$

が得られる．(μ は母平均，α_i は因子の第 i 水準の主効果，ε_{ij} は誤差項を示すものである)．ところで，μ の推定値は y の平均値 $\bar{y}$ となるから，y_{ij} の平均が0になるように基準化されているものと仮定すれば，(6.51)式を

$$y_{ij} = \alpha_i + \varepsilon_{ij} \tag{6.52}$$

と表わしてよい．ここで，最小2乗法によりパラメータベクトル，$\boldsymbol{\alpha}' = (\alpha_1, \alpha_2, \cdots, \alpha_m)$ を推定すると，補助定理4.2より

$$\underset{\boldsymbol{\alpha}}{\mathrm{Min}} \|\boldsymbol{y} - G\boldsymbol{\alpha}\|^2 = \|(I_n - P_G)\boldsymbol{y}\|^2 \tag{6.53}$$

が成立し，このとき上式を満たす $\boldsymbol{\alpha}$ を $\hat{\boldsymbol{\alpha}}, P_G$ を $S(G)$ への直交射影行列とすれば，

$$P_G\boldsymbol{y} = G\hat{\boldsymbol{\alpha}} \tag{6.54}$$

となる．上式の両辺に左から $(G'G)^{-1}G'$ をかけると，

$$\hat{\boldsymbol{\alpha}} = (G'G)^{-1}G'\boldsymbol{y} \tag{6.55}$$

となる．ところで，

$$(G'G)^{-1} = \begin{bmatrix} \frac{1}{n_1} & & & 0 \\ & \frac{1}{n_2} & & \\ & & \ddots & \\ 0 & & & \frac{1}{n_m} \end{bmatrix}, \quad G'\boldsymbol{y} = \begin{bmatrix} \sum_j y_{1j} \\ \sum_j y_{2j} \\ \vdots \\ \sum_j y_{mj} \end{bmatrix}$$

となることに注意すると，

$$\hat{\boldsymbol{a}} = \begin{pmatrix} \bar{y}_1 \\ \bar{y}_2 \\ \vdots \\ \bar{y}_m \end{pmatrix}$$

となる．なお，$\boldsymbol{y}_R{}'$ を平均値が必ずしも 0 でない粗得点のデータを成分とするベクトルとすれば，$\boldsymbol{y}=Q_M\boldsymbol{y}_R(Q_M=I_n-\dfrac{1}{n}\mathbf{1}_n\mathbf{1}_n{}')$ より

$$\hat{\boldsymbol{a}} = \begin{bmatrix} \bar{y}_1-\bar{y} \\ \bar{y}_2-\bar{y} \\ \vdots \\ \bar{y}_m-\bar{y} \end{bmatrix} \tag{6.56}$$

となることが導かれる．

このとき，測定値ベクトル $\boldsymbol{y}$ は，

$$\boldsymbol{y} = P_G\boldsymbol{y}+(I_n-P_G)\boldsymbol{y}$$

と分解され，さらに，$P_G(I_n-P_G)=O$ より，$\boldsymbol{y}$ の全変動は次式により

$$\boldsymbol{y}'\boldsymbol{y} = \boldsymbol{y}'P_G\boldsymbol{y}+\boldsymbol{y}'(I_n-P_G)\boldsymbol{y} \tag{6.57}$$

と級間変動（上式の第一項）と級内変動（上式の第二項）の和に分解される．

6.2.2　二元配置モデル

次に，被験者が男女，または学年などのように，二つの要因で分割される二元配置のモデルを考察しよう．ここで，二つの要因の水準数を m_1, m_2 と仮定して，(n, m_1), (n, m_2) 型ダミー変数行列 G_1, G_2 を導入する．このとき，明らかに

$$G_1\mathbf{1}_{m_1} = G_2\mathbf{1}_{m_2} = \mathbf{1}_n \tag{6.58}$$

が成立する．ここで，$V_j=S(G_j)(j=1,2)$ とおいて，V_1+V_2 への直交射影行列を $P_{1\cup2}$, V_j への直交射影行列を $P_j(j=1,2)$ とすると，定理 2.18 より，$P_1P_2=P_2P_1$ のとき

$$P_{1\cup2} = (P_1-P_1P_2)+(P_2-P_1P_2)+P_1P_2 \tag{6.59}$$

と分解される．ところで，$P_1P_2=P_2P_1$ は $V_1\cap V_2=S(G_1)\cap S(G_2)$ への直交射影行列であるから，$S(G_1)\cap S(G_2)=S(\mathbf{1}_n)$ より，$S(\mathbf{1}_n)$ への直交射影行列を $P_0=\dfrac{1}{n}\mathbf{1}_n\mathbf{1}_n{}'$ とおくと，

$$P_1P_2 = P_0 \Leftrightarrow G_1'G_2 = \frac{1}{n}(G_1'\mathbf{1}_n\mathbf{1}_n'G_2) \tag{6.60}$$

となる．ところで，

$$G_1'G_2 = \begin{bmatrix} n_{11} & n_{12} & \cdots & n_{1m_2} \\ n_{21} & n_{22} & \cdots & \vdots \\ & & & \vdots \\ n_{m_11} & n_{m_12} & \cdots & n_{m_1m_2} \end{bmatrix}$$

$$G_1'\mathbf{1}_n = \begin{bmatrix} n_{1\cdot} \\ n_{2\cdot} \\ \vdots \\ n_{m_1\cdot} \end{bmatrix} \qquad G_2'\mathbf{1}_n = \begin{bmatrix} n_{\cdot 1} \\ n_{\cdot 2} \\ \vdots \\ n_{\cdot m_2} \end{bmatrix}$$

(ただし，$n_{i\cdot}=\sum_j n_{ij}, n_{\cdot j}=\sum_i n_{ij}$ で，n_{ij} は，因子1で水準 i, 因子2で水準 j に所属している個体の総数，分散分析の述語でいえば，各サブブロックの繰り返し数に相当する)とおくと，(6.60)式は

$$n_{ij} = \frac{1}{n} n_{i\cdot}n_{\cdot j} \qquad (i=1,\cdots,m_1, j=1,\cdots,m_2) \tag{6.61}$$

となる．したがって，$\boldsymbol{y}$ を平均ゼロの成分をもつ測定値ベクトル $\boldsymbol{y}_R$ を粗得点を成分とする n 次元ベクトルとすると，$P_0\boldsymbol{y}=P_0Q_M\boldsymbol{y}_R=P_0(I_n-P_0)\boldsymbol{y}_R=\mathbf{0}$ より，

$$\boldsymbol{y} = P_1\boldsymbol{y}+P_2\boldsymbol{y}+(I_n-P_1-P_2)\boldsymbol{y}$$

したがって，

$$\boldsymbol{y}'\boldsymbol{y} = \boldsymbol{y}'P_1\boldsymbol{y}+\boldsymbol{y}'P_2\boldsymbol{y}+\boldsymbol{y}'(I_n-P_1-P_2)\boldsymbol{y} \tag{6.62}$$

の分解が導かれる．ところで，(6.61)式が成立しない場合には，定理4.5より

$$P_{1\cup 2} = P_1+P_{2[1]} \quad \text{ただし，} P_{2[1]} = Q_1G_2(G_2'Q_1G_2)^-G_2'Q_1$$
$$= P_2+P_{1[2]} \quad \text{ただし，} P_{1[2]} = Q_2G_1(G_1'Q_2G_1)^-G_1'Q_2$$

(ただし，$Q_j=I-P_j$) と分解されるから，$\boldsymbol{y}$ の全変動は

$$\boldsymbol{y}'\boldsymbol{y} = \boldsymbol{y}'P_1\boldsymbol{y}+\boldsymbol{y}'P_{2[1]}\boldsymbol{y}+\boldsymbol{y}'(I_n-P_{1\cup 2})\boldsymbol{y} \tag{6.63}$$

または，

$$\boldsymbol{y}'\boldsymbol{y} = \boldsymbol{y}'P_2\boldsymbol{y}+\boldsymbol{y}'P_{1[2]}\boldsymbol{y}+\boldsymbol{y}'(I_n-P_{1\cup 2})\boldsymbol{y} \tag{6.64}$$

のように分解される．(6.63)式の第一項の $\boldsymbol{y}'P_1\boldsymbol{y}$ は，因子2の主効果が存在しないという仮定のもとでの因子1の主効果に対応するもので非調整平方和 (unadjusted sum of squares)，$\boldsymbol{y}'P_{2[1]}\boldsymbol{y}$ は，因子1の主効果の影響を取り除い

た因子２の主効果で調整された平方和(adjusted sum of squares)，第三項は，残差項の平方和である．

なお，(6.63)式と(6.64)式より

$$\boldsymbol{y}'P_{2[1]}\boldsymbol{y} = \boldsymbol{y}'P_2\boldsymbol{y} + \boldsymbol{y}'P_{1[2]}\boldsymbol{y} - \boldsymbol{y}'P_1\boldsymbol{y}$$

が導かれる．

次に，G_1 と G_2 の m_1, m_2 の水準のすべてを組み合わせた総計 m_1m_2 の水準をもつダミー変数行列 G_{12} ((n, m_1m_2) 型行列である)を導入しよう．このとき，$S(G_{12}) \supset S(G_1)$, $S(G_{12}) \supset S(G_2)$ が成立することから，$S(G_{12})$ への直交射影行列を P_{12} とすると，定理 2.11 より

$$P_{12}P_1 = P_1,\quad P_{12}P_2 = P_2 \tag{6.65}$$

が成立する．

注意　因子1，2の水準数がそれぞれ2，3の場合，G_1, G_2, G_{12} は次のような例で与えられる．

$$G_1 = \overset{\text{男}\ \text{女}}{\begin{pmatrix} 1 & 0 \\ 1 & 0 \\ 1 & 0 \\ 1 & 0 \\ 1 & 0 \\ 1 & 0 \\ 0 & 1 \\ 0 & 1 \\ 0 & 1 \\ 0 & 1 \\ 0 & 1 \\ 0 & 1 \end{pmatrix}} \qquad G_2 = \overset{\text{小}\ \text{中}\ \text{高}}{\begin{pmatrix} 1 & 0 & 0 \\ 1 & 0 & 0 \\ 0 & 1 & 0 \\ 0 & 1 & 0 \\ 0 & 0 & 1 \\ 0 & 0 & 1 \\ 1 & 0 & 0 \\ 1 & 0 & 0 \\ 0 & 1 & 0 \\ 0 & 1 & 0 \\ 0 & 0 & 1 \\ 0 & 0 & 1 \end{pmatrix}} \qquad G_{12} = \overset{\text{男小}\ \text{男中}\ \text{男高}\ \ \text{女小}\ \text{女中}\ \text{女高}}{\begin{pmatrix} 1 & 0 & 0 & 0 & 0 & 0 \\ 1 & 0 & 0 & 0 & 0 & 0 \\ 0 & 1 & 0 & 0 & 0 & 0 \\ 0 & 1 & 0 & 0 & 0 & 0 \\ 0 & 0 & 1 & 0 & 0 & 0 \\ 0 & 0 & 1 & 0 & 0 & 0 \\ 0 & 0 & 0 & 1 & 0 & 0 \\ 0 & 0 & 0 & 1 & 0 & 0 \\ 0 & 0 & 0 & 0 & 1 & 0 \\ 0 & 0 & 0 & 0 & 1 & 0 \\ 0 & 0 & 0 & 0 & 0 & 1 \\ 0 & 0 & 0 & 0 & 0 & 1 \end{pmatrix}}$$

したがって，$S(G_{12}) \supset S(G_1)$, $S(G_{12}) \supset S(G_2)$ が成立するのは明らかである．

このとき，定理 2.18 によって

$$P_{12} = (P_{12} - P_{1\cup 2}) + (P_{1\cup 2} - P_0) + P_0 \tag{6.66}$$

という分解が成立し，それぞれの項は相互に相関のない直交射影行列となる．

上記の第一項，第二項をそれぞれ

$$P_{1\otimes 2} = P_{12} - P_{1\cup 2} \tag{6.67}$$

$$P_{1\oplus 2} = P_{1\cup 2} - P_0 \tag{6.68}$$

とおくと，(6.67)式は因子１と２の一次の交互作用項，(6.68)式は因子１と２

の主効果に対応するものであることがわかる.

6.2.3　三元配置モデル

m_1, m_2 の水準をもつ因子1, 2に加えて, m_3 個の水準数をもつ因子3をふまえた三元配置モデルを考察しよう. 因子3に対応するダミー変数行列を G_3, $V_3=S(G_3)$ への直交射影行列を P_3, $V_1+V_2+V_3$ への直交射影行列を $P_{1\cup 2\cup 3}$ とすると,

$$P_1P_2 = P_2P_1,\ \ P_1P_3 = P_3P_1,\ \ P_2P_3 = P_3P_2$$

が成立するとき, (2.41)式の分解が成立する. ここで,

$$S(G_1)\cap S(G_2) = S(G_1)\cap S(G_3) = S(G_2)\cap S(G_3) = S(\mathbf{1}_n)$$

と仮定すると, 次式が導かれる.

$$P_1P_2 = P_2P_3 = P_1P_3 = P_0 \qquad \left(\text{ただし, } P_0 = \frac{1}{n}\mathbf{1}_n\mathbf{1}_n{}'\right) \tag{6.69}$$

したがって, (2.41)式は次式に帰着される.

$$P_{1\cup 2\cup 3} = (P_1-P_0)+(P_2-P_0)+(P_3-P_0)+P_0 \tag{6.70}$$

したがって, 全変動 $\boldsymbol{y}'\boldsymbol{y}$ は $P_0\boldsymbol{y}=\mathbf{0}$ より次のように分解される.

$$\boldsymbol{y}'\boldsymbol{y} = \boldsymbol{y}'P_1\boldsymbol{y}+\boldsymbol{y}'P_2\boldsymbol{y}+\boldsymbol{y}'P_3\boldsymbol{y}+\boldsymbol{y}'(I_n-P_1-P_2-P_3)\boldsymbol{y} \tag{6.71}$$

なお, (6.69)式は

$$\left.\begin{aligned} n_{ij\cdot} &= \frac{1}{n}n_{i\cdot\cdot}n_{\cdot j\cdot} \qquad (i=1,\cdots,m_1),\ (j=1,\cdots,m_2) \\ n_{i\cdot k} &= \frac{1}{n}n_{i\cdot\cdot}n_{\cdot\cdot k} \qquad (i=1,\cdots,m_1),\ (k=1,\cdots,m_3) \\ n_{\cdot jk} &= \frac{1}{n}n_{\cdot j\cdot}n_{\cdot\cdot k} \qquad (j=1,\cdots,m_2),\ (k=1,\cdots,m_3) \end{aligned}\right\} \tag{6.72}$$

を意味する(ただし, n_{ijk} は $m_1m_2m_3$ 個の水準における繰り返し数 $n_{ij\cdot}=\sum_k n_{ijk}$, $n_{i\cdot k}=\sum_j n_{ijk}$, $n_{\cdot jk}=\sum_i n_{ijk}$, $n_{i\cdot\cdot}=\sum_j\sum_k n_{ijk}$, $n_{\cdot j\cdot}=\sum_i\sum_k n_{ijk}$, $n_{\cdot\cdot k}=\sum_i\sum_j n_{ijk}$).

ところで, (6.72)式が成立しない場合は,

$$\boldsymbol{y}'\boldsymbol{y} = \boldsymbol{y}'P_i\boldsymbol{y}+\boldsymbol{y}'P_{j[k]}\boldsymbol{y}+\boldsymbol{y}'P_{k[ij]}\boldsymbol{y}+\boldsymbol{y}'(I_n-P_{1\cup 2\cup 3})\boldsymbol{y} \tag{6.73}$$

の分解が成立する(ただし, i, j, k は1, 2, 3のいずれかで, すべて異なる数であるから (i, j, k) について全部で6通りの分解が成立する. なお, $P_{j[k]}, P_{k[ij]}$ は, それぞれ空間 $S(Q_kG_j)$, $S(Q_{i\cup j}G_k)$ への直交射影行列である).

次に, 149ページの注意にしたがってダミー変数行列 G_{12}, G_{13}, G_{23} を構成し,

それぞれの空間への直交射影行列を P_{12}, P_{13}, P_{23}, さらに

$$S(G_{12})\cap S(G_{23}) = S(G_2),\ \ S(G_{13})\cap S(G_{23}) = S(G_3)$$
$$S(G_{12})\cap S(G_{13}) = S(G_1)$$

が成立していると仮定すれば,

$$P_{12}P_{13} = P_1,\ \ P_{12}P_{23} = P_2,\ \ P_{13}P_{23} = P_3 \tag{6.74}$$

が成立する. したがって, $S(G_{12})+S(G_{13})+S(G_{23})$ への直交射影行列を $P_{[3]}=P_{12\cup 13\cup 23}$ とおくと, 定理 2.20 とその証明における (2.43) 式を用いることによって, (6.74) 式の条件のもとで

$$P_{[3]} = P_{1\otimes 2}+P_{2\otimes 3}+P_{1\otimes 3}+P_{\tilde{1}}+P_{\tilde{2}}+P_{\tilde{3}}+P_0 \tag{6.75}$$
$$(\text{ただし},\ P_{i\otimes j} = P_{ij}-P_i-P_j+P_0,\ \ P_{\tilde{j}} = P_j-P_0)$$

といった分解が成立する. したがって変数 y の全変動の分解として,

$$\boldsymbol{y}'\boldsymbol{y} = \boldsymbol{y}'P_{1\otimes 2}\boldsymbol{y}+\boldsymbol{y}'P_{2\otimes 3}\boldsymbol{y}+\boldsymbol{y}'P_{1\otimes 3}\boldsymbol{y}+\boldsymbol{y}'P_{\tilde{1}}\boldsymbol{y}+\boldsymbol{y}'P_{\tilde{2}}\boldsymbol{y}+\boldsymbol{y}'P_{\tilde{3}}\boldsymbol{y}+\boldsymbol{y}'(I_n-P_{[3]})\boldsymbol{y}$$

が導かれる. なお, (6.74) 式は,

$$n_{ijk} = \frac{1}{n_{i..}}n_{ij.}n_{i.k} = \frac{1}{n_{.j.}}n_{ij.}n_{.jk} = \frac{1}{n_{..k}}n_{i.k}n_{.jk} \tag{6.76}$$

に相当するが, 上式と (6.72) 式から

$$n_{ijk} = \frac{1}{n^2}n_{i..}n_{.j.}n_{..k} \tag{6.77}$$

が導かれるので, (6.75) 式の分解が成立する必要十分条件は (6.72) 式と (6.77) 式が同時に成立することである.

6.2.4 コクランの定理

n 次元の基準変数ベクトル $\boldsymbol{y}'=(y_1, y_2, \cdots, y_n)$ に含まれる各成分の平均がゼロ, 分散が **1**, すなわち, $E(\boldsymbol{y})=\boldsymbol{0}$, $V(\boldsymbol{y})=I_n$ をもつ多変量正規分布 $N(\boldsymbol{0}, I_n)$ にしたがう確率変数を仮定しよう. このとき,

$$\|\boldsymbol{y}\|^2 = y_1{}^2+y_2{}^2+\cdots+y_n{}^2$$

は自由度 n の χ^2 分布にしたがうことは明らかである.

補助定理 6.4 $\boldsymbol{y}\in N(\boldsymbol{0}, I)$(ただし, $\boldsymbol{y}'=(y_1, y_2, \cdots, y_n)$ が n 次元多変量正規分布にしたがう)のとき

$$Q = \sum_i\sum_j a_{ij}y_iy_j = \boldsymbol{y}'A\boldsymbol{y} \qquad (\text{ただし}\ A=A')$$

が自由度 $k=\mathrm{rank}\,A$ の χ^2 分布にしたがう必要十分条件は

$$A^2 = A \tag{6.78}$$

が成立することである.

証明　(必要性) $Q=\boldsymbol{y}'A\boldsymbol{y}$ の積率母関数は

$$\phi(t) = E(e^{tQ}) = \int\cdots\int \frac{1}{(2\pi)^{n/2}} \exp\left\{(\boldsymbol{y}'A\boldsymbol{y})t - \frac{1}{2}\boldsymbol{y}'\boldsymbol{y}\right\} dy_1\cdots dy_n$$

$$= |I_n - 2tA|^{-\frac{1}{2}} = \prod_{j=1}^{n}(1-2t\lambda_j)^{-\frac{1}{2}}$$

λ_j は A の固有値であるから，$A^2=A$, $\mathrm{rank}\,A=k$ より，$\lambda_1=\lambda_2=\cdots=\lambda_k=1$, $\lambda_{k+1}=\cdots=\lambda_n=0$. したがって，$\phi(t)=(1-2t)^{-\frac{1}{2}k}$ となって，$\phi(t)$ は自由度 k の χ^2 分布の積率母関数となる.

(十分性) $\phi(t)=(1-2t)^{-k/2}=\prod_{i=1}^{n}(1-2\lambda_i t)^{-1/2} \Rightarrow \lambda_i=1 (i=1, \cdots k)$, $\lambda_i=0 (i=k+1, \cdots, n)$ となって，$A^2=A$ となることが導かれる.　　(証明終り)

次に，確率ベクトル $\boldsymbol{y}$ の共分散行列が $\sigma^2 G$ で，$\boldsymbol{y}$ が多変量正規分布 $N(\boldsymbol{0}, \sigma^2 G)$ にしたがう場合を考察しよう. このとき，$\mathrm{rank}\,G=r$ とすると，$G=TT'$ となる (n, r) 型行列 T が存在するから，これによって $\boldsymbol{y}=T\boldsymbol{z}$ (ただし，$\boldsymbol{z} \in N(\boldsymbol{0}, \sigma^2 I_r)$) とおきかえることができる. したがって，

$$Q = \boldsymbol{y}'A\boldsymbol{y} = \boldsymbol{z}'(T'AT)\boldsymbol{z}$$

が χ^2 分布にしたがうための必要十分条件は補助定理 6.4 より $(T'AT)^2=T'AT$, 左から T, 右から T' をかけることによって

$$GAGAG = GAG \Rightarrow (GA)^3 = (GA)^2$$

となる. なお，このとき，

$$\mathrm{rank}(T'AT) = \mathrm{tr}(T'AT) = \mathrm{tr}(ATT') = \mathrm{tr}(AG)$$

が成立する. したがって，次の補助定理が導かれる.

補助定理 6.5　$\boldsymbol{y} \in N(\boldsymbol{0}, \sigma^2 G)$ のとき，$Q=\boldsymbol{y}'A\boldsymbol{y}$ が自由度 $k=\mathrm{tr}(AG)$ の χ^2 分布にしたがうための必要十分条件は，

$$GAGAG = GAG \tag{6.79}$$

または，

$$(GA)^3 = (GA)^2 \tag{6.80}$$

である.　　(証明略)

補助定理 6.6　$\boldsymbol{y}'A\boldsymbol{y}$ と $\boldsymbol{y}'B\boldsymbol{y}$ ($A'=A$, $B'=B$ を仮定) が独立となるための必

要十分条件は,

（i）　$\boldsymbol{y}\in N(\boldsymbol{0}, \sigma^2 I_n)$ のとき，$AB=O$ 　(6.81)

（ii）　$\boldsymbol{y}\in N(\boldsymbol{0}, \sigma^2 G)$ のとき，$GAGBG=O$ 　(6.82)

証明　(i)　$Q_1=\boldsymbol{y}'A\boldsymbol{y}$, $Q_2=\boldsymbol{y}'B\boldsymbol{y}$ の同時積率母関数は，$\phi(A,B)=|I_n-2At_1-2Bt_2|^{-1/2}$. 一方，$Q_1, Q_2$ の積率母関数はそれぞれ，$\phi(A)=|I_n-2At_1|^{-1/2}$, $\phi(B)=|I_n-2Bt_2|^{-1/2}$ となるからここで，$\phi(A,B)=\phi(A)\phi(B)\Leftrightarrow AB=O$ となる.

(ii)　$G=TT'$ と分解し，$\boldsymbol{y}=T\boldsymbol{z}$(ただし $\boldsymbol{z}\in N(\boldsymbol{0}, \sigma^2 I_r)$) とおくと，$\boldsymbol{y}'A\boldsymbol{y}=\boldsymbol{z}'T'AT\boldsymbol{z}$, $\boldsymbol{y}'B\boldsymbol{y}=\boldsymbol{z}'T'BT\boldsymbol{z}$ が独立となるための必要十分条件は，(i)より次式となる.

$$T'ATT'BT=O\Rightarrow GAGBG=O$$　(証明終り)

これらの補助定理と定理2.13を用いると，コクランの定理と呼ばれる次の定理が導かれる.

定理 6.7　$\boldsymbol{y}\in N(\boldsymbol{0}, \sigma^2 I_n)$ のとき,

$$P_1+P_2+\cdots+P_k=I_n$$

を満たす n 次の正方行列 $P_j (j=1,\cdots,k)$ によって構成される二次形式 $\boldsymbol{y}'P_1\boldsymbol{y},\cdots,\boldsymbol{y}'P_k\boldsymbol{y}$ が独立に自由度 $n_1=\mathrm{tr}(P_1),\cdots,n_k=\mathrm{tr}(P_k)$ の χ^2 分布にしたがう必要十分条件は,

$$\left.\begin{array}{ll}\text{(i)} & P_iP_j=O \quad (i\neq j)\\ \text{(ii)} & P_i^2=P_i\\ \text{(iii)} & \mathrm{rank}\,P_1+\mathrm{rank}\,P_2+\cdots+\mathrm{rank}\,P_k=n\end{array}\right\}\quad(6.83)$$

のいずれかが成立することである.　(証明略)

系　$\boldsymbol{y}\in N(\boldsymbol{0}, \sigma^2 G)$ のとき,

$$P_1+P_2+\cdots+P_k=I_n$$

を満たす P_j によって構成される二次形式 $\boldsymbol{y}'P_j\boldsymbol{y}$ が独立に自由度 $k_j=\mathrm{tr}(GP_jG)$ の χ^2 分布にしたがう必要十分条件は,

$$\left.\begin{array}{ll}\text{(i)} & GP_iGP_jG=O \quad (i\neq j)\\ \text{(ii)} & (GP_i)^3=(GP_i)^2\\ \text{(iii)} & \mathrm{rank}(GP_1G)+\cdots+\mathrm{rank}(GP_kG)=\mathrm{rank}(G^2)\end{array}\right\}\quad(6.84)$$

のうちいずれか一つと,

(iv)　$G^3=G^2$

が同時に成立することである．

証明

$$\boldsymbol{y}'\boldsymbol{y} = \boldsymbol{y}'P_1\boldsymbol{y}+\boldsymbol{y}'P_2\boldsymbol{y}+\cdots+\boldsymbol{y}'P_k\boldsymbol{y}$$

を $\boldsymbol{y}=T\boldsymbol{z}$ (ただし，$G=TT'$, $\boldsymbol{z}\in N(\boldsymbol{0}, \sigma^2 I_r)$) と変換し，

$$\boldsymbol{z}'T'T\boldsymbol{z} = \boldsymbol{z}'T'P_1T\boldsymbol{z}+\boldsymbol{z}'T'P_2T\boldsymbol{z}+\cdots+\boldsymbol{z}'T'P_kT\boldsymbol{z}$$

と分解されることを用いればよい．　　　　　　　　　　　　　　　(証明終り)

注意　$\boldsymbol{y}'=(y_1, y_2, \cdots, y_n)$ の母平均がゼロでない場合，すなわち，$\boldsymbol{y}\in N(\boldsymbol{\mu}, \sigma^2 I_n)$ のとき，定理6.7では $\boldsymbol{y}'P_j\boldsymbol{y}$ が非心度 $\boldsymbol{\mu}'P_j\boldsymbol{\mu}$, 自由度 $k_j=\mathrm{tr}(P_j)$ の非心 χ^2 分布にしたがい，定理6.7の系では $\boldsymbol{y}'P_j\boldsymbol{y}$ が非心度 $\boldsymbol{\mu}'P_j\boldsymbol{\mu}$, 自由度 $k_j=\mathrm{tr}(GP_jG)$ の非心 χ^2 分布にしたがうという点を変更すれば，他はそのままで成立する．

§6.3　多変量解析法

射影行列を用いることによって，多変量解析の各種の技法の相互関連，さらには，変数選択の方式などを，体系的に整理することができる．

6.3.1　正準相関分析法

ここで，二組の n 次元ベクトルの変数群 $X=(\boldsymbol{x}_1, \boldsymbol{x}_2, \cdots, \boldsymbol{x}_p)$, $Y=(\boldsymbol{y}_1, \boldsymbol{y}_2, \cdots, \boldsymbol{y}_q)$ が与えられている (X, Y に含まれるベクトルは必ずしも一次独立である必要はないが，各列ベクトルの成分は，平均がゼロになっているものと仮定しよう)．このとき，二組の合成変数

$$\boldsymbol{f} = a_1\boldsymbol{x}_1+a_2\boldsymbol{x}_2+\cdots+a_p\boldsymbol{x}_p = X\boldsymbol{a}$$

$$\boldsymbol{g} = b_1\boldsymbol{y}_1+b_2\boldsymbol{y}_2+\cdots+b_q\boldsymbol{y}_q = Y\boldsymbol{b}$$

の相関係数

$$r_{fg} = (\boldsymbol{f}, \boldsymbol{g})/(||\boldsymbol{f}||\,||\boldsymbol{g}||)$$
$$= (X\boldsymbol{a}, Y\boldsymbol{b})/(||X\boldsymbol{a}||\,||Y\boldsymbol{b}||)$$

を最大にすることを考えよう．そこで，

$$\boldsymbol{a}'X'X\boldsymbol{a} = \boldsymbol{b}'Y'Y\boldsymbol{b} = 1 \tag{6.85}$$

という条件で，$\boldsymbol{a}'X'Y\boldsymbol{b}$ を最大にするために，

$$f(\boldsymbol{a}, \boldsymbol{b}, \lambda_1, \lambda_2)$$
$$= \boldsymbol{a}'X'Y\boldsymbol{b}-\frac{\lambda_1}{2}(\boldsymbol{a}'X'X\boldsymbol{a}-1)-\frac{\lambda_2}{2}(\boldsymbol{b}'Y'Y\boldsymbol{b}-1)$$

を，$\boldsymbol{a}, \boldsymbol{b}$ の各成分で偏微分すると，次式が導かれる．

$$X'Y\boldsymbol{b} = \lambda_1 X'X\boldsymbol{a},\quad Y'X\boldsymbol{a} = \lambda_2 Y'Y\boldsymbol{b} \tag{6.86}$$

ここで，上式の左から $\boldsymbol{a}', \boldsymbol{b}'$ をかけると(6.85)式より，$\lambda_1=\lambda_2$．したがって，$\lambda_1=\lambda_2=\sqrt{\lambda}$ とおいてよい．

さらに，(6.86)の左から $X(X'X)^-$，$Y(Y'Y)^-$ をかけると，

$$P_X Y\boldsymbol{b} = \sqrt{\lambda}\, X\boldsymbol{a},\quad P_Y X\boldsymbol{a} = \sqrt{\lambda}\, Y\boldsymbol{b} \tag{6.87}$$

が導かれる．ただし，$P_X=X(X'X)^-X'$, $P_Y=Y(Y'Y)^-Y'$ は，空間 $S(X)$, $S(Y)$ への直交射影行列である．

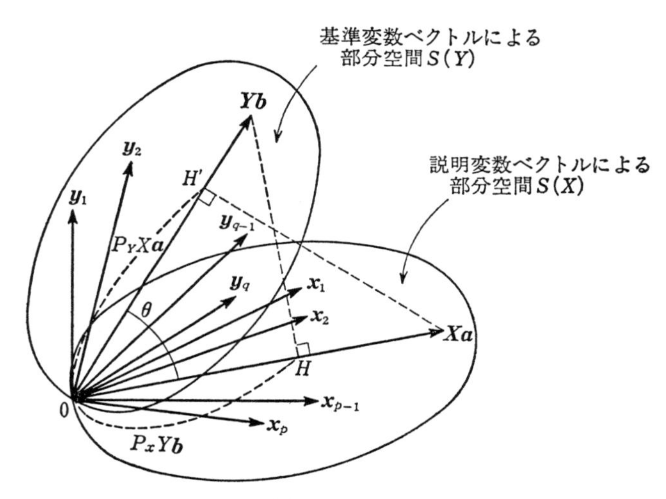

図 6.2　正準相関分析のベクトル的表現

したがって，求める合成変数ベクトル $X\boldsymbol{a}$, $Y\boldsymbol{b}$ は，図 6.2 のような関係を満たすものであればよい．

ここで(6.87)式の一方の式を他方の式に代入すると次式

$$(P_X P_Y)X\boldsymbol{a} = \lambda X\boldsymbol{a} \tag{6.88}$$

または，

$$(P_Y P_X)Y\boldsymbol{b} = \lambda Y\boldsymbol{b} \tag{6.89}$$

が導かれる．

定理 6.8　$P_X P_Y$ の固有値はすべて，1 を越えない．

証明　P_Y は直交射影行列であるから，その固有値は1または0である．ここで，一般に行列 A の j 番目の固有値を $\lambda_j(A)$ と表わすと，定理5.9により

$$1 \geqq \lambda_j(P_X) = \lambda_j(P_X P_X) \geqq \lambda_j(P_X P_Y P_X) = \lambda_j(P_X P_Y)$$

が成立するから，$P_X P_Y$ の固有値はすべて1より小さくなる．　（証明終り）

ここで，(6.88)式または(6.89)式を満たすすべての正の固有値を $\lambda_1, \lambda_2, \cdots, \lambda_r$ とすると，

$$\mathrm{tr}(P_X P_Y) = \mathrm{tr}(P_Y P_X) = \lambda_1 + \lambda_2 + \cdots + \lambda_r \leqq r$$

となる．さらに $\boldsymbol{a}'X'Y\boldsymbol{b} = \lambda_1 = \sqrt{\lambda}$ より合成変数 $\boldsymbol{f} = X\boldsymbol{a}$ と $\boldsymbol{g} = Y\boldsymbol{b}$ 間の最大の相関係数として定義される正準相関係数は(6.88)式または(6.89)式の最大固有値 λ の平方根 $\sqrt{\lambda}$，つまり，行列 $P_X P_Y$ の最大特異値にほかならないことがわかる（さらに，$\boldsymbol{a}'X'Y\boldsymbol{b} = \sqrt{\lambda}$ より，$\boldsymbol{f} = X\boldsymbol{a}$ と $\boldsymbol{g} = Y\boldsymbol{b}$ の最大の正準相関係数 $\sqrt{\lambda}$ に等しくなる）．また，$\boldsymbol{a}, \boldsymbol{b}$ が(6.88)式と(6.89)式をみたす固有ベクトルであるとき，$\boldsymbol{f} = X\boldsymbol{a}$, $\boldsymbol{g} = Y\boldsymbol{b}$ を正準変数(canonical variable)という．なお，Z_X, Z_Y が X, Y の標準得点を成分とする行列の場合，$S(X) = S(Z_X)$, $S(Y) = S(Z_Y)$ より，$\mathrm{tr}(P_X P_Y) = \mathrm{tr}(P_{Z_X} P_{Z_Y})$ が成立するから，X と Y の正準相関係数の平方和は，

$$R^2{}_{X \cdot Y} = \mathrm{tr}(P_X P_Y) = \mathrm{tr}(P_{Z_X} P_{Z_Y}) = \mathrm{tr}(R_{YX} R_{XX}{}^{-} R_{XY} R_{YY}{}^{-}) \qquad (6.90)$$

となる（ただし，R_{XX}, R_{XY}, R_{YY} は X, X と Y, Y の相関係数行列を示す）．

ここで，定理2.24を用いると次の定理が導かれる．

定理 6.9　$r = \mathrm{Min}(\mathrm{rank}\, X, \mathrm{rank}\, Y)$ とおくと，

$$D^2{}_{XY} = \mathrm{tr}(P_X P_Y) \leqq r \qquad (6.91)$$

上記の $D^2{}_{XY}$ は，二変数群 X と Y のそれぞれに含まれる変数相互の関係を示すもので，一般化決定係数(generalized coefficient of determination)と呼ばれる（柳井(1974)）．なお，$Y = (\boldsymbol{y})$ のとき，

$$D^2{}_{XY} = \mathrm{tr}(P_X P_Y) = \boldsymbol{y}' P_X \boldsymbol{y} / \boldsymbol{y}' \boldsymbol{y} = R^2{}_{X \cdot y}$$

は，X を説明変数とした基準変数 $\boldsymbol{y}$ に対する重相関係数の平方，すなわち多重決定係数に等しくなり，$X = (\boldsymbol{x})$, $Y = (\boldsymbol{y})$ のときは，

$$D^2{}_{xy} = \mathrm{tr}(P_x P_y) = (\boldsymbol{x}, \boldsymbol{y})^2 / \{||\boldsymbol{x}||^2 ||\boldsymbol{y}||^2\} = r^2{}_{xy} \qquad (6.92)$$

によって，相関係数の平方に等しくなることがわかる．

注意　上式の $\mathrm{tr}(P_x P_y)$ は，$\boldsymbol{x}, \boldsymbol{y}$ が平均点からの偏差得点ベクトル((2.18)式参照)の

場合，相関係数 r_{xy} の平方のもっとも一般化された表現を与える．何故ならば，x または y の分散の一方または両方の分散がゼロの場合，$\boldsymbol{x}=\boldsymbol{0}$，または $\boldsymbol{y}=\boldsymbol{0}$ となり，ゼロの一般逆数は任意でよいから，

$$r_{xy}{}^2 = \mathrm{tr}(P_x P_y) = \mathrm{tr}(\boldsymbol{x}(\boldsymbol{x}'\boldsymbol{x})^-\boldsymbol{x}'\boldsymbol{y}(\boldsymbol{y}'\boldsymbol{y})^-\boldsymbol{y}')$$
$$= k(\boldsymbol{x}'\boldsymbol{y})^2 = 0 \qquad (k \text{ は任意の定数})$$

となって，$r_{xy}=0$ となるからである．

ところで，(6.88)式を満たす正の固有値 λ が r 個存在するとき，r 個の正準変数ベクトルを

$$XA = (X\boldsymbol{a}_1, X\boldsymbol{a}_2, \cdots, X\boldsymbol{a}_r), \quad YB = (Y\boldsymbol{b}_1, Y\boldsymbol{b}_2, \cdots, Y\boldsymbol{b}_r)$$

とおくと，次の二つの定理が成立する (Yanai (1981))．

定理 6.10　(i)　$P_{XA} = (P_X P_Y)(P_X P_Y)_l^-$　(6.93a)

(ii)　$P_{YB} = (P_Y P_X)(P_Y P_X)_l^-$　(6.93b)

証明　(6.88)式から $S(XA) \supset S(P_X P_Y)$．一方，$\mathrm{rank}(P_X P_Y) = \mathrm{rank}(XA) = r$ より，$S(XA) = S(P_X P_Y)$．したがって，32ページの注意を用いると，(6.93a)式が成立する．(6.93b)式も同様にして証明される．（証明終り）

上記の定理より次の定理が導かれる．

定理 6.11　(i)　$P_{XA} P_Y = P_X P_Y$

(ii)　$P_X P_{YB} = P_X P_Y$

(iii)　$P_{XA} P_{YB} = P_X P_Y$　(6.94)

証明　(i)　$S(XA) \subset S(X)$ より $P_{XA} P_X = P_{XA}$．これより，$P_{XA} P_Y = P_{XA} P_X P_Y = (P_X P_Y)(P_X P_Y)_l^- P_X P_Y = P_X P_Y$．

(ii)　$A'AA_l^- = A'$ の関係式を用いると，$P_X P_{YB} = P_X P_Y P_{YB} = (P_Y P_X)'(P_Y P_X)(P_Y P_X)_l^- = (P_Y P_X)' = P_X P_Y$．

(iii)　$P_{XA} P_{YB} = P_{XA} P_Y P_{YB} = P_X P_Y P_{YB} = P_X P_{YB} = P_X P_Y$．（証明終り）

系 1　(i)　$(P_X - P_{XA}) P_Y = O$, $(P_Y - P_{YB}) P_X = O$

(ii)　$(P_X - P_{XA})(P_Y - P_{YB}) = O$

上記の系は幾何学的には

$$V_{X[XA]} = S(X) \cap S(XA)^\perp, \quad V_{Y[YB]} = S(Y) \cap S(YB)^\perp$$

とおくとき，$V_{X[XA]}$ と V_Y, V_X と $V_{Y[YB]}$, $V_{X[XA]}$ と $V_{Y[YB]}$ がそれぞれ直交していることを意味するものであるが，$S(XA)$ と $S(YB)$ は直交しておらず，そ

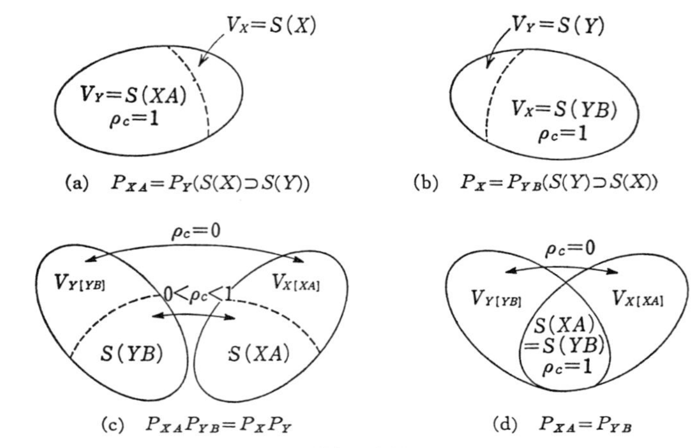

図 6.3 正準相関分析の空間表現

の関係の程度が正準相関係数(ρ_c)の大きさによって表現されることになるわけである(図6.3(c)参照).

系 2 (i) $P_{XA}=P_{YB}\Leftrightarrow P_XP_Y=P_YP_X$ (6.95)

(ii) $P_{XA}=P_Y\Leftrightarrow P_XP_Y=P_Y$ (6.96)

(iii) $P_X=P_{YB}\Leftrightarrow P_XP_Y=P_X$ (6.97)

証明は(6.93)式,(6.94)式を用いると容易にできる(読者自身で確かめよ).

上記の三つの場合,いずれも X と Y のすべての正準相関係数(ρ_c)は1.0となるが(6.95)式の場合には,0の値をもつ正準相関係数(ρ_c)が存在することがある.このことは(6.95),(6.96),(6.97)式に対応した図6.3の表現(d),(a),(b)より明らかである.

次に,正準相関係数の分解に関する定理を示そう.

定理 6.12 $X=(X_1, X_2)$, $Y=(Y_3, Y_4)$ がそれぞれ二つの変数群に分解されるとき,X と Y の正準相関係数の平方和 $R^2{}_{X\cdot Y}=\mathrm{tr}(P_XP_Y)$ は,

$$\mathrm{tr}(P_XP_Y)=R^2{}_{1\cdot3}+R^2{}_{2[1]\cdot3}+R^2{}_{1\cdot4[3]}+R^2{}_{2[1]\cdot4[3]} \tag{6.98}$$

と分解される.ただし,

$$R^2{}_{1\cdot3}=\mathrm{tr}(P_1P_3)=\mathrm{tr}(R_{11}{}^-R_{13}R_{33}{}^-R_{31})$$

$$\begin{aligned}R^2{}_{2[1]\cdot3}&=\mathrm{tr}(P_{2[1]}P_3)\\&=\mathrm{tr}[(R_{32}-R_{31}R_{11}{}^-R_{12})(R_{22}-R_{21}R_{11}{}^-R_{12})^-(R_{23}-R_{21}R_{11}{}^-R_{13})R_{33}{}^-]\end{aligned}$$

$$R^2{}_{1\cdot4[3]} = \mathrm{tr}(P_1P_{4[3]})$$
$$= \mathrm{tr}[(R_{14}-R_{13}R_{33}^-R_{34})(R_{44}-R_{43}R_{33}^-R_{34})^-(R_{41}-R_{43}R_{33}^-R_{31})R_{11}^-]$$
$$R^2{}_{2[1]\cdot4[3]} = \mathrm{tr}(P_{2[1]}P_{4[3]})$$
$$= \mathrm{tr}[(R_{22}-R_{21}R_{11}^-R_{12})^-S(R_{44}-R_{43}R_{33}^-R_{34})^-S']$$

ただし，$S=R_{24}-R_{21}R_{11}^-R_{14}-R_{23}R_{33}^-R_{34}+R_{21}R_{11}^-R_{13}R_{33}^-R_{34}$

証明　(4.33)式より，

$$\mathrm{tr}(P_XP_Y) = \mathrm{tr}((P_1+P_{2[1]})(P_3+P_{4[3]}))$$

と分解されることを用いればよい．さらに，(6.98)式の右辺の具体的表現形を導くには

$$P_{2[1]} = Q_{X1}X_2(X_2'Q_{X1}X_2)^-X_2'Q_{X1}$$
$$P_{4[3]} = Q_{Y3}Y_4(Y_4'Q_{Y3}Y_4)^-Y_4'Q_{Y3}$$

となることを用いればよい．　(証明終り)

系　$X=(\boldsymbol{x}_1, \boldsymbol{x}_2)$, $Y=(\boldsymbol{y}_1, \boldsymbol{y}_2)$ のとき，

$$\mathrm{tr}(P_XP_Y) = r^2{}_{1\cdot1}+r^2{}_{2[1]\cdot1}+r^2{}_{1\cdot2[1]}+r^2{}_{2[1]\cdot2[1]} \tag{6.99}$$

となる．ただし，

$$r_{2[1]\cdot1} = \frac{r_{x_2y_1}-r_{x_1x_2}r_{x_1y_1}}{\sqrt{1-r^2{}_{x_1x_2}}},\quad r_{1\cdot2[1]} = \frac{r_{x_1y_2}-r_{x_1y_1}r_{y_1y_2}}{\sqrt{1-r^2{}_{y_1y_2}}} \tag{6.100}$$

$$r_{2[1]\cdot2[1]} = \frac{(r_{x_2y_2}-r_{x_1x_2}r_{x_1y_2}-r_{x_2y_1}r_{y_1y_2}+r_{x_1x_2}r_{y_1y_2}r_{x_1y_1}}{\sqrt{(1-r^2{}_{x_1x_2})(1-r^2{}_{y_1y_2})}} \tag{6.101}$$

となる．　(証明略)

注意　(6.100)式は，部分相関 part correlation．(6.101)式は，偏双相関 bipartial correlation と呼ばれるものである．さらに，(6.98)式の $R^2{}_{2[1]\cdot3}$, $R^2{}_{1\cdot4[3]}$ は部分正準相関の係数の平方和，$R^2{}_{2[1]\cdot4[3]}$ は偏双正準相関係数の平方和に対応するものである．

ここで，(6.98)式の関係式を用いて，正準相関分析における前進的変数選択を行なうには，$X_{[j+1]}=(\boldsymbol{x}_{j+1}, X_{[j]})$, $Y_{[j+1]}=(\boldsymbol{y}_{j+1}, Y_{[j]})$ (ただし，$X_{[j]}=(\boldsymbol{x}_1, \boldsymbol{x}_2, \cdots, \boldsymbol{x}_j)$, $Y_{[j]}=(\boldsymbol{y}_1, \boldsymbol{y}_2, \cdots \boldsymbol{y}_j)$) の正準相関係数の平方和 $R^2{}_{[j+1]\cdot[j+1]}$ を，

$$R^2{}_{[j+1]\cdot[j+1]} = R^2{}_{[j]\cdot[j]}+R^2{}_{j+1[j]\cdot j}+R^2{}_{j\cdot j+1[j]}+R^2{}_{j+1[j]\cdot j+1[j]} \tag{6.102}$$

のように分解する．そして，$X_{[j]}, Y_{[j]}$ を固定した場合に，$R^2{}_{j+1[j]\cdot j}$, $R^2{}_{j\cdot j+1[j]}$ を最大にするように x_{j+1}, y_{j+1} を選択していけばよい．

表 6.1

	1	2	3	4	5	6	7	8	9	10
正準相関係数	0.831	0.671	0.545	0,470	0.249	0.119	0.090	0.052	0.030	0.002
累　積　和	0.831	1.501	2.046	2.516	2.765	2.884	2.974	3.025	3.056	3.058

表 6.2　8個の正準変数に対する重みベクトル

	1	2	3	4	5	6	7	8
x 1	−0.272	0.144	−0.068	−0.508	−0.196	−0.243	0.036	0.218
x 2	0.155	0.249	−0.007	−0.020	0.702	−0.416	0.335	0.453
x 3	0.105	0.681	0.464	0.218	−0.390	0.097	0.258	−0.309
x 4	0.460	−0.353	−0.638	0.086	−0.434	−0.048	0.652	0.021
x 5	0.169	−0.358	0.915	0.063	−0.091	−0.549	0.279	0.576
x 6	−0.139	0.385	−0.172	−0.365	−0.499	0.351	−0.043	0.851
x 7	0.483	−0.074	0.500	−0.598	0.259	0.016	0.149	−0.711
x 8	−0.419	−0.175	−0.356	0.282	0.526	0.872	0.362	−0.224
x 9	−0.368	0.225	0.259	0.138	0.280	−0.360	−0.147	−0.571
x10	0.254	0.102	0.006	0.353	0.498	0.146	−0.338	0.688
y 1	−0.071	0.174	−0.140	0.054	0.253	0.135	−0.045	0.612
y 2	0.348	0.262	−0.250	0.125	0.203	−1.225	−0.082	−0.215
y 3	0.177	0.364	0.231	0.201	−0.469	−0.111	−0.607	0.668
y 4	−0.036	0.052	−0.111	−0.152	−0.036	−0.057	0.186	0.228
y 5	0.156	0.377	−0.038	−0.428	0.073	−0.311	0.015	−0.491
y 6	0.024	−0.259	0.238	0.041	−0.052	0.085	0.037	0.403
y 7	−0.425	−0.564	0.383	−0.121	0.047	−0.213	−0.099	0.603
y 8	−0.095	−0.019	0.058	0.009	0.083	0.056	−0.022	−0.289
y 9	−0.358	−0.232	0.105	0.205	−0.007	0.513	1.426	−0.284
y10	0.249	0.050	0.074	−0.066	0.328	0.560	0.190	−0.426

表 6.3　正準相関分析における前進的変数選択

Step数	X	Y	A	B	C	累積和
1	x 5	y 7	/	/	/	0.312
2	x 3	y 6	0.190	0.059	0.220	0.781
3	x10	y 3	0.160	0.149	0.047	1.137
4	x 8	y 9	0.126	0.162	0.029	1.454
5	x 7	y 1	0.143	0.084	0.000	1.681
6	x 4	y10	0.139	0.153	0.038	2.012
7	x 2	y 5	0.089	0.296	0.027	2.423
8	x 1	y 4	0.148	0.152	0.064	2.786
9	x 6	y 8	0.134	0.038	0.000	2.957
10	x 9	y 2	0.080	0.200	0.000	3.057

例 6.1 $X=(x_1, x_2, \cdots, x_{10})$, $Y=(y_1, y_2, \cdots, y_{10})$ の10個ずつの変数を含む正準相関分析を行ない，得られた10個の正準相関係数を表6.1に，それぞれに対応する正準変数を表6.2に，そして表6.3に上記の前進選択方式によって得られた結果を順に示したものである．表6.3の A, B, C は，それぞれ(6.102)式における $R^2{}_{j+1[j]\cdot j}$, $R^2{}_{j\cdot j+1[j]}$, $R^2{}_{j+1[j]\cdot j+1[j]}$ に対応するものである(Yanai, 1980).

6.3.2 重判別分析

ところで，正準相関分析における二つの変数群 X, Y のうち，一方の変数群(たとえば Y)を，

$$G=\begin{pmatrix} \left.\begin{matrix}1\\1\\\vdots\\1\end{matrix}\right\} n_1\text{個の}1 & & 0 \\ \begin{matrix}0\\0\\\vdots\\\vdots\\\vdots\\0\end{matrix} \quad \left.\begin{matrix}1\\1\\\vdots\\1\end{matrix}\right\} n_2\text{個の}1 & & \\ & & \left.\begin{matrix}1\\\vdots\\1\end{matrix}\right\} n_m\text{個の}1 \end{pmatrix}$$

$$(\text{ただし，}n=n_1+n_2+\cdots+n_m) \qquad (6.103)$$

といった(n, m)型行列におきかえてみよう．上記の行列は，n 人の被験者が，$1, 2, \cdots, m$ 群のいずれに所属しているかを示す行列で，各行は1個の1と$(m-1)$個の0からなり，その和は，必ず1となる．ここで，上記の行列の各列の成分の平均をゼロにするために，(2.16)式で定義される n 次の直交射影行列 $Q_M=I_n-P_M$

$$(\text{ただし，}P_M=\frac{1}{n}\mathbf{1}_n\mathbf{1}_n',\ \mathbf{1}_n'=\overbrace{(1, 1, \cdots, 1)}^{n\text{個}}\text{ を用いて，}$$

$$\tilde{G}=Q_MG \qquad (6.104)$$

という行列を定義しよう．$P_{\tilde{G}}$ を $S(\tilde{G})$ への直交射影行列とすると，$S(G)\supset S(\mathbf{1}_n)$ という関係により，定理2.11を用いると，

$$P_{\tilde{G}}=P_G-P_M$$

となることが導かれる．ところで，変数群 X の粗得点データ行列(平均をゼロにしていない粗データを成分とする行列)を X_R とすると，(2.18)式より，

$$X=Q_MX_R$$

という関係が成立するから，X と $\tilde{G}$ の正準相関分析を行うと，(6.88)式より，

$$(P_X P_{\tilde{G}})X\boldsymbol{a} = \lambda X\boldsymbol{a} \tag{6.105}$$

という関係が導かれる．ところで，$P_G - P_M = P_G - P_G P_M = P_G Q_M$ より，$P_{\tilde{G}} X\boldsymbol{a} = P_G Q_M Q_M X_R \boldsymbol{a} = P_G X\boldsymbol{a}$ となるから，(6.105)式は

$$(P_X P_G)X\boldsymbol{a} = \lambda X\boldsymbol{a}$$

となる．さらに上式に左から X' をかけると，

$$(X'P_G X)\boldsymbol{a} = \lambda X'X\boldsymbol{a} \tag{6.106}$$

となる．ところで，$X'P_G X = (X_R)'Q_M P_G Q_M X_R = (X_R)'(P_G - P_M)X_R$ より，$X'P_G X$ をデータ数 n で除したものは，級間分散行列(これを C_A とおく)となり，さらに，分散共分散行列を $C_{XX} = \frac{1}{n}X'X$ とおくと，(6.106)式は次式となる．

$$C_A \boldsymbol{a} = \lambda C_{XX} \boldsymbol{a} \tag{6.107}$$

これは，重判別分析(multiple discriminant analysis)と呼ばれるもので，一般に，$\mathrm{rank}\, C_A (= m-1)$ 個の正の固有値をもつ．なお，(6.107)式の固有値 λ は，合成変数 $\boldsymbol{f} = X\boldsymbol{a}$ の全分散 $s_f{}^2 = \frac{1}{n}\|X\boldsymbol{a}\|^2 = \boldsymbol{a}'\left(\frac{1}{n}X'X\right)\boldsymbol{a} = \boldsymbol{a}'C_{XX}\boldsymbol{a}$ に対する級間分散 $s^2{}_{f_A} = \boldsymbol{a}'C_A\boldsymbol{a}$，すなわち $(s^2{}_{f_A})/s^2{}_f = \|P_G X\boldsymbol{a}\|^2/\|X\boldsymbol{a}\|^2$ の大きさを与えるもので，(2.54)式から明らかに1より小さくなる．

ところで，$C_{XX} = Q\Delta^2 Q'$ をスペクトル分解して，これを(6.107)式に代入し，両辺に左から $\Delta^{-1}Q^{-1}$ をかけると，$QQ' = Q'Q = I_p$ より，

$$(\Delta^{-1}Q'C_A Q\Delta^{-1})\Delta Q'\boldsymbol{a} = \lambda(\Delta Q'\boldsymbol{a})$$

となることから，λ は正方行列 $(\Delta^{-1}Q'C_A Q\Delta^{-1})$ の固有値，さらに $\sqrt{\lambda}$ は行列 $P_G X Q\Delta^{-1}$ の特異値となることがわかる．

なお，(6.107)式において，判別すべき群の数が2，すなわち $m=2$ のとき，C_A は階数1の行列となり，このときの固有値は，

$$\lambda = \frac{n_1 n_2}{n^2}(\bar{\boldsymbol{x}}_1 - \bar{\boldsymbol{x}}_2)'C_{XX}{}^{-}(\bar{\boldsymbol{x}}_1 - \bar{\boldsymbol{x}}_2) \tag{6.108}$$

となる($\bar{\boldsymbol{x}}_1, \bar{\boldsymbol{x}}_2$ は，群1,2の p 個の変数の平均ベクトル)．(竹内・柳井，1972, pp. 188 参照)．

なお，変数群 X, Y のうち二組とも n 次のベクトルからなるダミー変数行列(これを G_1, G_2 とする)で表わされるとき，各列の成分の平均を0にした行列

$$\tilde{G}_1 = Q_M G_1,\ \ \tilde{G}_2 = Q_M G_2$$

にもとづく正準相関係数の平方和は，$P_{\tilde{G}_1}=P_{G_1}-P_M=P_{G_1}Q_M$，$P_{\tilde{G}_2}=P_{G_2}-P_M=P_{G_2}Q_M$ より，次式となる．

$$s=\mathrm{tr}(P_{\tilde{G}_1}P_{\tilde{G}_2})=\mathrm{tr}(P_{G_1}Q_MP_{G_2}Q_M)=\mathrm{tr}(SS') \tag{6.109}$$

ただし，$S=(G_1'G_1)^{-1/2}G_1'Q_MG_2(G_2'G_2)^{-1/2}$

ここで，$S=(s_{ij})$, $G_1'G_2=(n_{ij})$, $n_{i.}=\sum_j n_{ij}$, $n_{.j}=\sum_i n_{ij}$ とおくと，

$$s_{ij}=\frac{n_{ij}-\dfrac{1}{n}n_{i.}n_{.j}}{\sqrt{n_{i.}}\sqrt{n_{.j}}}$$

となるから，

$$s=\sum_i\sum_j s_{ij}^2=\frac{1}{n}\left\{\sum_i\sum_j\frac{\left(n_{ij}-\dfrac{1}{n}n_{i.}n_{.j}\right)^2}{\dfrac{1}{n}n_{i.}n_{.j}}\right\}=\frac{1}{n}\chi^2 \tag{6.110}$$

と，(6.109)式の値は，多重分割表の検定に用いられる χ^2 統計量の $\frac{1}{n}$ に等しくなることがわかる．なお，(6.109)式より，行列 S の特異値を $\mu_1(S)$, $\mu_2(S)$, … とすると，次式となる．

$$\chi^2=n\sum_j\mu_j^2(S) \tag{6.111}$$

6.3.3　主成分分析

本節では，多変量解析の手法の一つである主成分分析と特異値分解の関連について記述し，さらに，射影行列を用いて主成分分析のいくつかの拡張を行なう．

ここで，$A=(\boldsymbol{a}_1,\boldsymbol{a}_2,\cdots,\boldsymbol{a}_p)$，(ただし $S(A)\subset E^n$)の線形結合ベクトル

$$\boldsymbol{f}=w_1\boldsymbol{a}_1+w_2\boldsymbol{a}_2+\cdots+w_p\boldsymbol{a}_p=A\boldsymbol{w} \tag{6.112}$$

によって張られる空間 $S(\boldsymbol{f})$ への直交射影行列を P_f，ベクトル $\boldsymbol{a}_j$ の $S(\boldsymbol{f})$ への正射影ベクトルを $P_f\boldsymbol{a}_j$ とすると，ノルムの平方和は次式で与えられる．

$$s=\sum_{j=1}^{p}\|P_f\boldsymbol{a}_j\|^2=\sum_{j=1}^{p}\boldsymbol{a}_j'P_f\boldsymbol{a}_j=\mathrm{tr}(A'P_fA)$$
$$=\mathrm{tr}[A'\boldsymbol{f}(\boldsymbol{f}'\boldsymbol{f})^{-1}\boldsymbol{f}'A]=\boldsymbol{f}'AA'\boldsymbol{f}/\boldsymbol{f}'\boldsymbol{f}=\|A'\boldsymbol{f}\|^2/\|\boldsymbol{f}\|^2$$

ここで，上式を最大にする $\boldsymbol{f}$ を求めると，補助定理5.1より

$$AA'\boldsymbol{f}=\lambda\boldsymbol{f} \tag{6.113}$$

となり，s の最大値は行列 AA' (または $A'A$)の最大固有値に一致する．一方，

$\boldsymbol{f}=A\boldsymbol{w}$ を上式に代入し，左から A' をかけると，

$$(A'A)^2\boldsymbol{w} = \lambda(A'A)\boldsymbol{w} \tag{6.114a}$$

となる．ここで，$A'A$ が正則行列と仮定してよい場合には，

$$(A'A)\boldsymbol{w} = \lambda\boldsymbol{w} \tag{6.114b}$$

となる．さらに，上式に $\boldsymbol{f}=A\boldsymbol{w}$ を代入すると

$$A'\boldsymbol{f} = \lambda\boldsymbol{w} \tag{6.115}$$

となる．ここで，行列 A の特異値を $\mu_1>\mu_2>\cdots>\mu_p>0$（等根はないものと仮定）$A'A$ の固有値を $\lambda_1>\lambda_2>\cdots>\lambda_p>0(\lambda_j=\mu_j{}^2)$ とし，λ_j に対応する対称行列 $A'A$ の正規化された固有ベクトルを $\boldsymbol{w}_1, \boldsymbol{w}_2, \cdots, \boldsymbol{w}_p$ とすると，p 個の線形一次結合ベクトル

$$\boldsymbol{f}_1 = A\boldsymbol{w}_1 = w_{11}\boldsymbol{a}_1+w_{12}\boldsymbol{a}_2+\cdots+w_{1p}\boldsymbol{a}_p$$

$$\boldsymbol{f}_2 = A\boldsymbol{w}_2 = w_{21}\boldsymbol{a}_1+w_{22}\boldsymbol{a}_2+\cdots+w_{2p}\boldsymbol{a}_p$$

$$\cdots\cdots$$

$$\boldsymbol{f}_p = A\boldsymbol{w}_p = w_{p1}\boldsymbol{a}_1+w_{p2}\boldsymbol{a}_2+\cdots+w_{pp}\boldsymbol{a}_p$$

は，第1主成分，第2主成分，……第 p 主成分と呼ばれる．

それぞれのベクトルのノルムは，

$$\|\boldsymbol{f}_j\| = \sqrt{\boldsymbol{w}_j{}'A'A\boldsymbol{w}_j} = \mu_j\,(j = 1, \cdots, p) \tag{6.116}$$

となって，行列 A の特異値に等しくなる．また，上式の平方和は，

$$\|\boldsymbol{f}_1\|^2+\|\boldsymbol{f}_2\|^2+\cdots+\|\boldsymbol{f}_p\|^2 = \lambda_1+\lambda_2+\cdots\lambda_p = \mathrm{tr}(A'A)$$

となる．ここで，$\tilde{\boldsymbol{f}}_j=\boldsymbol{f}_j/\|\boldsymbol{f}_j\|$ とおくと，$\tilde{\boldsymbol{f}}_j$ はノルム1のベクトルになるから，(5.18)式より，主成分分析の立場からみた行列 A の特異値分解は次式となる．

$$A = \mu_1\tilde{\boldsymbol{f}}_1\boldsymbol{w}_1{}'+\mu_2\tilde{\boldsymbol{f}}_2\boldsymbol{w}_2{}'+\cdots+\mu_p\tilde{\boldsymbol{f}}_p\boldsymbol{w}_p{}' \tag{6.117}$$

ここで，$\boldsymbol{f}_j=\mu_j\tilde{\boldsymbol{f}}_j(j=1, \cdots, p)$ となることに注意すると，上式は，

$$A = \boldsymbol{f}_1\boldsymbol{w}_1{}'+\boldsymbol{f}_2\boldsymbol{w}_2{}'+\cdots+\boldsymbol{f}_p\boldsymbol{w}'_p \tag{6.118}$$

となる．

ところで，$A'A$ が正則行列でない場合，

$$\boldsymbol{b} = A'\boldsymbol{f} = A'A\boldsymbol{w}$$

とおくと，(6.114a)式より

$$(A'A)\boldsymbol{b} = \lambda\boldsymbol{b}$$

となり，主成分ベクトル $\boldsymbol{f}_j$ をノルム1に正規化すると，$\|\boldsymbol{b}\|=\sqrt{\boldsymbol{f}'AA'\boldsymbol{f}}=\sqrt{\lambda}$

$=\mu$ より，A の特異値分解は，$\boldsymbol{b}_j=A'\boldsymbol{f}_j$ とおくと

$$A=\boldsymbol{f}_1\boldsymbol{b}_1'+\boldsymbol{f}_2\boldsymbol{b}_2'+\cdots+\boldsymbol{f}_r\boldsymbol{b}_r' \quad (\text{ただし，} r=\mathrm{rank}\,A) \tag{6.119}$$

によって与えられる．

注意　上記は主成分分析の一般的理論を述べたものであるが，実際の主成分分析においては，$A=(\boldsymbol{a}_1, \boldsymbol{a}_2, \cdots, \boldsymbol{a}_p)$ の各ベクトルは n 個の平均偏差得点を成分とするもので，p 個の変数間の共分散行列 $S=\dfrac{1}{n}A'A$ によって

$$S\boldsymbol{w}=\lambda\boldsymbol{w} \tag{6.120}$$

と表わされる．したがって，主成分得点 $\boldsymbol{f}_j$ の分散 $(s_{f_j}{}^2)$ が固有値 λ_j に，標準偏差 s_{f_j} が特異値 μ_j に等しくなる．また，得点が標準化されている場合には，$S=\dfrac{1}{n}A'A$ を相関係数行列 R におきかえればよい．

注意　(6.112)式，(6.115)式は，

$$\mu_j\tilde{\boldsymbol{f}}_j=A\boldsymbol{w}_j, \quad A'\tilde{\boldsymbol{f}}_j=\mu_j\boldsymbol{w}_j$$

と書き改められる．これは行列 A の特異値分解の基本式(5.18)，(5.22)式に対応するもので，第5章練習問題2で示したように $(\tilde{\boldsymbol{f}}, A\boldsymbol{w})$ を $\|\tilde{\boldsymbol{f}}\|^2=1$，$\|\tilde{\boldsymbol{w}}\|=1$ の条件で最大にすることにより導くことができる．

ここで，A を (n, m) 型行列で各々の成分 a_{ij} は，ある二つの変数 X, Y に対するカテゴリー区分で，j に対する頻度を示すものとする．このとき，それぞれのカテゴリー区分に重み x_i, y_j を与えて，X と Y の相関係数

$$r_{XY}=\frac{\sum_i\sum_j a_{ij}x_iy_j-n\bar{x}\bar{y}}{\sqrt{\sum_i a_{i\cdot}x_i{}^2-n(\bar{x})^2}\sqrt{\sum_j a_{\cdot j}y_j{}^2-n(\bar{y})^2}}$$

を最大にする $\boldsymbol{x}'=(x_1, x_2, \cdots, x_n)$，$\boldsymbol{y}'=(y_1, y_2, \cdots, y_m)$ を平均 $\bar{x}, \bar{y}=0$，分散 $\dfrac{1}{n}\sum_i a_{i\cdot}x_i{}^2=1$，$\dfrac{1}{n}\sum_j a_{\cdot j}y_j{}^2=1$ の条件で求める．ここで，n 次，m 次の対角行列

$$D_A=\begin{bmatrix} a_{1\cdot} & & & 0 \\ & a_{2\cdot} & & \\ & & \ddots & \\ 0 & & & a_{n\cdot} \end{bmatrix} \qquad D_B=\begin{bmatrix} a_{\cdot 1} & & & 0 \\ & a_{\cdot 2} & & \\ & & \ddots & \\ 0 & & & a_{\cdot m} \end{bmatrix}$$

$$(\text{ただし，} a_{i\cdot}=\sum_j a_{ij},\ a_{\cdot j}=\sum_i a_{ij})$$

とおくと，

$$\boldsymbol{x}'D_A\boldsymbol{x}=\boldsymbol{y}'D_B\boldsymbol{y}=1$$

の条件で，$\boldsymbol{x}'A\boldsymbol{y}$ を最大にする問題に帰着される．

この結果，

$$f(\boldsymbol{x}, \boldsymbol{y}) = \boldsymbol{x}'A\boldsymbol{y} - \frac{\lambda}{2}(\boldsymbol{x}'D_A\boldsymbol{x}-1) - \frac{\mu}{2}(\boldsymbol{y}'D_B\boldsymbol{y}-1)$$

を $\boldsymbol{x}, \boldsymbol{y}$ で偏微分することにより，

$$A\boldsymbol{y} = \mu D_A\boldsymbol{x},\quad A'\boldsymbol{x} = \mu D_B\boldsymbol{y} \cdots\cdots (1)$$

となる．ここで，

$$D_A{}^{-1/2} = \begin{bmatrix} 1/\sqrt{a_{1\cdot}} & & 0 \\ & 1/\sqrt{a_{2\cdot}} & \\ & & \ddots \\ 0 & & 1/\sqrt{a_{n\cdot}} \end{bmatrix},\qquad D_B{}^{-1/2} = \begin{bmatrix} 1/\sqrt{a_{\cdot 1}} & & 0 \\ & 1/\sqrt{a_{\cdot 2}} & \\ & & \ddots \\ 0 & & 1/\sqrt{a_{\cdot m}} \end{bmatrix}$$

とおいて，

$$\tilde{A} = D_A{}^{-1/2}AD_B{}^{-1/2}$$

とおくと，(1)式は $\boldsymbol{x}=D_A{}^{-1/2}\tilde{\boldsymbol{x}}$, $\boldsymbol{y}=D_B{}^{-1/2}\tilde{\boldsymbol{y}}$ とおくことにより

$$\tilde{A}\tilde{\boldsymbol{y}} = \mu\tilde{\boldsymbol{x}},\quad (\tilde{A})'\tilde{\boldsymbol{x}} = \mu\tilde{\boldsymbol{y}} \cdots\cdots (2)$$

となり，行列 $\tilde{A}$ の特異値分解は，

$$\tilde{A} = \mu_1\tilde{\boldsymbol{x}}_1\tilde{\boldsymbol{y}}_1{}' + \mu_2\tilde{\boldsymbol{x}}_2\tilde{\boldsymbol{y}}_2{}' + \cdots + \mu_r\tilde{\boldsymbol{x}}_r\tilde{\boldsymbol{y}}_r{}' \cdots\cdots (3)$$

（ただし，$r=\mathrm{Min}(n, m)$ で，$\mu_1=1$, $\boldsymbol{x}_1=\boldsymbol{1}_n$, $\boldsymbol{y}_1=\boldsymbol{1}_m$ となる）

以上述べた方法は，最適尺度化法，あるいは双対尺度法(Nishisato, 1980)と呼ばれる多変量解析の手法である．

ところで，r 個の1次独立なベクトル $F=(\boldsymbol{f}_1, \boldsymbol{f}_2, \cdots, \boldsymbol{f}_r)$（ただし，$r \leqq \mathrm{rank}\,A$）によって張られる部分空間 $S(F)$ への直交射影行列を P_F としたとき

$$s = \sum_{j=1}^{p} \|P_F\boldsymbol{a}_j\|^2 \tag{6.121}$$

を最大にする F を求めてみよう．上式は，

$$s = \mathrm{tr}(A'P_FA) = \mathrm{tr}\{(F'F)^{-1}F'AA'F\}$$

となるから，$F'F=I_r$ という束縛条件をつけると，上式を最大にするには，$L(L=L')$ をラグランジュの未定乗数行列とした次式

$$f(F, L) = \mathrm{tr}(F'AA'F) - \mathrm{tr}\{(F'F-I)L\}$$

を F の各成分で偏微分してゼロとおけばよい．この結果，

$$AA'F = FL \tag{6.122}$$

が導かれる．ここで，$L=L'$ より，rank (A'A)$=p$ とおくと L は $L=V\Delta_r{}^2V'$ とスペクトル分解され，

$$AA'F = FV\Delta_r{}^2V' \Rightarrow AA'(FV) = (FV)\Delta_r{}^2$$

となる．ところで，FV は r 次の直交行列となるから，$\tilde{F}=FV$ とおくと，$\tilde{F}$ は $A'A$ の最大 r 個の固有値に対応する固有ベクトルとなり，$(\tilde{F})'\tilde{F}=I_r$．したがって，$s$ の最大値は，

$$\begin{aligned}\mathrm{tr}(F'AA'F) &= \mathrm{tr}(F'AA'FVV') = \mathrm{tr}(V'F'AA'FV) \quad (6.123)\\ &= t_r(V'F'FV\varDelta_r{}^2) = \mathrm{tr}(V'V\varDelta_r{}^2) = \mathrm{tr}(\varDelta_r{}^2)\\ &= \lambda_1+\lambda_2+\cdots+\lambda_r\end{aligned}$$

となる．したがって，この場合に導かれる r 個の主成分ベクトル F は $F=\tilde{F}V'$ となるから，対称行列 $A'A$ の最大 r 個の固有値に対応する固有ベクトル $\boldsymbol{f}_1, \boldsymbol{f}_2, \cdots, \boldsymbol{f}_r$ そのものではなく，これらの1次結合ベクトルになっていることがわかる．つまり，$S(F)$ は，r 個の主成分ベクトルで張られる部分空間といえよう．

なお，実際の計算には(6.122)式に左から A' と右から V をかけて得られる

$$A'A(A'\tilde{F}) = A'\tilde{F}\varDelta_r{}^2 \quad (6.124)$$

を解く方が賢明であろう．

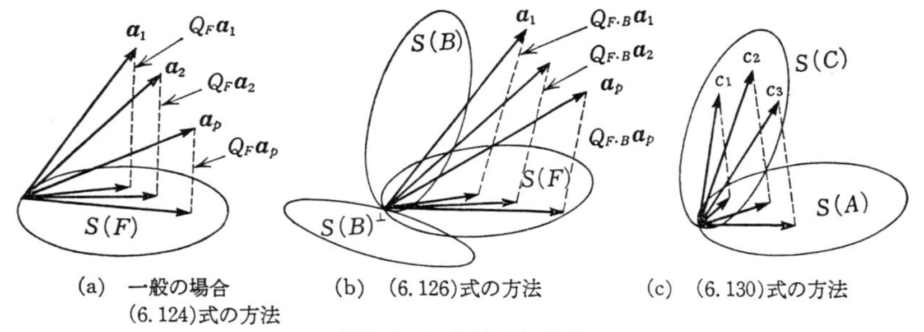

(a)　一般の場合
(6.124)式の方法

(b)　(6.126)式の方法

(c)　(6.130)式の方法

図6.4　主成分分析の方法

ところで，(6.121)式の s は図6.4(a)のように，ベクトル $\boldsymbol{a}_j$ の $S(F)$ 上への正射影ベクトルのノルムの平方和に等しくなるが，ベクトル $\boldsymbol{a}_j$ の端点から $S(F)$ の正射影ベクトル $P_F\boldsymbol{a}_j$ への垂線の長さの平方和

$$\tilde{s} = \sum_{j=1}^{p}\|Q_F\boldsymbol{a}_j\|^2 \qquad \text{ただし，} Q_F = I_n-P_F$$

は，$F'F=I_r$ の束縛条件により，

$$\begin{aligned}\tilde{s} &= \mathrm{tr}(A'Q_FA) = \mathrm{tr}(A-P_FA)'(A-P_FA)\\ &= \mathrm{tr}(A-FF'A)'(A-FF'A) = \mathrm{tr}(A'A)-s\end{aligned}$$

（s は(6.123)式で与えられる）

となる．したがって，(6.121)式の s を最大にすることは，上記の $\tilde{s}$ を最小にすることに同値となり，$\tilde{s}$ の最小値は $\lambda_{r+1}+\lambda_{r+2}+\cdots+\lambda_p$ となる．

次に，これまでに述べた主成分分析を二つの方法で拡張しよう．

まず第一に，図6.4(b)のように $S(A)$ と必ずしも直交しない素な空間 $S(B)$ が与えられている場合，$\boldsymbol{a}_j$ の $S(F)(S(F)\subset S(A))$ への射影ベクトルを，$S(B)$ に沿った $S(F)$ への射影行列((4.9)式参照)

$$P_{F\cdot B} = F(F'Q_BF)^-F'Q_B$$

を用いて表現すると $P_{F\cdot B}\boldsymbol{a}_j$ となる．したがって，ベクトル $\boldsymbol{a}_j$ と $P_{F\cdot B}\boldsymbol{a}_j$ の端点を結ぶベクトルは $\boldsymbol{a}_j-P_{F\cdot B}\boldsymbol{a}_j=Q_{F\cdot B}\boldsymbol{a}_j$ となり，

$$\sum_{j=1}^{p}||Q_{F\cdot B}\boldsymbol{a}_j||^2{}_{Q_B} = \mathrm{tr}(A'Q_BQ_{F\cdot B}'Q_{F\cdot B}Q_BA)$$
$$= \mathrm{tr}(A'Q_BA)-\mathrm{tr}(A'P_{F[B]}A) \tag{6.125}$$

となるから，次の式を最大にする F を求めればよい．

$$\tilde{s}_2 = \mathrm{tr}(A'P_{F[B]}A) = \mathrm{tr}\{A'Q_BF(F'Q_BF)^-F'Q_BA\}$$

ここで，$F'Q_BF=I_r$ とおいて，$S_3=\mathrm{tr}(A'Q_BFF'Q_BA)=\mathrm{tr}(F'Q_BAA'Q_BF)$ を最大にする F を求めるには，

$$(Q_BAA'Q_B)\tilde{F}=\tilde{F}\Delta_r^2 \qquad \text{ただし，}\tilde{F}=FV\ (V\text{ は }r\text{ 次の直交行列})$$

または，上式の左から $A'Q_B$ をかけて得られる

$$(A'Q_BA)(A'Q_B\tilde{F}) = (A'Q_B\tilde{F})\Delta_r^2 \tag{6.126}$$

を解けばよい．この場合に得られる主成分 $\tilde{F}$ は，行列 A から B に関連する部分を取り除いたところの主成分ということができる．

ここで，(6.126)式において $W=A'Q_B\tilde{F}$ とおき $W, \tilde{F}$ のノルム1に基準化された列ベクトルをそれぞれ $\boldsymbol{w}_1, \boldsymbol{w}_2, \cdots, \boldsymbol{w}_r, \tilde{\boldsymbol{f}}_1, \cdots \tilde{\boldsymbol{f}}_r$，そして，$\Delta_r^2$ の対角成分を $\mu^2, \mu_2^2, \cdots, \mu_r^2$ とすれば，$\mu_r>0$ として，

$$Q_BA = \mu_1\tilde{\boldsymbol{f}}_1\boldsymbol{w}_1'+\mu_2\tilde{\boldsymbol{f}}_2\boldsymbol{w}_2'+\cdots+\mu_r\tilde{\boldsymbol{f}}_r\boldsymbol{w}_r \tag{6.127}$$

は，Q_BA の特異値分解を与える．

もう一つの方法は，図6.4(c)にみられるように，$S(A)$ に必ずしも含まれていない空間 $S(C)$ 上のベクトル $C=(\boldsymbol{c}_1, \boldsymbol{c}_2, \cdots, \boldsymbol{c}_s)$ を，主成分ベクトルを構成するベクトルによって張られる空間 $S(F)$ (ただし $S(F)\subset S(A)$) に対して正射影することである．したがって，次式

$$s_2 = \sum_{j=1}^{s} \|Q_F C_j\|^2 = \mathrm{tr}(C'Q_F C) = \mathrm{tr}(C'C) - \mathrm{tr}(C'P_F C) \qquad (6.128)$$

を最小にするためには，結局のところ

$$\tilde{s}_2 = \mathrm{tr}(C'P_F C) = \mathrm{tr}(C'F(F'F)^{-1}F'C) \qquad (6.129)$$

を最大にする F を求めればよい．したがって，$F=AW$（W は (p,r) 型の重み行列）とおくと，(6.129)式は，

$$\tilde{s}_2 = \mathrm{tr}\{C'AW(W'A'AW)^{-1}W'A'C\}$$
$$= \mathrm{tr}\{W'A'CC'AW(W'A'AW)^{-1}\}$$

となるから，上式を $W'A'AW=I_r$ の条件で最大にすればよい．この結果，

$$(A'CC'A)WT = A'AWT\Delta_r^2$$

となる．ここで，上式に左から $C'A(A'A)^-$ をかけると，

$$(C'P_A C)(C'AWT) = (C'AWT)\Delta_r^2 \qquad (6.130)$$

となり，対称行列 $C'P_A C$ の固有値問題に帰着され，$C'P_A C$ の固有ベクトル $C'AWT$ は C' と主成分 $F=AWT$ の積になる．なお，(6.126)式，(6.129)式による主成分分析は変形主成分分析と呼ばれることがある．（奥野他，1971）

6.3.4　距離と射影行列

本節では，n 次元ユークリッド空間における距離について，さまざまな角度から射影行列を用いて表現してみよう．

補助定理 6.7　$\boldsymbol{e}_j$ を j 番目が 1 で，他がすべて 0 の n 次元ベクトルとするとき，

$$\frac{1}{2n}\sum_{i=1}^{n}\sum_{j=1}^{n}(\boldsymbol{e}_i-\boldsymbol{e}_j)(\boldsymbol{e}_i-\boldsymbol{e}_j)' = Q_M \qquad (6.131)$$

証明　$\displaystyle\sum_{i=1}^{n}\sum_{j=1}^{n}(\boldsymbol{e}_i-\boldsymbol{e}_j)(\boldsymbol{e}_i-\boldsymbol{e}_j)'$

$$= n\sum_{i=1}^{x}\boldsymbol{e}_i\boldsymbol{e}_i' + n\sum_{j=1}^{n}\boldsymbol{e}_j\boldsymbol{e}_j' - 2\sum_{i=1}^{n}\boldsymbol{e}_i\sum_{j=1}^{n}\boldsymbol{e}_j$$
$$= 2nI_n - 2\mathbf{1}_n\mathbf{1}_n' = 2n\left(I_n - \frac{1}{n}\mathbf{1}_n\mathbf{1}_n'\right) = 2nQ_M$$

（証明終り）

例 6.2　$\displaystyle\frac{1}{n}\sum_{i<j}(x_i-x_j)^2 = \sum_{i=1}^{n}(x_i-\bar{x})^2$ は上記の結果を用いると次のようにして証明することができる．

すなわち，$\boldsymbol{x}_R'=(x_1, x_2\cdots x_n)$ とおくと，$x_j=(\boldsymbol{x}_R, \boldsymbol{e}_j)$ より，

$$\sum_{i<j}(x_i-x_j)^2 = \frac{1}{2}\sum_{i}\sum_{j}\boldsymbol{x}_R'(\boldsymbol{e}_i-\boldsymbol{e}_j)(\boldsymbol{e}_i-\boldsymbol{e}_j)'\boldsymbol{x}_R$$

$$= \frac{1}{2}\boldsymbol{x}_R'(\sum_i \sum_j (\boldsymbol{e}_i - \boldsymbol{e}_j)(\boldsymbol{e}_i - \boldsymbol{e}_j)')\boldsymbol{x}_R = n\boldsymbol{x}_R' Q_M \boldsymbol{x}_R$$

$$= n\boldsymbol{x}'\boldsymbol{x} = n||\boldsymbol{x}||^2 = n\sum_{i=1}^{n}(x_i - \bar{x})^2$$

次に，p 個の変数 $x_1, x_2, \cdots, x_p$ についての粗得点が (n, p) 型行列

$$X_R = \begin{bmatrix} x_{11} & x_{12} & \cdots & x_{1p} \\ x_{21} & x_{22} & \cdots & x_{2p} \\ \vdots & \vdots & & \vdots \\ x_{n1} & x_{n2} & \cdots & x_{np} \end{bmatrix}$$

によって与えられている場合を考察しよう．ここで，j 番目の個体についての p 個の変数の得点を成分とする p 次元ベクトルを

$$(\tilde{\boldsymbol{x}}_j)' = (x_{j1}, x_{j2}, \cdots, x_{jp})$$

とおくと，上式はベクトル $\boldsymbol{e}_j$ によって次のように表わされる．

$$\tilde{\boldsymbol{x}}_j = (X_R)'\boldsymbol{e}_j \tag{6.132}$$

したがって，個体 i と j についてのユークリッド距離は次式となる．

$$d^2{}_{X_R}(\boldsymbol{e}_i, \boldsymbol{e}_j) = \sum_{k=1}^{p}(x_{ik} - x_{jk})^2$$

$$= ||\tilde{\boldsymbol{x}}_i - \tilde{\boldsymbol{x}}_j||^2 = (\boldsymbol{e}_i - \boldsymbol{e}_j)' X_R X_R' (\boldsymbol{e}_i - \boldsymbol{e}_j) \tag{6.133}$$

なお，$X = Q_M{}^{\perp} X_R$ と粗得点データ行列 X_R を平均値からの偏差得点行列に変換すると，

$$(\boldsymbol{e}_i - \boldsymbol{e}_j)'X = (\boldsymbol{e}_i - \boldsymbol{e}_j)'Q_M X_R = (\boldsymbol{e}_i - \boldsymbol{e}_j)'X_R$$

が成立するから，

$$d_{XR}{}^2(\boldsymbol{e}_i, \boldsymbol{e}_j) = d_X{}^2(\boldsymbol{e}_i, \boldsymbol{e}_j) = (\boldsymbol{e}_i - \boldsymbol{e}_j)'XX'(\boldsymbol{e}_i - \boldsymbol{e}_j) \tag{6.134}$$

が成立する．この結果から，次の定理が導かれる．

定理 6.13 $\sum_{i<j} d_X{}^2(\boldsymbol{e}_i, \boldsymbol{e}_j) = n\,\mathrm{tr}(X'X)$ (6.135)

証明 $\frac{1}{2}\sum_{i,j} d_X{}^2(\boldsymbol{e}_i, \boldsymbol{e}_j) = \frac{1}{2}\mathrm{tr}\{(XX')\sum_i \sum_j (\boldsymbol{e}_i - \boldsymbol{e}_j)(\boldsymbol{e}_i - \boldsymbol{e}_j)'\}$

$$= n\mathrm{tr}(XX'Q_M) = n\mathrm{tr}(Q_M XX') = n\mathrm{tr}(XX')$$

となることを用いればよい． (証明終り)

系 $\boldsymbol{f} = \boldsymbol{x}_1 a_1 + \boldsymbol{x}_2 a_2 + \cdots + \boldsymbol{x}_p a_p = X\boldsymbol{a}$ とおくと

$$\sum_{i<j} d_f{}^2(\boldsymbol{e}_i, \boldsymbol{e}_j) = n\mathrm{tr}(\boldsymbol{f}\boldsymbol{f}') = n(\boldsymbol{a}'X'X\boldsymbol{a}) \tag{6.136}$$

ところで，(6.134) 式を d_{ij}^2 とおいて，$D^{(2)}=(d_{ij}^2)$ とおくと，$\boldsymbol{e}_i'XX'\boldsymbol{e}_i$ が行列 XX' の i 番目の対角成分，$\boldsymbol{e}_i'XX'\boldsymbol{e}_j$ が XX' の (i,j) 成分となることから，

$$D^{(2)} = D_{iag}(XX')\mathbf{1}_n\mathbf{1}_n' - 2XX' + \mathbf{1}_n\mathbf{1}_n'D_{iag}(XX') \tag{6.137}$$

となる(ただし，$D_{iag}(A)$ は A の対角要素を成分とする対角行列).

したがって，上式の左と右から $Q_M=I_n-\dfrac{1}{n}\mathbf{1}_n\mathbf{1}_n'$ をかけると，$Q_M\mathbf{1}_n=\mathbf{0}$ より，

$$S = -\frac{1}{2}Q_M D^{(2)} Q_M = XX' \geq O \tag{6.138}$$

となって，S は非負定値行列となる.

注意 $D^{(2)}=(d_{ij}^2)$ とすると，$S=(s_{ij})$ の各成分は次式となる.

$$s_{ij} = -\frac{1}{2}(d_{ij}^2 - \bar{d}_{i.}^2 - \bar{d}_{.j}^2 + \bar{d}_{..}^2)$$

$\left(\text{ただし，} \bar{d}_{i.}^2=\dfrac{1}{n}\sum_j d_{ij}^2,\ \ \bar{d}_{.j}^2=\dfrac{1}{n}\sum_i d_{ij}^2,\ \ \bar{d}_{..}^2=\dfrac{1}{n^2}\sum_{ij} d_{ij}^2\right)$

$D^{(2)}$ を(6.138)式の S にかえる変換は，Young-Housholder 変換とよばれるもので，S が非負定値行列となれば，n 個の点は S の正の固有値の数，つまり rank(S) に等しい次元をもつ空間に収まることになる．このような方法を計量的多次元尺度法 Metric Multi-Dimensional Scaling (M. D. S) (Torgerson, 1958) という.

次に，n 人の被験者が m 個のグループに分かれている場合を考察しよう(それぞれのグループに n_j 人含まれる．$\sum n_j=n$)．ここで，(6.103)式で与えられるダミー行列を

$$G = (\boldsymbol{g}_1, \boldsymbol{g}_2, \cdots, \boldsymbol{g}_m) \tag{6.139}$$

と表わそう．$\boldsymbol{g}_j$ は 0 と 1 からなる n 次元ベクトルで，

$$\|\boldsymbol{g}_j\|^2 = n_j \qquad (\boldsymbol{g}_i, \boldsymbol{g}_j) = 0 (i \neq j)$$

が成り立つものとする．このとき，

$$\boldsymbol{h}_j = \boldsymbol{g}_j(\boldsymbol{g}_j'\boldsymbol{g}_j)^{-1}$$

とおくと，j 群における p 個の変数の平均値を成分とするベクトル

$$(\boldsymbol{m}_j)' = (\bar{x}_{j1}, \bar{x}_{j2}, \cdots, \bar{x}_{jp})$$

は，

$$\boldsymbol{m}_j = X_R'\boldsymbol{g}_j(\boldsymbol{g}_j'\boldsymbol{g}_j)^{-1} = X'_R\boldsymbol{h}_j \tag{6.140}$$

と表現される．したがって，群 i と群 j の p 個の変数の平均値の間のユークリッド距離の平方和は

$$d^2{}_X(\boldsymbol{g}_i, \boldsymbol{g}_j) = (\boldsymbol{h}_i - \boldsymbol{h}_j)'XX'(\boldsymbol{h}_i - \boldsymbol{h}_j) \tag{6.141}$$

となる．したがって，次の補助定理が導かれる．

補助定理 6.8　$$\frac{1}{2n}\sum_{ij} n_i n_j (\boldsymbol{h}_i - \boldsymbol{h}_j)(\boldsymbol{h}_i - \boldsymbol{h}_j)' = P_G - P_M \tag{6.142}$$

ただし，P_G は $S(G)$ への直交射影行列である．

証明　ベクトル $\boldsymbol{h}_j$ の定義と $n_j = \boldsymbol{g}_j{}'\boldsymbol{g}_j$，さらに $P_G = P_{g1} + \cdots + P_{g_m}$ となることを用いればよい．（証明終り）

定理 6.14　$$\frac{1}{n}\sum_{i<j} n_i n_j d^2{}_X(g_i, g_j) = \mathrm{tr}(X'P_G X) \tag{6.143}$$

（証明略）

注意　(6.135)式を n で除したものは，分散共分散行列 C の trace であるから，p 個の変数の分散の総和，(6.143)式を n で除したものは，級間共分散行列 C_A の trace であるから，p 個の変数の級間分散の総和となる．

ところで，p 個の変数 $x_1, x_2, \cdots, x_p$ の分散がすべて1に基準化されていたとしても，変数間の相関の程度がユークリッド距離の大きさに著しく影響を与える．そこで，この点を補正する方法として，$S(X)$ 上への直交射影行列を P_X としたとき，次式で定義される個体 i と j の汎距離(generalized distance)が有用である．

$${}_M d_X{}^2(\boldsymbol{e}_i, \boldsymbol{e}_j) = (\boldsymbol{e}_i - \boldsymbol{e}_j)'P_X(\boldsymbol{e}_i - \boldsymbol{e}_j) \tag{6.144}$$

（竹内・柳井，1972, pp. 278)（このとき，$X = (\boldsymbol{x}_1, \boldsymbol{x}_2, \cdots, \boldsymbol{x}_p)$ の p 個のベクトルは必ずしも1次独立である必要はない）．このとき，定理6.13により

$$\left(\frac{1}{n}\right)\sum_{i<j} d_X{}^2(\boldsymbol{e}_i, \boldsymbol{e}_j) = \mathrm{tr}(P_X) \tag{6.145}$$

さらに，群 i と群 j についての平均ベクトルに関する汎距離

$$\begin{aligned} {}_M d^2(\boldsymbol{g}_i, \boldsymbol{g}_j) &= (\boldsymbol{h}_i - \boldsymbol{h}_j)'P_X(\boldsymbol{h}_i - \boldsymbol{h}_j) \\ &= \frac{1}{n}(\boldsymbol{m}_i - \boldsymbol{m}_j)'C_{XX}{}^{-}(\boldsymbol{m}_i - \boldsymbol{m}_j) \end{aligned}$$

について，(6,142)式の関係を用いると

$$\sum_{i<j} d^2(\boldsymbol{g}_i, \boldsymbol{g}_j) = \mathrm{tr}(P_X P_G) = \mathrm{tr}(C_{XX}{}^{-} C_A)$$

が成立する.

次に，重判別分析の行列方程式(6.106)式において，正の固有値に対応する固有ベクトルを含む行列を $A=(\boldsymbol{a}_1, \boldsymbol{a}_2, \cdots, \boldsymbol{a}_{m-1})$ とおく(ただし，$\boldsymbol{a}_j'X'X\boldsymbol{a}_j=1$, $\boldsymbol{a}_j'X'X\boldsymbol{a}_i=0(j \neq i)$, すなわち $A'X'XA=I_{m-1}$ を仮定). このとき，次の関係が成立する.

補助定理 6.9 $P_{XA}P_G = P_X P_G$ (6.146)

証明 131ページの記述より，重判別分析は $\tilde{G}=P_M{}^{\perp}G$ と，X の正準相関分析に一致するので，定理 6.11 より，$P_{XA}P_{\tilde{G}}=P_X P_{\tilde{G}}$. ところで，$P_{\tilde{G}}=P_M{}^{\perp}P_G$ と，$X'P_M{}^{\perp}=(P_M{}^{\perp}X)'=X'$ より，$P_{XA}P_G=P_X P_G$ となる. (証明終り)

上記の結果より，次の定理が導かれる(Yanai, 1981).

定理 6.15 $(X'X)AA'(\boldsymbol{m}_i-\boldsymbol{m}_j) = \boldsymbol{m}_i-\boldsymbol{m}_j$ (6.147)

ただし，$\boldsymbol{m}_j$ は(6.140)式で与えられる平均値ベクトルである.

証明 $P_{XA}P_G=P_X P_G$ の右から $(\boldsymbol{h}_i-\boldsymbol{h}_j)$ をかけると，$P_{XA}P_G(\boldsymbol{h}_i-\boldsymbol{h}_j)=P_X P_G(\boldsymbol{h}_i-\boldsymbol{h}_j)$. ここで，$S(G) \supset S(\boldsymbol{g}_i)$ より，$P_G\boldsymbol{g}_j=\boldsymbol{g}_j \Rightarrow P_G\boldsymbol{h}_j=\boldsymbol{h}_j$. したがって，

$$P_{XA}(\boldsymbol{h}_i-\boldsymbol{h}_j) = P_X(\boldsymbol{h}_i-\boldsymbol{h}_j)$$

が導かれる. さらに，$A'X'XA = I_r$ となることを考慮して，上式の左から X' をかけると，(6.140)式を考慮すると，(6.147)式が導かれる. (証明終り)

系 $(\boldsymbol{m}_i-\boldsymbol{m}_j)'AA'(\boldsymbol{m}_i-\boldsymbol{m}_j) = (\boldsymbol{m}_i-\boldsymbol{m}_j)'(X'X)^{-}(\boldsymbol{m}_i-\boldsymbol{m}_j)$ (6.148)

証明 (6.147)式の左から $(\boldsymbol{h}_i-\boldsymbol{h}_j)'X(X'X)^{-}=(\boldsymbol{m}_i-\boldsymbol{m}_j)'(XX')^{-}$ をかければよい. (証明終り)

(6.148)式の左辺は $d^2{}_{XA}(\boldsymbol{g}_i, \boldsymbol{g}_j)$, 右辺は $d_X{}^2(\boldsymbol{g}_i, \boldsymbol{g}_j)$ に等しいことから，一般に，

$$d_{XA}{}^2(\boldsymbol{g}_i, \boldsymbol{g}_j) = {}_M d_X{}^2(\boldsymbol{g}_i, \boldsymbol{g}_j)$$

が成立する. つまり，重判別分析によって得られた正準変数 XA の平均値ベクトルにもとづく群間のユークリッド距離は，平均偏差得点行列 X にもとづく汎距離に等しくなることがわかる.

なお，変数群 X の他に第二の変数群 Z が与えられており，Z の影響を除去した $X_{Z^{\perp}}=Q_Z X$ (ただし，$Q_Z=I_n-Z(Z'Z)^{-}Z'$)について重判別分析を行なって，得られた判別主成分を $X\tilde{A}$ とすると，次式が成立する.

$$(X'Q_ZX)\tilde{A}(\tilde{A})'(\tilde{\boldsymbol{m}}_i-\tilde{\boldsymbol{m}}_j)=\tilde{\boldsymbol{m}}_i-\tilde{\boldsymbol{m}}_j$$
$$(\tilde{\boldsymbol{m}}_i-\tilde{\boldsymbol{m}}_j)'\tilde{A}(\tilde{A})'(\tilde{\boldsymbol{m}}_i-\tilde{\boldsymbol{m}}_j)=(\tilde{\boldsymbol{m}}_i-\tilde{\boldsymbol{m}}_j)'(X'Q_ZX)^-(\tilde{\boldsymbol{m}}_i-\tilde{\boldsymbol{m}}_j)$$

ただし，$\tilde{\boldsymbol{m}}_i=\boldsymbol{m}_{i\cdot x}-X'Z(Z'Z)^-\boldsymbol{m}_{i\cdot Z}$ で，$\boldsymbol{m}_{i\cdot X},\boldsymbol{m}_{i\cdot Z}$ は群 i 変数群 X,Z に関する平均値ベクトルである.

§6.4 線形連立一次方程式の解法

すでに述べたように，線形連立方程式 $A\boldsymbol{x}=\boldsymbol{b}$ または重回帰分析によって導かれる正規方程式 $A'A\boldsymbol{x}=A'\boldsymbol{b}$ の解ベクトル $\boldsymbol{x}$ を求める方法としては，いわゆる掃き出し法と呼ばれるガウス－ドゥーリトル法がよく知られているが，本節では，この他によく用いられる線形一次方程式の解法として，行列 A の QR 分解による手法と共役勾配法による手法について解説する.

6.4.1 グラムシュミットの直交化による QR 分解

n 次元空間 E^n に m 個の1次独立なベクトル $\boldsymbol{a}_1,\boldsymbol{a}_2,\cdots,\boldsymbol{a}_m$ が与えられている場合，$P_{[j]}$ を $S(\boldsymbol{a}_1,\boldsymbol{a}_2,\cdots,\boldsymbol{a}_j)=S(\boldsymbol{a}_1)\oplus\cdots\oplus S(\boldsymbol{a}_j)$ への直交射影行列として，

$$\left.\begin{aligned}\boldsymbol{t}_1&=\boldsymbol{a}_1/||\boldsymbol{a}_1||\\ \boldsymbol{t}_2&=(\boldsymbol{a}_2-P_{[1]}\boldsymbol{a}_2)/||\boldsymbol{a}_2-P_{[1]}\boldsymbol{a}_2||\\ \boldsymbol{t}_3&=(\boldsymbol{a}_3-P_{[2]}\boldsymbol{a}_3)/||\boldsymbol{a}_3-P_{[2]}\boldsymbol{a}_3||\\ &\ \vdots\\ \boldsymbol{t}_j&=(\boldsymbol{a}_j-P_{[j-1]}\boldsymbol{a}_j)/||\boldsymbol{a}_j-P_{[j-1]}\boldsymbol{a}_j||\\ &\ \vdots\\ \boldsymbol{t}_m&=(\boldsymbol{a}_m-P_{[m-1]}\boldsymbol{a}_m)/||\boldsymbol{a}_m-P_{[m-1]}\boldsymbol{a}_m||\end{aligned}\right\}\qquad(6.149)$$

を構成する．このような方式によって正規直交基底を導く方法をグラムシュミットの直交化 Gram-Schmidt Orthogonalization という.

ここで，$i>j$ と仮定すると，定理2.11より $P_{[i]}P_{[j]}=P_{[j]}$ が成立する．したがって，

$$\begin{aligned}(\boldsymbol{t}_i,\boldsymbol{t}_j)&=(\boldsymbol{a}_i-P_{[i-1]}\boldsymbol{a}_i)'(\boldsymbol{a}_j-P_{[j-1]}\boldsymbol{a}_j)\\ &=\boldsymbol{a}_i'\boldsymbol{a}_j-\boldsymbol{a}_i'P_{[j-1]}\boldsymbol{a}_j-\boldsymbol{a}_i'P_{[i-1]}\boldsymbol{a}_j+\boldsymbol{a}_i'P_{[i-1]}P_{[j-1]}\boldsymbol{a}_j\\ &=\boldsymbol{a}_i'\boldsymbol{a}_j-\boldsymbol{a}_i'\boldsymbol{a}_j=0\end{aligned}$$

さらに，$||\boldsymbol{t}_j||=1$ となることは明らかだから，$\boldsymbol{t}_1,\boldsymbol{t}_2,\cdots,\boldsymbol{t}_m$ は明らかに正規直交基底となる.

ところで，$S(A)=S(\boldsymbol{a}_1, \boldsymbol{a}_2, \cdots, \boldsymbol{a}_m)=S(\boldsymbol{t}_1)\dot{\oplus}S(\boldsymbol{t}_2)\dot{\oplus}\cdots\dot{\oplus}S(\boldsymbol{t}_m)$ であるから，$P_{\boldsymbol{t}_j}$ を $S(\boldsymbol{t}_j)$ への直交射影行列とすると，

$$P_{[j]} = P_{t_1}+P_{t_2}+\cdots+P_{t_j} = \boldsymbol{t}_1\boldsymbol{t}_1'+\cdots+\boldsymbol{t}_j\boldsymbol{t}_j'$$

したがって，これを順に(6.149)式へ代入すると次式となる．

$$\boldsymbol{t}_j = (\boldsymbol{a}_j-(\boldsymbol{a}_j, \boldsymbol{t}_1)\boldsymbol{t}_1-(\boldsymbol{a}_j, \boldsymbol{t}_2)\boldsymbol{t}_2-\cdots-(\boldsymbol{a}_j, \boldsymbol{t}_{j-1})\boldsymbol{t}_{j-1})/R_{jj} \tag{6.150}$$

ただし，$R_{jj}=\|\boldsymbol{a}_j-(\boldsymbol{a}_j, \boldsymbol{t}_1)\boldsymbol{t}_1-\cdots-(\boldsymbol{a}_j, \boldsymbol{t}_{j-1})\boldsymbol{t}_{j-1})\|$

ここで，$(\boldsymbol{a}_i, \boldsymbol{t}_j)=R_{ji}$ とおくと，

$$\boldsymbol{a}_j = R_{1j}\boldsymbol{t}_1+R_{2j}\boldsymbol{t}_2+\cdots+R_{j-1j}\boldsymbol{t}_{j-1}+R_{jj}\boldsymbol{t}_j(j = 1, \cdots, m).$$

したがって，$Q=(\boldsymbol{t}_1, \boldsymbol{t}_2, \cdots, \boldsymbol{t}_m)$,

$$R = \begin{bmatrix} R_{11} & R_{12} & R_{13} & \cdots & R_{1m} \\ 0 & R_{22} & R_{23} & \cdots & R_{2m} \\ 0 & 0 & R_{33} & & \vdots \\ \vdots & \vdots & \vdots & \ddots & \vdots \\ 0 & 0 & 0 & & R_{mm} \end{bmatrix}$$

とおくと，$Q'Q=I_m$ となる(n, m)型行列 Q と，m 次の三角型行列 R によって，A は

$$A = (\boldsymbol{a}_1, \boldsymbol{a}_2, \cdots, \boldsymbol{a}_m) = QR \tag{6.151}$$

と分解される．上式をグラムシュミットの直交化による QR 分解という．

したがって，A の逆行列は，次式によって与えられる．

$$A^{-1} = R^{-1}Q' \tag{6.152}$$

6.4.2 ハウスホルダー変換による QR 分解

補助定理 6.10 $\boldsymbol{t}_1$ を，ノルム1のベクトルとするとき，$Q_1=(I_n-2\boldsymbol{t}_1\boldsymbol{t}_1')$ は直交行列となる．

証明 $Q_1^2 = (I_n-2\boldsymbol{t}_1\boldsymbol{t}_1')^2 = I_n-2\boldsymbol{t}_1\boldsymbol{t}_1'-2\boldsymbol{t}_1\boldsymbol{t}_1'+4\boldsymbol{t}_1\boldsymbol{t}_1'\boldsymbol{t}_1\boldsymbol{t}_1'=I_n$.

Q_1 は対称行列であるから，$Q_1'Q_1=Q_1^2=I_n$ （証明終り）

ここで，$\|\boldsymbol{t}_2\|^2=1$ を満たす$(n-1)$次元ベクトル $\boldsymbol{t}_2$ によって

$$\tilde{Q}_2 = I_{n-1}-2\boldsymbol{t}_2\boldsymbol{t}_2'$$

とおくと，n 次の正方行列

$$Q_2 = \begin{bmatrix} 1 & 0 \\ 0 & \tilde{Q}_2 \end{bmatrix}$$

は$Q_2^2=I_n$を満たす．より一般的には，$\|\boldsymbol{t}_j\|^2=1$を満たす$(n-j+1)$次元ベクトル$\boldsymbol{t}_j$によって

$$\tilde{Q}_j = I_{n-j+1}-2\boldsymbol{t}_j\boldsymbol{t}_j'$$

とおくと，n次の正方行列

$$Q_j = \begin{bmatrix} I_{j-1} & O \\ O & \tilde{Q}_j \end{bmatrix} \qquad j=2,\cdots n$$

は$Q_j'Q_j=I_n (j=1,\cdots n)$となるので，次式が成立する．

$$Q_1'Q_2'\cdots Q_p'Q_pQ_{p-1}\cdots Q_2Q_1 = I_n \tag{6.153}$$

ここで，

$$A_{(j)} = Q_jQ_{j-1}\cdots Q_2Q_1A \tag{6.154}$$

とおいて，

$$A_{(j)} = \begin{pmatrix} a_{1\cdot1(j)} & a_{1\cdot2(j)} & \cdots & a_{1\cdot j(j)} & a_{1\cdot j+1(j)} & \cdots & a_{1\cdot m(j)} \\ 0 & a_{2\cdot2(j)} & & a_{2\cdot j(j)} & a_{2\cdot j+1(j)} & & a_{2\cdot m(j)} \\ 0 & \vdots & & \vdots & & & \vdots \\ \vdots & \vdots & & a_{j\cdot j(j)} & a_{j\cdot j+1(j)} & & a_{j\cdot m(j)} \\ \vdots & \vdots & & 0 & a_{j+1\cdot j+1(j)} & & a_{j+1\cdot m(j)} \\ \vdots & \vdots & & \vdots & \vdots & & \vdots \\ 0 & 0 & & 0 & a_{m\cdot j+1(j)} & & a_{m\cdot m(j)} \end{pmatrix}$$

となるように，$\boldsymbol{t}_1, \boldsymbol{t}_2, \cdots \boldsymbol{t}_j$を定めることを考えよう．

まず，$A=(\boldsymbol{a}_1, \boldsymbol{a}_2, \cdots, \boldsymbol{a}_m)$とおいて，$A_{(1)}=Q_1A=[\boldsymbol{a}_{1(1)}, \cdots, \boldsymbol{a}_{m(1)}]$とおいて，ベクトル$\boldsymbol{a}_{1(1)}=Q_1\boldsymbol{a}_1$が最初の要素のみがゼロでなく，他の要素はゼロになるようにQ_1を定めることを考える．ここで，$\boldsymbol{b}_1=\boldsymbol{a}_{1(1)}$とおいて

$$Q_1\boldsymbol{a}_1 = \boldsymbol{b}_1 \Rightarrow (I_n-2\boldsymbol{t}_1\boldsymbol{t}_1')\boldsymbol{a}_1 = \boldsymbol{b}_1.$$

したがって，$\boldsymbol{a}_1-\boldsymbol{b}_1=2\boldsymbol{t}_1k_1 (k_1=\boldsymbol{t}_1'\boldsymbol{a}_1)$．$Q_1$は直交行列であるから$\|\boldsymbol{a}_1\|=\|\boldsymbol{b}_1\|$．したがって，$(\boldsymbol{b}_1)'=(a_{11(1)}, 0, 0, \cdots, 0)$（ただし$a_{11(1)}\geqq 0$）とおくと，$a_{11(1)}=\|\boldsymbol{a}_1\|$．さらに$\|\boldsymbol{a}_1-\boldsymbol{b}_1\|^2=4k^2\|\boldsymbol{t}_1\|^2=4k_1^2$より$k_1=\sqrt{\|\boldsymbol{a}_1\|(\|\boldsymbol{a}_1\|-\boldsymbol{a}_{11(1)})/2}$となる．

したがって，

$$(\boldsymbol{t}_1)' = (a_{11}-\|\boldsymbol{a}_1\|,\ a_{21}, \cdots, a_{n1})/(2k_1) \tag{6.155}$$

とおけばよい．

一般に，$\boldsymbol{t}_j (j\geqq 2)$を求めるには，$(n,p)$型行列$A_{(j-1)}$の$j$番目の列ベクトル$\boldsymbol{a}_{j(j-1)}$の上から$(j-1)$個の成分を取り除いた$(n-j+1)$次元ベクトルを

$$\boldsymbol{a}_{(j)} = (a_{j\cdot j(j-1)},\ a_{j+1\cdot j(j-1)},\ \cdots,\ a_{n\cdot j(j-1)})$$

とおくと，(6.155)式によって $\boldsymbol{t}_1$ を求めた場合と同様の手順により，

$$(\boldsymbol{t}_j)' = (a_{j\cdot j(j-1)} - \|\boldsymbol{b}_j\|,\ a_{j+1\cdot j(j-1)},\ \cdots,\ a_{m\cdot j(j-1)})/(2k_j) \qquad (6.156)$$

（ただし，$(k_j = \sqrt{\|\boldsymbol{a}_{(j)}\|(\|\boldsymbol{a}_{(j)}\| - a_{j\cdot j(j-1)})/2}$

となる．

このようにして得られる $\boldsymbol{t}_1, \boldsymbol{t}_2, \cdots, \boldsymbol{t}_m$ を用いて $\tilde{Q}_j$ および Q_j を構成すると変換 $Q=(Q_1Q_2\cdots Q_m)$ により，$Q'A$ が三角行列 R となる．したがって，左辺から Q をかけることによって $A=QR$ となり，QR 分解が得られることになる．

注意　一般に，同一のノルムを持つ n 次元ベクトルを $\boldsymbol{a}, \boldsymbol{b}$ としたとき，

$$\boldsymbol{t} = (\boldsymbol{b}-\boldsymbol{a})/\|\boldsymbol{b}-\boldsymbol{a}\|$$

によって

$$S = I_n - 2\boldsymbol{t}\boldsymbol{t}' \qquad (6.157)$$

とおくと，対称行列 S' は

$$\left.\begin{array}{ll} \text{(i)} & S\boldsymbol{a} = \boldsymbol{b} \\ \text{(ii)} & S\boldsymbol{b} = \boldsymbol{a} \end{array}\right\} \qquad (6.158)$$

を満たすことが容易に示される．このような変換を一般にハウスホルダー変換 Householder transformation（鏡映変換と呼ばれることもある）という．

例 6.3　下記の行列をハウスホルダー変換により QR 分解せよ．

$$A = \begin{bmatrix} 1 & 1 & 1 & 1 \\ 1 & -3 & 2 & 4 \\ 1 & -2 & -3 & 7 \\ 1 & -2 & -4 & 10 \end{bmatrix}$$

$\boldsymbol{a}_1' = (1, 1, 1, 1)$ より $(\boldsymbol{t}_1)' = (-1, 1, 1, 1)/2$.

これより

$$Q_1 = \frac{1}{2}\begin{bmatrix} 1 & 1 & 1 & 1 \\ 1 & 1 & -1 & -1 \\ 1 & -1 & 1 & -1 \\ 1 & -1 & -1 & -1 \end{bmatrix}, \quad Q_1A = \begin{bmatrix} 2 & -3 & -2 & 11 \\ 0 & 1 & 5 & -6 \\ 0 & 2 & 0 & -3 \\ 0 & 2 & 1 & 0 \end{bmatrix}$$

次に $\boldsymbol{a}_{(2)}' = (1, 2, 2)$ より $(\boldsymbol{t}_2)' = (-1, 1, 1)/\sqrt{3}$.

したがって

$$\tilde{Q}_2 = \frac{1}{3}\begin{bmatrix} 1 & 2 & 2 \\ 2 & 1 & -2 \\ 2 & -2 & 1 \end{bmatrix}, \qquad Q_2 = \begin{bmatrix} 1 & 0 & 0 & 0 \\ 0 & & & \\ 0 & & \tilde{Q}_2 & \\ 0 & & & \end{bmatrix} \text{より}$$

$$Q_2Q_1A = \begin{bmatrix} 2 & -3 & -2 & 11 \\ 0 & 3 & 1 & -4 \\ 0 & 0 & 4 & -5 \\ 0 & 0 & 3 & -2 \end{bmatrix}$$

となる.

次に $\boldsymbol{a}_{(3)}'=(4, 3)$ より $(\boldsymbol{t}_3)'=(-1, 3)/\sqrt{10}$.

したがって,

$$\tilde{Q}_3 = \frac{1}{5}\begin{bmatrix} 4 & 3 \\ 3 & -4 \end{bmatrix}, \qquad \tilde{Q}_3\begin{bmatrix} 4 & -5 \\ 3 & -2 \end{bmatrix} = \begin{bmatrix} 5 & -5.2 \\ 0 & -1.4 \end{bmatrix}$$

以上より, $Q=Q_1Q_2Q_3$ とおいて

$$Q = \frac{1}{30}\begin{bmatrix} 15 & 25 & 7 & -1 \\ 15 & -15 & 21 & -3 \\ 15 & -5 & -11 & 23 \\ 15 & -5 & -17 & -19 \end{bmatrix} \qquad R = \begin{bmatrix} 2 & -3 & -2 & 11 \\ 0 & 3 & 1 & -4 \\ 0 & 0 & 5 & -5.2 \\ 0 & 0 & 0 & -1.4 \end{bmatrix}$$

によって $A=QR$ となる(Q は直交行列になっていることを確かめよ).

注意 グラムシュミット変換によっても全く同一の解が得られる.

ここで, A の逆行列を求めるために, R の逆行列を求めると,

$$R^{-1} = \begin{bmatrix} 0.5 & 0.5 & 1/10 & -2.129 \\ 0 & 1/3 & -1/20 & 0.705 \\ 0 & 0 & 1/5 & 0.743 \\ 0 & 0 & 0 & 0.714 \end{bmatrix}$$

となるから, $A^{-1}=R^{-1}Q'$ より

$$A^{-1} = \begin{bmatrix} 0.619 & -0.143 & 1.762 & -1.238 \\ 0.286 & -0.143 & -0.571 & 0.429 \\ 0.071 & 0.214 & -0.643 & 0.357 \\ 0.024 & 0.071 & -0.548 & 0.452 \end{bmatrix}$$

となる.

6.4.3　射影行列による分解

(n, m) 型行列 A とベクトル $\boldsymbol{b}'=(b_1, b_2\cdots, b_m)$ が与えられている場合，$\boldsymbol{b}\in S(A)$ であれば，線形一次方程式 $A\boldsymbol{x}=\boldsymbol{b}$ は解をもつ．このとき，A を前節の方法によって，QR 分解すると，(6.152)式より

$$QR\boldsymbol{x} = \boldsymbol{b} \Rightarrow \boldsymbol{x} = R^{-1}Q'\boldsymbol{b}$$

となる．

ところで，QR 分解をベクトル幾何学的に解釈すると，部分空間 $S(A)$ 上に係数行列 R が三角行列となるような正規直交基底 $Q=(\boldsymbol{q}_1, \boldsymbol{q}_2, \cdots, \boldsymbol{q}_n)$ を求めるものである．しかし，QR 分解のように R が三角行列という仮定をおかずに $S(A)$ に直接に任意の直交基底 $\boldsymbol{f}_1=A\boldsymbol{w}_1, \boldsymbol{f}_2=A\boldsymbol{w}_2, \cdots, \boldsymbol{f}_m=A\boldsymbol{w}_m$ を引くことによっても，線形方程式を解くことができる．すなわち，ベクトル $\boldsymbol{f}_1, \boldsymbol{f}_2\cdots, \boldsymbol{f}_m$ は相互に直交するベクトルであるから $S(A)$ 上への直交射影行列 P_A は $S(\boldsymbol{f}_j)$ への直交射影行列 P_{f_j} によって

$$P_A = P_{f_1}+P_{f_2}+\cdots+P_{f_m} \tag{6.159}$$

のように分解される．ここで(6.159)式の左から，A' を掛けて $A'P_A=A'$ となることを用いると

$$A'A\boldsymbol{x} = A'(P_{f_1}+P_{f_2}+\cdots+P_{f_m})\boldsymbol{b}$$

となる．$(A'A)$ が正則であると仮定すれば

$$\boldsymbol{x} = \boldsymbol{w}_1(\boldsymbol{f}_1'\boldsymbol{f}_1)^{-1}\boldsymbol{f}_1'\boldsymbol{b}+\boldsymbol{w}_2(\boldsymbol{f}_2'\boldsymbol{f}_2)^{-1}\boldsymbol{f}_2'\boldsymbol{b}+\cdots+\boldsymbol{w}_m(\boldsymbol{f}_m'\boldsymbol{f}_m)^{-1}\boldsymbol{f}_m'\boldsymbol{b} \tag{6.160}$$

となる．さらに，$\boldsymbol{f}_j$ は正規直交基底であるとして $\boldsymbol{f}_i'\boldsymbol{f}_i=1(i=1, \cdots, m)$ と仮定し，$F=(\boldsymbol{f}_1, \boldsymbol{f}_2, \cdots, \boldsymbol{f}_m)$ とおくと，

$$\boldsymbol{x} = \boldsymbol{w}_1\boldsymbol{f}_1'\boldsymbol{b}+\boldsymbol{w}_2\boldsymbol{f}_2'\boldsymbol{b}+\cdots+\boldsymbol{w}_m\boldsymbol{f}_m'\boldsymbol{b} = WF'\boldsymbol{b} \tag{6.161}$$

となる．

ここで，$\boldsymbol{f}_1, \boldsymbol{f}_2\cdots\boldsymbol{f}_m$ の求め方としては，先に示したグラムシュミットの直交化による方法がある．このとき，$F=AW\Rightarrow A=FW^{-1}$ より，(6.161)式において $F=Q, W^{-1}=R$ とおいて，QR 分解を行なえばよい．

正規直交基底を求めるもう一つの方法は，特異値分解によるものである．ここで行列 A の正の特異値を $\mu_1, \mu_2, \cdots, \mu_m$ として，A を(5.18)式によって特異値分解すると，$\boldsymbol{w}_j=\mu_j\boldsymbol{g}_j, \boldsymbol{f}_j=\boldsymbol{u}_j$ となるから，このとき(6.160)式の解ベクトル $\boldsymbol{x}$ は次式となる．

$$\boldsymbol{x} = \frac{1}{\mu_1}\boldsymbol{v}_1\boldsymbol{u}_1'\boldsymbol{b} + \frac{1}{\mu_2}\boldsymbol{v}_1\boldsymbol{u}_2'\boldsymbol{b} + \cdots + \frac{1}{\mu_m}\boldsymbol{v}_m\boldsymbol{u}_m'\boldsymbol{b} \tag{6.162}$$

なお，QR 分解によって，$A=QR$ と分解された場合，$A'A=B$ とおくと，

$$B = R'Q'QR = R'R$$

となる．ここで，上記の関係式により，正定値行列 B から三角行列 R を直接的に求めることをコレスキー分解(Choresky decomposition)という．$B=(b_{ij})$, $R=(r_{ij})$ とおくと，$b_{ij}=\sum_{k=1}^{i} r_{ki}r_{kj}$ が成立するから，

$$r_{11} = \sqrt{b_{11}}, \quad r_{ij} = b_{1j}/\sqrt{b_{11}} \quad (j = 2, \cdots, m)$$

$$r_{jj} = (b_{jj} - \sum_{k=1}^{j-1} r_{kj}^2) \qquad (j = 2, \cdots, m)$$

$$r_{ji} = (b_{ji} - \sum_{k=1}^{j-1} r_{ki}r_{kj})/r_{jj} \qquad (j \neq i)$$

となる．

6.4.4 共役勾配法による方法

線形行列方程式 $A\boldsymbol{x}=\boldsymbol{b}$ を解く場合に，何らかの方法によって，解ベクトル $\boldsymbol{x}$ の近似解 $\boldsymbol{x}_0$ がわかっているものと仮定しよう．このとき，前節で示した方式によって，$\boldsymbol{f}_j=A\boldsymbol{w}_j (j=1, \cdots, m)$ とおくと，

$$\begin{aligned} A'A(\boldsymbol{x}-\boldsymbol{x}_0) &= A'P_A(\boldsymbol{b}-A\boldsymbol{x}_0) \\ &= A'(P_{f_1}+P_{f_2}+\cdots+P_{f_m})(\boldsymbol{b}-A\boldsymbol{x}_0) \end{aligned} \tag{6.163}$$

となり，$A'A$ が正則と仮定すれば，$\boldsymbol{r}=A'(\boldsymbol{b}-A\boldsymbol{x}_0)$ とおくと，

$$P_{f_j} = \boldsymbol{f}_j(\boldsymbol{f}_j'\boldsymbol{f}_j)^{-1}\boldsymbol{f}_j' = A\boldsymbol{w}_j(\boldsymbol{w}_j'A'A\boldsymbol{w}_j)^{-1}\boldsymbol{w}_j'A'$$

より

$$\boldsymbol{x} = \boldsymbol{x}_0 + \boldsymbol{w}_1(\boldsymbol{w}_1'A'A\boldsymbol{w}_1)^{-1}\boldsymbol{w}_1'\boldsymbol{r}_1 + \cdots + \boldsymbol{w}_m(\boldsymbol{w}_m'A'A\boldsymbol{w}_m)^{-1}\boldsymbol{w}_m'\boldsymbol{r}_1 \tag{6.164}$$

が導かれる．

ここで，$B=A'A$ とおいて，

$${}_BP_{w_j} = \boldsymbol{w}_j(\boldsymbol{w}_j'B\boldsymbol{w}_j)^{-1}\boldsymbol{w}_j'B' = \boldsymbol{w}_j(\boldsymbol{w}_j'A'A\boldsymbol{w}_j)^{-1}\boldsymbol{w}_j'A'A \quad (j=1, \cdots, m)$$

とおくと，上式は擬ノルム $||\boldsymbol{x}||_B^2=\boldsymbol{x}'B\boldsymbol{x}=\boldsymbol{x}'A'A\boldsymbol{x}$ をもつ空間 $S(\boldsymbol{w}_j)$ への直交射影行列となり

$${}_BP^2_{w_j} = {}_BP_{w_j}$$

となる．このとき，$i \neq j$ について

$$\boldsymbol{f}_i'\boldsymbol{f}_j = \boldsymbol{w}_i'A'A\boldsymbol{w}_j = 0$$

と仮定すれば，

$$_BP_{w_i}{}_BP_{w_j} = O \qquad (i \neq j) \tag{6.165}$$

したがって，上式の右辺に $\boldsymbol{w}_j$ をかけることによって次式が導かれる．

$$_BP_{w_i}\boldsymbol{w}_j = \boldsymbol{0} \qquad (i \neq j) \tag{6.166}$$

補助定理 6.11　$\boldsymbol{r}_1 = A'(\boldsymbol{b} - A\boldsymbol{x}_0)$ さらに(6.164)式を満たす $\boldsymbol{w}_j$ によって

$$\boldsymbol{r}_j = (I_m - {}_BP'_{w_{j-1}})\boldsymbol{r}_{j-1} \qquad (j = 2, \cdots, p) \qquad (\text{ただし，} \boldsymbol{w}_1 = \boldsymbol{r}_1)$$

と定義すると，次式が成立する．

(i)　$\boldsymbol{r}_j = (I_m - {}_BP'_{w_{k+1}} - {}_BP'_{w_{k+2}} - \cdots - {}_BP'_{w_{j-1}})\boldsymbol{r}_k \qquad (j > k)$　　(6.167)

(ii)　$(\boldsymbol{r}_j, \boldsymbol{w}_i) = 0 \qquad (\text{ただし，} j > i)$　　(6.168)

(iii)　$(\boldsymbol{r}_i, \boldsymbol{r}_j) = 0 \qquad (i \neq j)$　　(6.169)

証明　(i)　(6.165)式を用いればよい．

(ii)　
$$(\boldsymbol{r}_j, \boldsymbol{w}_i) = \boldsymbol{r}_j'\boldsymbol{w}_i = \boldsymbol{r}_1'(I_m - {}_BP_{w_1} - {}_BP_{w_2} - \cdots - {}_BP_{w_{j-1}})\boldsymbol{w}_i$$
$$= \boldsymbol{r}_1'(\boldsymbol{w}_i - \boldsymbol{w}_i) = 0 \qquad (\text{ただし，} i \leqq j)$$

(iii)　数学的帰納法によって，まず $i=1, j=2$ のときを示す．

$$(\boldsymbol{r}_1, \boldsymbol{r}_2) = \boldsymbol{r}_1'(I_m - {}_BP'_{w_1})\boldsymbol{r}_1 = \boldsymbol{r}_1'\boldsymbol{r}_1 - \boldsymbol{r}_1'B\boldsymbol{w}_1(\boldsymbol{w}_1'B\boldsymbol{w}_1)^{-1}\boldsymbol{w}_1'\boldsymbol{r}_1$$
$$= \boldsymbol{r}_1'\boldsymbol{r}_1 - \boldsymbol{r}_1'\boldsymbol{r}_1 = 0$$

次に $i=k, j=l$ のとき $(k>l$ と仮定)，すなわち $(\boldsymbol{r}_k, \boldsymbol{r}_l)=0$ が成立すると仮定すると，

$$(\boldsymbol{r}_k, \boldsymbol{r}_{l+1}) = \boldsymbol{r}_k'\boldsymbol{r}_{l+1} = \boldsymbol{r}_k'(I_m - {}_BP'_{w_1} - {}_BP'_{w_2} - \cdots - {}_BP'_{w_l})\boldsymbol{r}_1$$
$$= \boldsymbol{r}_k'\boldsymbol{r}_1 = 0$$

したがって，任意の $i, j (i \neq j)$ について $(\boldsymbol{r}_i, \boldsymbol{r}_j)=0$ が成立する．（証明終り）

定理 6.16　$\boldsymbol{r}_j$ が(6.167)式を満たし，しかも

$$A\boldsymbol{w}_j = (I_n - P_{Aw_1} - P_{Aw_2} - \cdots - P_{Aw_{j-1}})A\boldsymbol{r}_j \qquad (j=1, \cdots, p)$$

とおくと，

$$\boldsymbol{w}_j = \boldsymbol{r}_j + \frac{\|\boldsymbol{r}_j\|^2}{\|\boldsymbol{r}_1\|^2}\boldsymbol{r}_1 + \frac{\|\boldsymbol{r}_j\|^2}{\|\boldsymbol{r}_2\|^2}\boldsymbol{r}_2 + \cdots + \frac{\|\boldsymbol{r}_j\|^2}{\|\boldsymbol{r}_{j-1}\|^2}\boldsymbol{r}_{j-1} \tag{6.170}$$

となる．

証明　数学的帰納法により，まず $j=2$ のときを示す．

$$A\boldsymbol{w}_2 = (I_n - P_{Aw_1})A\boldsymbol{r}_2 = A\{I_m - \boldsymbol{w}_1(\boldsymbol{w}_1'A'A\boldsymbol{w}_1)^{-1}\boldsymbol{w}_1'A'A\}\boldsymbol{r}_2$$

上式の両辺に $(A'A)^{-1}A'$ をかけると，

$$\boldsymbol{w}_2 = \boldsymbol{r}_2 - \boldsymbol{w}_1(\boldsymbol{w}_1'A'A\boldsymbol{w}_1)^{-1}\boldsymbol{w}_1'A'A\boldsymbol{r}_2$$

ここで，$\boldsymbol{w}_1=\boldsymbol{r}_1$，さらに，$P_{r_1}\boldsymbol{r}_1=\boldsymbol{r}_1$，（ただし $P_{r_1}=\boldsymbol{r}_1(\boldsymbol{r}_1'\boldsymbol{r}_1)^{-1}\boldsymbol{r}_1'$）$\boldsymbol{r}_1'\boldsymbol{r}_2=0$ より，$P_{r_1}\boldsymbol{r}_2=\boldsymbol{0}$ となることを用い，${}_BP_{w_1}=\boldsymbol{w}_1(\boldsymbol{w}_1'A'A\boldsymbol{w}_1)^{-1}\boldsymbol{w}_1'A'A$ とおくと

$$\begin{aligned}\boldsymbol{w}_2 &= \boldsymbol{r}_2 + P_{r_1}(I_m - {}_BP_{w_1})\boldsymbol{r}_2 \\ &= \boldsymbol{r}_2 + \boldsymbol{r}_1(\boldsymbol{r}_1'\boldsymbol{r}_1)^{-1}\boldsymbol{r}_2'\boldsymbol{r}_2 = \boldsymbol{r}_2 + \boldsymbol{r}_1\frac{||\boldsymbol{r}_2||^2}{||\boldsymbol{r}_1||^2}\end{aligned}$$

となる．つづいて，(6.170)式が $j=k$ のときに成立すると仮定して，

（i） $(\boldsymbol{r}_j, \boldsymbol{w}_k) = ||\boldsymbol{r}_k||^2 \qquad (k \geqq j)$ (6.171)

（ii） $(P_{r_1}+P_{r_2}+\cdots+P_{r_k})_BP_{w_k} = {}_BP_{w_k}$ (6.172)

となることを示そう．まず，(i)は，

$$\begin{aligned}(\boldsymbol{r}_j, \boldsymbol{w}_k) &= \left(\boldsymbol{r}_j, \boldsymbol{r}_k + \frac{||\boldsymbol{r}_k||^2}{||\boldsymbol{r}_1||^2}\boldsymbol{r}_1 + \cdots + \frac{||\boldsymbol{r}_k||^2}{||\boldsymbol{r}_{k-1}||^2}\boldsymbol{r}_{k-1}\right) \\ &= \frac{||\boldsymbol{r}_k||^2}{||\boldsymbol{r}_j||^2}(\boldsymbol{r}_j, \boldsymbol{r}_j) = ||\boldsymbol{r}_k||^2\end{aligned}$$

(ii)は，上記の結果を用いると，

$$\begin{aligned}\sum_{j=1}^{k}(P_{r_j}{}_BP_{w_k}) &= \sum_{j=1}^{k}\{\boldsymbol{r}_j(\boldsymbol{r}_j'\boldsymbol{r}_j)^{-1}\boldsymbol{r}_j'\boldsymbol{w}_k(\boldsymbol{w}_k'B\boldsymbol{w}_k)^{-1}\boldsymbol{w}_k'B\} \\ &= \sum_{j=1}^{k}\{[\boldsymbol{r}_j(\boldsymbol{r}_j'\boldsymbol{r}_j)^{-1}\boldsymbol{r}_k'\boldsymbol{r}_k](\boldsymbol{w}_k'B\boldsymbol{w}_k)^{-1}\boldsymbol{w}_k'B\} \\ &= \boldsymbol{w}_k(\boldsymbol{w}_k'B\boldsymbol{w}_k)^{-1}\boldsymbol{w}_k'B = {}_BP_{w_k}\end{aligned}$$

となって証明された．

次に，(6.171)式と(6.172)式が $j=k$ のとき成立すると仮定して，

$$A\boldsymbol{w}_{k+1} = (I_n - P_{Aw_1} - P_{Aw_2} - \cdots - P_{Aw_k})A\boldsymbol{r}_{k+1}$$

を満たす $\boldsymbol{w}_{k+1}$ を求めよう．上式に $(A'A)^{-1}A'$ をかけると，${}_BP_{wj} = \boldsymbol{w}_j(\boldsymbol{w}_j'B\boldsymbol{w}_j)^{-1}\boldsymbol{w}_j'B$ より

$$\begin{aligned}\boldsymbol{w}_{k+1} &= \boldsymbol{r}_{k+1} - ({}_BP_{w_1} + {}_BP_{w_2} + \cdots + {}_BP_{w_k})\boldsymbol{r}_{k+1} \\ &= \boldsymbol{r}_{k+1} - P_{r_1}{}_BP_{w_1}\boldsymbol{r}_{k+1} - (P_{r_1}+P_{r_2})_BP_{w_2}\boldsymbol{r}_{k+1} - \cdots \\ &\quad -(P_{r_1}+P_{r_2}+\cdots+P_{r_k})_BP_{w_k}\boldsymbol{r}_{k+1} \\ &= \boldsymbol{r}_{k+1} + P_{r_1}(I - {}_BP_{w_1} - {}_BP_{w_2}\cdots - {}_BP_{w_k})\boldsymbol{r}_{k+1} \\ &\quad + P_{r_2}(I - {}_BP_{w_2} - \cdots - {}_BP_{w_k})\boldsymbol{r}_{k+1} + \cdots + P_{r_k}(I - {}_BP_{w_k})\boldsymbol{r}_{k+1}.\end{aligned}$$

ここで，(6.167)式に注意すると，

$$\boldsymbol{w}_{k+1}=\boldsymbol{r}_{k+1}+\frac{\|\boldsymbol{r}_{k+1}\|^2}{\|\boldsymbol{r}_1\|^2}\boldsymbol{r}_1+\frac{\|\boldsymbol{r}_{k+1}\|^2}{\|\boldsymbol{r}_2\|^2}\boldsymbol{r}_2+\cdots+\frac{\|\boldsymbol{r}_{k+1}\|^2}{\|\boldsymbol{r}_k\|^2}\boldsymbol{r}_k \tag{6.173}$$

よって，(6.170)式は$j=k+1$についても成立することが証明された．したがって，数学的帰納法により，すべてのjについて(6.170)式が成立することが示された．　（証明終り）

なお，上記の方式にしたがって，m次の正方行列Aを用いた連立一次方程式$A\boldsymbol{x}=\boldsymbol{b}$の解を求める方法が共役勾配法(conjugate gradient method)と呼ばれるものである．共役勾配法の計算の手順を示すと以下の通りになる．

手順1：　$\boldsymbol{x}$の近似解$\boldsymbol{x}_0$を求める．

手順2：　$\boldsymbol{r}_1=A'(\boldsymbol{b}-A\boldsymbol{x}_0)$を求める．

手順3：　$\boldsymbol{w}_1=\boldsymbol{r}_1$とおいて，

$$\boldsymbol{r}_2=\boldsymbol{r}_1-A'A\boldsymbol{w}_1(\boldsymbol{w}_1'A'A\boldsymbol{w}_1)^{-1}\boldsymbol{w}_1'\boldsymbol{r}_1$$

$$\boldsymbol{w}=\boldsymbol{r}_2+\frac{\|\boldsymbol{r}_2\|^2}{\|\boldsymbol{r}_1\|^2}\boldsymbol{r}_1$$

を求める．つづいて，$\boldsymbol{r}_j, \boldsymbol{w}_j (j\geqq 3)$を

$$\boldsymbol{r}_j=\boldsymbol{r}_{j-1}-A'A\boldsymbol{w}_{j-1}(\boldsymbol{w}_{j-1}'A'A\boldsymbol{w}_{j-1})^{-1}\boldsymbol{w}_{j-1}\boldsymbol{r}_{j-1}$$

$$\boldsymbol{w}_j=\boldsymbol{r}_j+\frac{\|\boldsymbol{r}_j\|^2}{\|\boldsymbol{r}_1\|}\boldsymbol{r}_1+\frac{\|\boldsymbol{r}_j\|^2}{\|\boldsymbol{r}_2\|^2}\boldsymbol{r}_2+\cdots+\frac{\|\boldsymbol{r}_j\|^2}{\|\boldsymbol{r}_{j-1}\|^2}\boldsymbol{r}_{j-1}(j=1,\cdots,m)$$

によって求める．

手順4：　(6.164)式に(6.165)式，(6.166)式の関係式を代入して導かれる．

$$\boldsymbol{x}_j=\boldsymbol{x}_0+\boldsymbol{w}_1(\boldsymbol{w}_1'A'A\boldsymbol{w}_1)^{-1}\boldsymbol{w}_1'\boldsymbol{r}_1+\boldsymbol{w}_2(\boldsymbol{w}_2'A'A\boldsymbol{w}_2)^{-1}\boldsymbol{w}_2'\boldsymbol{r}_2+\cdots+\boldsymbol{w}_j(\boldsymbol{w}_j'A'A\boldsymbol{w}_j)^{-1}\boldsymbol{w}_j'\boldsymbol{r}_j$$

によって$\boldsymbol{x}_1, \boldsymbol{x}_2, \boldsymbol{x}_3, \cdots, \boldsymbol{x}_j$を順次求めていき，$\|\boldsymbol{x}_j-\boldsymbol{x}_{j-1}\|<\varepsilon$になったところで，計算をとめればよい．ただし，正しい解$\boldsymbol{x}$を得るまでに必要とされる繰り返し計算の回数は，行列Aの階数を越えないことは明らかである．

なお，上記の解法は，$A\boldsymbol{x}=\boldsymbol{b}$の解$\boldsymbol{x}$を$A'A\boldsymbol{x}=A'\boldsymbol{b}$によって求めるものであるが，$A$が正定値行列であれば，直接$A\boldsymbol{x}=\boldsymbol{b}$より$\boldsymbol{x}$を求めることができる．

例 6.4　$\begin{bmatrix}1 & 1\\ -1 & 2\end{bmatrix}\begin{bmatrix}2\\ 2\end{bmatrix}=\begin{bmatrix}4\\ 2\end{bmatrix}$を初期値ベクトル$\boldsymbol{x}_0'=(1,1)$を用いて解く．このとき上式を$A\boldsymbol{x}=\boldsymbol{b}$とおくと，

$$(\boldsymbol{r}_1)'=A'(\boldsymbol{b}-A\boldsymbol{x}_0)$$

$$= \begin{bmatrix} 1 & -1 \\ 1 & 2 \end{bmatrix} \left(\begin{bmatrix} 4 \\ 2 \end{bmatrix} - \begin{bmatrix} 1 & 1 \\ -1 & 2 \end{bmatrix} \right) = (1, 4)$$

ここで，$\boldsymbol{w}_1 = \boldsymbol{r}_1$ とおくと

$$\boldsymbol{r}_2 = \begin{bmatrix} 1 \\ 4 \end{bmatrix} - \begin{bmatrix} 2 & -1 \\ -1 & 5 \end{bmatrix} \begin{bmatrix} 1 \\ 4 \end{bmatrix} *(17/74) \doteqdot \begin{bmatrix} 1.45946 \\ -0.36486 \end{bmatrix}$$

$$\boldsymbol{w}_2 = \boldsymbol{r}_2 + \frac{\|\boldsymbol{r}_2\|^2}{\|\boldsymbol{r}_1\|^2} \boldsymbol{r}_1 = \begin{bmatrix} 1.59259 \\ 0.16764 \end{bmatrix}$$

これを(6.164)式に代入すると，$\boldsymbol{x}' = (2.00000,\ 2.00000)$ となる.

例 6.5
$$\begin{bmatrix} 1 & 2 & 1 & 2 \\ 0 & 3 & 1 & 3 \\ 0 & 3 & 2 & 3 \\ -1 & 2 & 1 & 3 \end{bmatrix} \begin{bmatrix} 1 \\ 2 \\ -1 \\ 3 \end{bmatrix} = \begin{bmatrix} 10 \\ 14 \\ 10 \\ 11 \end{bmatrix}$$

を初期値ベクトル $\boldsymbol{x}_0' = (1, 1, 1, 1)$ により解く．この結果を表に示した.

表 6.4

第1巡目の解

	r	w	x
1	−2.00000	−2.00000	0.96498
2	50.00000	50.00000	1.87557
3	23.00000	23.00000	1.40276
4	53.00000	53.00000	1.92810

第2巡目の解

	r	w	x
1	−1.00186	−1.00609	0.45019
2	−1.20306	−1.09708	1.31423
3	−2.33886	−2.29011	0.23099
4	2.11214	2.22447	3.06628

第3巡目の解

	r	w	x
1	1.16589	1.03220	1.20182
2	0.17014	0.02436	1.33197
3	−0.49728	−0.80159	−0.35271
4	0.09927	0.39486	3.35381

第4巡目の解

	r	w	x
1	−0.04982	−0.03292	1.00017
2	0.10874	0.10914	2.00047
3	−0.09236	−0.10549	−0.99883
4	−0.06399	−0.05753	3.00144

例 6.6

$$\begin{pmatrix} 1&1&1&1&1&1&1&1&1&1\\ 0&1&1&1&1&1&1&1&1&1\\ 0&0&1&1&1&1&1&1&1&1\\ 0&0&0&1&1&1&1&1&1&1\\ 0&0&0&0&1&1&1&1&1&1\\ 0&0&0&0&0&1&1&1&1&1\\ 0&0&0&0&0&0&1&1&1&1\\ 0&0&0&0&0&0&0&1&1&1\\ 0&0&0&0&0&0&0&0&1&1\\ 0&0&0&0&0&0&0&0&0&1 \end{pmatrix} \begin{pmatrix} 1\\1\\1\\1\\1\\1\\1\\1\\1\\1 \end{pmatrix} = \begin{pmatrix} 10\\9\\8\\7\\6\\5\\4\\3\\2\\1 \end{pmatrix}$$

を初期ベクトル $\boldsymbol{x}_0'=(2,1,2,1,2,1,2,1,2,1)$ を解いて得られる $\boldsymbol{x}_j(j=1,\cdots,10)$ のベクトルを表 6.5 に示した.

表 6.5　(X_j は第 j 巡目の解ベクトル $\boldsymbol{x}_j$ の成分)

	X_1		X_2		X_3		X_4		X_5
1	1.88803	1	1.68474	1	1.19941	1	0.97522	1	0.95048
2	0.79846	2	0.57651	2	0.51863	2	0.82968	2	1.00561
3	1.70889	3	1.42649	3	1.24960	3	1.19891	3	1.06349
4	0.64171	4	0.44633	4	0.72707	4	0.94546	4	0.95622
5	1.57453	5	1.39187	5	1.41088	5	1.15837	5	0.99878
6	0.52974	6	0.47941	6	0.76254	6	0.83835	6	0.97276
7	1.48496	7	1.46941	7	1.33340	7	1.06128	7	1.06273
8	0.46256	8	0.58285	8	0.64705	8	0.78437	8	0.98355
9	1.44017	6	1.58482	9	1.29342	9	1.09482	9	0.97503
10	0.44017	10	0.70093	10	0.81705	10	1.07228	10	1.01641

	X_6		X_7		X_8		X_9		X_{10}
1	0.95074	1	0.99808	1	0.99813	1	1.00005	1	1.00005
2	1.00606	2	1.00796	2	1.00145	2	0.99998	2	0.99998
3	1.06146	3	0.99611	3	0.99936	3	0.99997	3	0.99997
4	0.95590	4	0.99005	4	1.00366	4	1.00007	4	1.00007
5	0.99729	5	1.01268	5	1.99582	5	0.99999	5	0.99999
6	0.97260	6	0.99549	6	0.99967	6	0.99994	6	0.99995
7	1.06085	7	1.00201	7	1.00310	7	1.00006	7	1.00006
8	0.98342	8	0.99956	8	1.00310	8	1.00000	8	1.00000
9	0.97337	9	0.99286	9	0.99939	9	0.99993	9	0.99994
10	1.01467	10	1.00578	10	0.99925	10	1.00003	10	1.00003

7巡目でほぼ正解に達することがわかる.

第6章 練習問題

問題1　$S(X)=S(\tilde{X})$ のとき $R^2{}_{X\cdot y}=R^2{}_{\tilde{X}\cdot y}$ を示せ.

問題2　$1-R^2{}_{X\cdot y}=(1-r^2{}_{x_1y})(1-r^2{}_{x_2y|x_1})(1-r^2{}_{x_3y|x_2})\cdots(1-r^2{}_{x_py\cdot|x_1x_2\cdots x_{p-1}})$ を示せ. ただし, $r^2{}_{x_jy|x_1x_2\cdots x_{j-1}}$ は, x_j と y から $x_1, x_2, \cdots, x_{j-1}$ の影響を取り除いた偏相関係数の平方である.

問題3　ガウスマルコフ模型$(\boldsymbol{y}, X\boldsymbol{\beta}, \sigma^2G)$において, $L'\boldsymbol{y}$ が $E(L'\boldsymbol{y})$ の BLUE であるための必要十分条件は,

$$GL\in S(X)$$

で与えられることを示せ.

問題4　ガウスマルコフ模型$(\boldsymbol{y}, X\boldsymbol{\beta}, \sigma^2G)$において, 不偏推定可能な母数 $\boldsymbol{\beta}$ の関数 $\boldsymbol{c}'\boldsymbol{\beta}$ の BLUE は $\boldsymbol{c}'\hat{\boldsymbol{\beta}}$, ただし

$$\hat{\boldsymbol{\beta}}=(X)^-{}_{l(GZ)}\boldsymbol{y}$$

で与えられることを示せ(ただし, Z は $S(Q_X)$ を張る任意の行列).

問題5　上記のガウスマルコフ模型において, $f\sigma^2$(ただし, $f=\text{rank}(X,G)-\text{rank}(X)$)の推定量は次のいずれかで与えられることを示せ(Rao, 1973).

(i)　$\boldsymbol{y}'Z(ZGZ)^-Z\boldsymbol{y}$

(ii)　$\boldsymbol{y}'T^-(I_n-{}_{(T^-)}P_X)\boldsymbol{y}$　　ただし $T=G+XUX'$, $\text{rank}\,T=\text{rank}(G, X)$

問題6　(6.49)式で与えられる $G=(\boldsymbol{g}_1, \boldsymbol{g}_2, \cdots, \boldsymbol{g}_m)$ について, 次の問に答えよ.

(i)　$Q_MG(G'Q_MG)^-G'Q_M=Q_M\tilde{G}(\tilde{G}'Q_M\tilde{G})^{-1}\tilde{G}'Q_M$ を示せ. ただし, $\tilde{G}$ は G から任意の一つの列ベクトルを取り除いた行列である.

(ii)　$\underset{\alpha}{\text{Min}}\,||\boldsymbol{y}-G^*\boldsymbol{\alpha}||^2=\boldsymbol{y}'(I_n-\tilde{G}(\tilde{G}'Q_M\tilde{G})^{-1}\tilde{G}')\boldsymbol{y}$

ただし, $G^*=(G, \boldsymbol{1}_n)$ で, $\boldsymbol{\alpha}$ は$(n+1)$次元の重みベクトル, $\boldsymbol{y}$ はすべての要素の平均がゼロとなる n 次元ベクトル.

問題7

$$\boldsymbol{x}=\begin{bmatrix}\boldsymbol{x}_1\\ \boldsymbol{x}_2\\ \vdots\\ \boldsymbol{x}_m\end{bmatrix},\quad D_x=\begin{bmatrix}\boldsymbol{x}_1 & & 0\\ & \boldsymbol{x}_2 & \\ & & \ddots \\ 0 & & \boldsymbol{x}_m\end{bmatrix},\quad \boldsymbol{y}=\begin{bmatrix}\boldsymbol{y}_1\\ \boldsymbol{y}_2\\ \vdots\\ \boldsymbol{y}_m\end{bmatrix}$$

と, (6.49)式で与えられるダミー行列 G を用いて, 次のような射影行列を構成する.

$$P_{x[G]}=Q_G\boldsymbol{x}(\boldsymbol{x}'Q_G\boldsymbol{x})^{-1}\boldsymbol{x}'Q_G$$

$$P_{D_x[G]} = Q_G D_x(D'_x Q_G D_x)^{-1} D'_x Q_G$$

このとき，次式が成立することを示せ(ただし，$\boldsymbol{y}_j, \boldsymbol{x}_j$ の次元数は同一で n_j とする)．

(i) $P_{x[G]}P_{D_x[G]}=P_{x[G]}$, (ii) $P_x P_{D_x[G]}=P_x P_{x[G]}$

(iii) $\underset{b}{\text{Min}} ||\boldsymbol{y}-b\boldsymbol{x}||^2_{Q_G}=||\boldsymbol{y}-P_{x[G]}\boldsymbol{y}||^2_{Q_G}$

(iv) $\underset{b}{\text{Min}} ||\boldsymbol{y}-D_x\boldsymbol{b}||^2_{Q_G}=||\boldsymbol{y}-P_{D_x[G]}\boldsymbol{y}||^2_{Q_G}$

(v) $y_{ij}=\alpha_i+\beta_i x_{ij}+\varepsilon_{ij}(1\leqq i\leqq m,\ 1\leqq j\leqq n_i)$ という線形モデルにおいて $\hat{\boldsymbol{\beta}}_i x_{ij}$ は $P_{Dx[G]}\boldsymbol{y}$, $\hat{\boldsymbol{\beta}}_l x_{ij}(\beta_l=\beta_1=\beta_2=\cdots=\beta_m)$ は $P_{x[G]}\boldsymbol{y}$ として表わされることを示せ．

問題 8 正準相関分析において現われる行列 $S=\Delta_X^{-1}U_X C_{XY} U_Y'\Delta_Y^{-1}$ の特異値が X と Y の正準相関係数に一致することを示せ，ただし，X, Y の特異値分解は，$X=U_X \Delta_X V_X'$, $Y=U_Y\Delta_Y V_Y'$ で与えられるものとする．

問題 9 $Q_Z X$ と $Q_Z Y$ の正準変数を $Q_Z XA$, $Q_Z YB$ とするとき，

(i) $P_{XA\cdot Z}=(P_{X\cdot Z}P_{Y\cdot Z})(P_{X\cdot Z}P_{Y\cdot Z})^-_{l(Z)}$

(ii) $P_{YB\cdot Z}=(P_{Y\cdot Z}P_{X\cdot Z})(P_{Y\cdot Z}P_{X\cdot Z})^-_{l(Z)}$

(iii) $P_{XA\cdot Z}P_{YB\cdot Z}=P_{XA\cdot Z}P_{Y\cdot Z}=P_{X\cdot Z}P_{YB\cdot Z}=P_{X\cdot Z}P_{Y\cdot Z}$

が成立することを示せ(Yanai, 1980)．

問題 10 X, Y を (n, p), (n, q) 型行列として

$$R=\begin{bmatrix} R_{XX} & R_{XY} \\ R_{YX} & R_{YY} \end{bmatrix},\quad RR^- = \begin{bmatrix} S_{11} & S_{12} \\ S_{21} & S_{22} \end{bmatrix}$$

のとき，次の問に答えよ．

(i) $S[(I_{p+q}-RR^-)']=\text{Ker}\,(X, Y)$

(ii) $(I_p-S_{11})X'Q_Y=O$ および $(I_q-S_{22})Y'Q_X=O$

(iii) $S(X)$ と $S(Y)$ が素であれば

$$S_{11}X' = X',\quad S_{12}Y' = O$$
$$S_{21}X' = O,\quad S_{22}Y' = Y'$$

となる．

問題 11 因子分析モデルにおいて，共通因子ベクトルを $F=(\boldsymbol{f}_1, \boldsymbol{f}_2, \cdots, \boldsymbol{f}_r)$, 平均ゼロ，分散1をもつように基準化された得点ベクトルを $Z=(\boldsymbol{z}_1, \boldsymbol{z}_2, \cdots, \boldsymbol{z}_p)(p>r)$ とするとき，次のことを示せ．

(i) $\frac{1}{n}||P_F\boldsymbol{z}_j||^2=h_j^2$ (h_j^2 は変数の共通性)

(ii) $\text{tr}(P_F P_Z)\leqq r$

(iii) $Z_{(j)}=(\boldsymbol{z}_1, \boldsymbol{z}_2, \cdots, \boldsymbol{z}_{j-1}, \boldsymbol{z}_{j+1}, \cdots, \boldsymbol{z}_p)$ のとき $h_j^2\geqq||P_{Z_{(j)}}\boldsymbol{z}_j||^2$

問題 12 $S(X)\cap S(Y)=S(Z)$ のとき，$\lim_{k\to\infty}(P_X P_Y)^k=P_Z$ を示せ．

問題 13 線形方程式 $A\boldsymbol{x}=\boldsymbol{b}$ の解において，$\boldsymbol{x}$ と $\boldsymbol{b}$ の摂動 $\Delta\boldsymbol{x}$ と $\Delta\boldsymbol{b}$, すなわち $A(\boldsymbol{x}+\Delta\boldsymbol{x})=\boldsymbol{b}+\Delta\boldsymbol{b}$ を考える．このとき，

$$\frac{||\Delta \boldsymbol{x}||}{||\boldsymbol{x}||} \leqq \mathrm{Cond}(A)\frac{||\Delta \boldsymbol{b}||}{||\boldsymbol{b}||}$$

を示せ．ただし，Cond(A) とは行列 A の最大特異値 $\mu_{\mathrm{Max}}(A)$ の，最小特異値 $\mu_{\mathrm{Min}}(A)$ に対する比で条件数と呼ばれる．

文　　献

I 単 行 本［和文］

1) 伊理正夫・韓　太舜（1977）．『線形代数』，教育出版．
2) 奥野忠一他（1971）．『多変量解析法』，日科技連．
3) 韓　太舜・伊理正夫（1982）．『ジョルダン標準形』，東京大学出版会．
4) 斎藤正彦（1967）．『線型代数入門』，東京大学出版会．
5) 竹内　啓（1974）．『線形数学　補訂版』，培風館．
6) 竹内　啓・柳井晴夫（1972）．『多変量解析の基礎』，東洋経済新報社．
7) 竹内外史（1981）．『線形代数と量子力学』，裳華房．
8) 戸川隼人（1977）．『共役勾配法』，教育出版．
9) 中川　徹・小柳義夫（1982）．『最小二乗法による実験データ解析』，東京大学出版会．

II 単 行 本［英文］

1) Arnold, S. F. (1981). *The Theory of Linear Models and Multivariate Analysis*, Wiley, New York.
2) Ben-Israel & Greville, T. N. E (1974). *Generalized Inverses: Theory and Applications*, Wiley, New York.
3) Nashed M. Z. (1976). *Generalized Inverse and Applications*, Academic Press, New York.
4) Nishisato, S. (1980). *Analysis of Categorical Data——Dual Scaling and its Applications*, Tront University Press.
5) Rao, C. R. (1973). *Linear Statistical Inference and Its Applications* (Second edition), Wiley, New York.（奥野忠一他訳(1979).『統計的推測とその応用』，東京図書）．
6) Rao, C. R. & Mitra, S. K. (1971). *Generalized Inverse of Matrices and its Applications*, Wiley, New York.（渋谷政昭，田辺国士訳（1973）．『一般逆行列とその応用』，東京図書）．
7) Searle, S. R. (1971). *Linear Models*, John Wiley, New York.
8) Seber, G. A. F. (1977). *Linear Regression Analysis*, Wiley-Interscience, New

York.

9) Takeuchi, K., Yanai, H. & Mukherjee, B. N. (1982). *The Foundations of Multivariate Analysis*, Wiley Eastern, New Delhi.

10) Togerson, W. S. (1958). *Theory and Methods of Scaling*, Wiley, New York.

11) Yoshida, K (1981). *Functional Analysis*(6th ed.), Springer-Verlag, New York.

III 論 文

1) Afriat, S. N. (1957). Orthogonal and oblique projectors and the characteristics of paires of vector spaces. *Proc. Camb. Philos. Soc. 53*, 800–816.

2) Anderson, W. N. & Duffin, R. J. (1969). Series and pararell addition of matrices *J. Math. Appl. 26*, 576–594.

3) Ben-Israel, A. & Charnes, A. C. (1963). Contribution to the theory of generalized inverse, *SIAM J. Appl. Math. 11, 3*, 667–697.

4) Chipman, J. S. & Rao, M. M. (1964). Projectors, generalized inverses and quadratic forms, *J. of Mathe. Analysis of Application*, *9*, 1–11.

5) Chipman J. S. (1964). On least squares with insufficient observations. *J. of American Statist. Assoc.*, *59*, 1078–1111.

6) Chipman, J. S. (1976). Estimation of aggregation in Econometrics, (単行本[英文] No. 3, 551–777).

7) Eckart, C. & Young, G. (1936). The approximation of one matrix by another of lower rank, *Psychometrika*, *1*, 211–218.

8) Golub, G. H. & Reinsch, C. H. (1970). Singular value decomposition and least squares solution, *Numerical Math.*, *14*, 403–420.

9) Good, I. J. (1969). Some applications of the singular value decomposition of a matrix, *Technometrics*, *11*, 4, 823–831.

10) Kalman, R. E. (1976). Algebraic aspects of the generalized inverse of a rectangular matrix (単行本[英文] No. 3, 111–147).

11) Khatri, C. G. (1968). Some results for the singular multivariate regression models, *Sankhya A*. *30*. 267–280.

12) Mitra S. K., (1968). On a generalized inverse of a matrix and applications, *Sankhya Ser. A*, *30*, 107–114.

13) Mitra, S. K. (1975). Optimal inverse of a matrix, *Sankhya*, *37*, *A*, 550–563.

14) Moore, E. H. (1920). On the reciprocals of the general algebraic matrix, *Bull. American Math. Soc.*, *26*, 394–395.

15) Penrose, R. (1955). A generalized inverse for matrices, Proc. *Cambridge Philos. Soc. 51*, 406–413.

16) Penrose, R. (1956). On best approximate solution of linear equations, *Proc. Cambridge Philos. Soc. 52*, 17–19.

17) Rao, C. R. (1962). A note on a generalized inverse of a matrix with applications to problems in mathematical statistics, *J. Roy. Statist. Soc. B 24*, 152–158.

18) Rao, C. R. (1964). The use and interpretation of principal component analysis in applied research, *Sankhya, 26*, 329–358.

19) Rao, C. R. (1973). Representation of best linear unbiased estimators in the Gauss-Markoff-model with a singular covariance matrices, *J. of Multivariate Analysis, 3*, 276–292.

20) Rao, C. R. & Mitra, S. K. (1973). Theory and applications of constrained inverses of matrices, *SIAM. J. Appl. Math. 24*, 473–488.

21) Rao, C. R. (1974). Projectors, generalized inverses and the BLUEs, *J. Roy. Statist. Soc. B 36*, 442–448.

22) Rao, C. R. (1979). Separation theorems for singular values of matrices and their applications in multivariate analysis. *J. of Multivariate Analysis, 9*, 362–377.

23) Rao, C. R. (1980). Matrix Approximations and Reduction of Dimensionality in Multivariate Statistical Analysis; 3–34. Multivariate Analysis V (Edited by Krishnaiah)

24) Rao, C. R. & Yanai, H. (1979). General definition and decomposition of projectors and some application to statistical problems, *J. of Statistical Planning and Inference, 3*, 1–17.

25) Rohde, C. A. (1965). Generalized inverses of partitioned matrices *J. Soc. Indust. Appl. Math., 13*, 1033–1035.

26) Sibuya, M. (1970). Subclasses of generalized inverses of matrices. *Ann. Inst. Statist. Math., 22*, 543–556.

27) Timm, N. H. & Carlson, J. E. (1976). Part and bipartial canonical correlation analysis, *Psychometrika, 41*, 159–176.

28) Yanai, H. (1980). A proposition of generalized method for foward selection of variables, *Behaviormetrika, No 7*, 95–107.

29) Yanai, H. (1981). Explicit expressions of projectors on canonical variables and distances between centroids of groups, *J. of Japan Statistical Soc., 11*, 1, 43–53.

30) Ziskind, G. (1967). On canonical forms, non-negative covariance matrices and

best simple least linear squares estimators in linear models, *Ann. Math. Statist.*, *38*, 1092–1109.

31) 伊理正夫他 (1982). 特異値分解とそのシステム制御への応用, 計測と制御, Vol. 21, No. 8.

32) 柳井晴夫 (1974). 一般化決定係数による多変量解析の各種技法の統一的表現, 行動計量学, 1巻1号, 46–55.

問 題 の 解 答

第1章の問題

1. (a) 右辺に左から $(A+BCB')$ をかけると

$$(A+BCB')\{A^{-1}-A^{-1}B(B'A^{-1}B+C^{-1})^{-1}B'A^{-1}\}$$
$$=I-B(B'A^{-1}B+C^{-1})^{-1}B'A^{-1}+BCB'A^{-1}-BCB'A^{-1}B(B'A^{-1}B+C^{-1})^{-1}B'A^{-1}$$
$$=I+B[C-(I+CB'A^{-1}B)(B'A^{-1}B+C^{-1})^{-1}]B'A^{-1}$$
$$=I+B[C-C(C^{-1}+B'A^{-1}B)(B'A^{-1}B+C^{-1})^{-1}]B'A^{-1}$$
$$=I$$

(b) (a)で C を単位行列，$B=(\boldsymbol{c})$ とおけばよい．

2. $A\boldsymbol{x}_1=B\boldsymbol{x}_2$ を満たす $\boldsymbol{x}_1'=(x_1, x_2)$, $\boldsymbol{x}_2'=(x_3, x_4)$ を求めるために

$$x_1+2x_2-3x_3+2x_4=0$$
$$2x_1+x_2-x_3-3x_4=0$$
$$3x_1+3x_2-2x_3-5x_4=0$$

を解くと，$x_1=2x_4$, $x_2=x_4$, $x_3=2x_4$ となる．したがって，$(A\boldsymbol{x}_1)'=(B\boldsymbol{x}_2)'=(4x_4, 5x_4, 9x_4)=(4,5,9)x_4$ となるから，$\boldsymbol{d}'=(4,5,9)$ とおくと，$S_{A\cap B}=\{\boldsymbol{x}|\boldsymbol{x}=\alpha\boldsymbol{d}$ ただし $\alpha\neq 0\}$ となる．

3. M は正定値行列とあるから，$M=T\Delta^2T'=(T\Delta)(T\Delta')'=SS'$ (S は正則行列) となる．ここで $\tilde{A}=S'A, \tilde{B}=(S)^{-1}B$ とおくと (1.18a) 式より

$$[\mathrm{tr}\{(\tilde{A})'(\tilde{B})\}]^2 \leqq \mathrm{tr}[(\tilde{A})'(\tilde{A})]\,\mathrm{tr}(\tilde{B}'\tilde{B})$$

一方，$(\tilde{A})'(\tilde{B})=A'SS^{-1}B=A'B$, $(\tilde{A})'\tilde{A}=A'SS'A=A'MA$, $(\tilde{B})'\tilde{B}=B'(S')^{-1}S^{-1}B=B'(SS')^{-1}B=B'M^{-1}B$ より，与式が導かれる．

4. (a) 正しい

(b) 正しくない ($\boldsymbol{x}\in E^n$ は $\boldsymbol{x}=\boldsymbol{x}_1+\boldsymbol{x}_2$, $\boldsymbol{x}_1\in V$, $\boldsymbol{x}_2\in W$ となるので，$\boldsymbol{x}\in E^n$ は V または W の一方に含まれるとは限らない．$\boldsymbol{x}\notin V$ であっても，$\boldsymbol{x}\in W$ とは限らず，一般に $\boldsymbol{x}\in V\oplus W$ である．例えば $V=\left\{\begin{pmatrix}1\\0\end{pmatrix}\right\}$, $W=\left\{\begin{pmatrix}0\\1\end{pmatrix}\right\}$ の場合，$\boldsymbol{x}=\begin{pmatrix}1\\1\end{pmatrix}$ としてみよ．

(c) 正しくない $\boldsymbol{x}\in V$ であっても，任意の分割 $E^n=\tilde{V}\oplus\tilde{W}$ によって $\boldsymbol{x}=\boldsymbol{x}_1+\boldsymbol{x}_2(\boldsymbol{x}_1\in\tilde{V}, \boldsymbol{x}_2\in\tilde{W})$ となることがある．

(d) 正しくない ($V\cap\mathrm{Ker}(A)=\{\boldsymbol{0}\}\Leftrightarrow\mathrm{rank}(A)=\mathrm{rank}(A^2)$ となる．例えば $A=\begin{pmatrix}0&1\\0&0\end{pmatrix}$ とすると，$S(A)=\mathrm{Ker}(A)=S\left\{\begin{pmatrix}1\\0\end{pmatrix}\right\}$ となる)．

5. $\dim(V_1+V_2)=\dim V_1+\dim V_2-\dim(V_1\cap V_2)$,

$$\dim(W_1+W_2)=\dim W_1+\dim W_2-\dim(W_1\cap W_2)$$

一方，$\dim V_1+\dim W_1=\dim V_2+\dim W_2=n$

であるから，(1.76)式が導かれる.

6. (a) ($\Rightarrow$) $\boldsymbol{y}\in\mathrm{Ker}(A)$ とおいて $B\boldsymbol{x}+\boldsymbol{y}=\boldsymbol{0}$ と仮定する．このとき $AB\boldsymbol{x}+A\boldsymbol{y}=\boldsymbol{0}$, $A\boldsymbol{y}=\boldsymbol{0}$ より $AB\boldsymbol{x}=\boldsymbol{0}$, 一方，$\mathrm{Ker}(AB)=\mathrm{Ker}(B)$ より $AB\boldsymbol{x}=\boldsymbol{0}\Rightarrow B\boldsymbol{x}=\boldsymbol{0}$. したがって，定理1.4より $S(B)\cap\mathrm{Ker}(A)=\{\boldsymbol{0}\}$ となる.

($\Leftarrow$) $AB\boldsymbol{x}=\boldsymbol{0}$ とすると $B\boldsymbol{x}\in\mathrm{Ker}(A)$. ところで，$S(B)\cap\mathrm{Ker}(A)=\{\boldsymbol{0}\}$ より $B\boldsymbol{x}=\boldsymbol{0}$. したがって，$\mathrm{Ker}(AB)\subset\mathrm{Ker}(B)$. 一方，$\mathrm{Ker}(AB)\supset\mathrm{Ker}(B)$ は明らか．よって $\mathrm{Ker}(AB)=\mathrm{Ker}(B)$ が示される.

(b) (a)において $B=A$ とおくと

$$\mathrm{Ker}(A)\cap S(A)=\{\boldsymbol{0}\}\Leftrightarrow\mathrm{Ker}(A)=\mathrm{Ker}(A^2).$$

一方，$\dim(\mathrm{Ker}(A))=n-\mathrm{rank}(A)$ より $\mathrm{rank}(A)=\mathrm{rank}(A^2)$, これより与式が導かれる.

7. (a) $\begin{bmatrix} I_m & O \\ -C & I_p \end{bmatrix}\begin{bmatrix} A & AB \\ CA & O \end{bmatrix}\begin{bmatrix} I_n & -B \\ O & I_m \end{bmatrix}=\begin{bmatrix} A & O \\ O & -CAB \end{bmatrix}$

となることから与式が導かれる.

(b) $E=\begin{bmatrix} I_n & I_n-BA \\ A & O \end{bmatrix}$ とおくと(a)より

$$\begin{bmatrix} I_n & O \\ -A & I_m \end{bmatrix}E\begin{bmatrix} I_n & -(I_n-BA) \\ O & I_n \end{bmatrix}=\begin{bmatrix} I_n & O \\ O & -A(I_n-BA) \end{bmatrix}$$

したがって，$\mathrm{rank}\,E=n+\mathrm{rank}(A-ABA)$

一方，$\mathrm{rank}\,E=\mathrm{rank}\left\{\begin{bmatrix} I_n & B \\ O & I_m \end{bmatrix}\begin{bmatrix} O & I_n-BA \\ A & O \end{bmatrix}\begin{bmatrix} I_n & O \\ I_n & I_n \end{bmatrix}\right\}$

$$=\mathrm{rank}\begin{bmatrix} O & I-BA \\ A & O \end{bmatrix}=\mathrm{rank}\,A+\mathrm{rank}\,(I_n-BA)$$

したがって，$\mathrm{rank}(A-ABA)=\mathrm{rank}(A)+\mathrm{rank}(I_n-BA)-n$ が示された．もう一方の式も同様に示される.

8. (a) W_1 の基底 $(\boldsymbol{e}_1,\cdots,\boldsymbol{e}_p)$ を拡大して $S(B)$ の基底 $(\boldsymbol{e}_1,\cdots,\boldsymbol{e}_p,\boldsymbol{e}_{p+1},\cdots,\boldsymbol{e}_q)$ を得たとする．このとき $(A\boldsymbol{e}_{p+1},\cdots,A\boldsymbol{e}_q)$ が $W_2=S(AB)$ の基底であることを証明すればよい.

$\boldsymbol{y}\in W_2$ に対して，$\boldsymbol{y}=A\boldsymbol{x}$ なる $\boldsymbol{x}\in S(B)$ が存在する．$\boldsymbol{x}=c_1\boldsymbol{e}_1+\cdots+c_q\boldsymbol{e}_q$ とすると $A\boldsymbol{e}_i=\boldsymbol{0}(i=1,\cdots,p)$ であるから $\boldsymbol{y}=A\boldsymbol{x}=c_{p+1}A\boldsymbol{e}_{p+1}+\cdots+c_qA\boldsymbol{e}_q$. すなわち，任意の $\boldsymbol{y}\in W_2$ は $A\boldsymbol{e}_i(i=p+1,\cdots,q)$ の和であらわされる．一方，$c_{p+1}A\boldsymbol{e}_{p+1}+\cdots+c_qA\boldsymbol{e}_q=\boldsymbol{0}$ とすると $A(c_{p+1}\boldsymbol{e}_{p+1}+\cdots+c_q\boldsymbol{e}_q)=\boldsymbol{0}\Rightarrow c_{p+1}\boldsymbol{e}_{p+1}+\cdots+c_q\boldsymbol{e}_q\in W_1$. したがって，$b_1\boldsymbol{e}_1+\cdots+b_p\boldsymbol{e}_p+c_{p+1}\boldsymbol{e}_{p+1}+\cdots+c_q\boldsymbol{e}_q=\boldsymbol{0}$. $(\boldsymbol{e}_1,\cdots,\boldsymbol{e}_q)$ の1次独立性より，$b_1=\cdots=b_p=c_{p+1}=\cdots=c_q=0$.

i. e. $c_{p+1}A\boldsymbol{e}_{p+1}+\cdots+c_qA\boldsymbol{e}_q=\boldsymbol{0}$ のとき $c_{p+1}=\cdots=c_q$ であるから，$(A\boldsymbol{e}_{p+1}, \cdots, A\boldsymbol{e}_q)$ は $W_2=S(AB)$ の基底である.

(b)　(a) より $\mathrm{rank}(AB)=\mathrm{rank}(B)-\dim\{S(B)\cap \mathrm{Ker}(A)\}$

$$\begin{aligned}\mathrm{rank}(AB) &= \mathrm{rank}(B'A') = \mathrm{rank}(A')-\dim\{S(A')\cap \mathrm{Ker}(B')\}\\ &= \mathrm{rank}(A)-\dim\{S(A')\cap S(B)^{\perp}\}\end{aligned}$$

9.　(a)

$$(I-A)(I+A+A^2+\cdots+A^{n-1}) = I-A^n$$

$A\boldsymbol{x}=\lambda\boldsymbol{x}$ は $\lambda=1$ の解を持たないから $(I-A)$ は正則である.

これより

$$(I-A)^{-1}(I-A^n) = I+A+A^2+\cdots+A^{n-1}$$

ところで，$A=T_1\Delta T_2'$ (T_1, T_2 は直交行列，Δ は固有値 $\lambda_j(0<\lambda_j<1)$ を対角成分とする対角行列) より，$A^n=T_1\Delta^n T_2'\to O$. したがって与式が導かれる.

(b)

$$A=\begin{bmatrix}0&1&0&0&0\\0&0&1&0&0\\0&0&0&1&0\\0&0&0&0&1\\0&0&0&0&0\end{bmatrix} \text{とおくと}\quad A^2=\begin{bmatrix}0&0&1&0&0\\0&0&0&1&0\\0&0&0&0&1\\0&0&0&0&0\\0&0&0&0&0\end{bmatrix}$$

$$A^3=\begin{bmatrix}0&0&0&1&0\\0&0&0&0&1\\0&0&0&0&0\\0&0&0&0&0\\0&0&0&0&0\end{bmatrix}\quad A^4=\begin{bmatrix}0&0&0&0&1\\0&0&0&0&0\\0&0&0&0&0\\0&0&0&0&0\\0&0&0&0&0\end{bmatrix}\quad A^5=O$$

したがって，A の固有値はすべてゼロであるから

$$B = I_5+A+A^2+A^3+A^4+A^5 = (I_5-A)^{-1}$$

となる. したがって

$$B^{-1}=I_5-A=\begin{bmatrix}1&-1&0&0&0\\0&1&-1&0&0\\0&0&1&-1&0\\0&0&0&1&-1\\0&0&0&0&1\end{bmatrix}$$

となる. ところで，$\boldsymbol{x}'=(x_1, x_2, x_3, x_4, x_5)$ とおくと

$$B\boldsymbol{x}=\begin{bmatrix}x_1+x_2+x_3+x_4+x_5\\x_2+x_3+x_4+x_5\\x_3+x_4+x_5\\x_4+x_5\\x_5\end{bmatrix}\quad B^{-1}\boldsymbol{x}=\begin{bmatrix}x_1-x_2\\x_2-x_3\\x_3-x_4\\x_4-x_5\\x_5\end{bmatrix}$$

となり，$B\boldsymbol{x}$ が積分，$B^{-1}\boldsymbol{x}$ が微分(差分)に対応していることがわかる. ((b)の証明について，岩坪秀一氏(大学入試センター)の示唆をうけた).

10.　M を $S(A)$ の基底ベクトルに選べばよい.

11.　$UAV'=\tilde{U}(T_1{}^{-1})A(T_2{}^{-1})'\tilde{V}'$

$=\tilde{U}(T_1{}^{-1}AT_2{}')(\tilde{V})'$ より $\tilde{A}=T_1{}^{-1}AT_2{}'$ となる.

第2章の問題

1.　$S(\tilde{A})=S\begin{pmatrix}A_1 & O\\ O & A_2\end{pmatrix}=S\begin{pmatrix}A_1\\ O\end{pmatrix}\dot{\oplus}S\begin{pmatrix}O\\ A_2\end{pmatrix}\supset S\begin{pmatrix}A_1\\ A_2\end{pmatrix}$. ゆえに $P_{\tilde{A}}P_A=P_A$

2.　(十分条件) $P_AP_B=P_BP_A\Rightarrow P_A(I-P_B)=(I-P_B)P_A$. したがって, P_AP_B, $P_A(I-P_B)$ は, $S(A)\cap S(B)$ および $S(A)\cap S(B)^{\perp}$ への直交射影行列となる. さらに, $P_AP_B\cdot P_A(I-P_B)=P_A(I-P_B)P_AP_B=O$ となるから, 部分空間の分配法則が成立し,

$$S(A)\cap S(B)\dot{\oplus}(S(A)\cap S(B)^{\perp})=S(A)\cap(S(B)\dot{\oplus}S(B)^{\perp})=S(A)$$

となる.

(必要条件) $P_A=P_AP_B+P_A(I-P_B)$. ところで $S(A)\cap S(B)$ への射影行列が P_AP_B, $S(A)\cap S(B)^{\perp}$ への射影行列が $P_A(I-P_B)$ となるためには $P_AP_B=P_BP_A$ が必要条件である.

3.　(i)　$\boldsymbol{x}\in(\mathrm{Ker}(P))^{\perp}$ とおくと $\boldsymbol{x}=P\boldsymbol{x}+(I-P)\boldsymbol{x}=\boldsymbol{x}_1+\boldsymbol{x}_2$ と分解され, $\boldsymbol{x}_2\in\mathrm{Ker}(P)$ となる. したがって, $P\boldsymbol{x}=\boldsymbol{x}-(I-P)\boldsymbol{x}$, および $(\boldsymbol{x},(I-P)\boldsymbol{x})=0$ より

$$\|\boldsymbol{x}\|^2\geqq\|P\boldsymbol{x}\|^2=\|\boldsymbol{x}\|^2+\|(I_n-P)\boldsymbol{x}\|^2\geqq\|\boldsymbol{x}\|^2.$$

したがって, $\|P\boldsymbol{x}\|^2=\|\boldsymbol{x}\|^2\Rightarrow(\boldsymbol{x}-P\boldsymbol{x})'(\boldsymbol{x}-P\boldsymbol{x})=0\Rightarrow\boldsymbol{x}=P\boldsymbol{x}$.

(ii)　(i) より $\mathrm{Ker}(P)^{\perp}\subset S(P)$. 一方, $\boldsymbol{x}\in S(P)$ として, $\boldsymbol{x}=\boldsymbol{x}_1+\boldsymbol{x}_2(\boldsymbol{x}_1\in\mathrm{Ker}(P)^{\perp}$, $\boldsymbol{x}_2\in\mathrm{Ker}(P))$ と分解すると, $\boldsymbol{x}=P\boldsymbol{x}=P\boldsymbol{x}_1+P\boldsymbol{x}_2=P\boldsymbol{x}_1=\boldsymbol{x}_1$, したがって,

$$S(P)\subset\mathrm{Ker}(P)^{\perp}\Rightarrow S(P)=\mathrm{Ker}(P)^{\perp}\Rightarrow S(P)^{\perp}=\mathrm{Ker}(P).$$

したがって, P は $S(P)^{\perp}$ に沿った $S(P)$ への射影行列となり, $P=P'$ となる.

(この証明は, Yoshida, 1981, p. 84 を参照した.)

4.　(i)　$\|\boldsymbol{x}\|^2=\|P_A\boldsymbol{x}+(I-P_A)\boldsymbol{x}\|^2\geqslant\|P_A\boldsymbol{x}\|^2=\|P_1\boldsymbol{x}+\cdots+P_m\boldsymbol{x}\|^2$

$$=\|P_1\boldsymbol{x}\|^2+\cdots+\|P_m\boldsymbol{x}\|^2$$

等号が成立するのは, $I-P_A=O\Rightarrow P_A=I_n$. すなわち $S(A)=E^n$ の場合.

(ii)　$\boldsymbol{x}_j\in S(A_j)$ とすると $P_j\boldsymbol{x}_j=\boldsymbol{x}_j$. したがって(2.82)式より

$$\|P_1\boldsymbol{x}_j\|^2+\cdots+\|P_{j-1}\boldsymbol{x}_j\|^2+\|P_{j+1}\boldsymbol{x}_j\|^2+\cdots+\|P_m\boldsymbol{x}_j\|^2=0$$

$\Rightarrow\|P_i\boldsymbol{x}_j\|=0\Rightarrow P_i\boldsymbol{x}_j=\boldsymbol{0}\Rightarrow(P_i)'\boldsymbol{x}_j=\boldsymbol{0}\Rightarrow S(A_i)$ と $S(A_j)$ は直交する(ただし $i\neq j$).

(iii)　$P_j(P_1+P_2+\cdots+P_{j-1})=\boldsymbol{O}$ より $\|P_{(j)}\boldsymbol{x}\|^2=\|P_{(j-1)}\boldsymbol{x}+P_j\boldsymbol{x}\|^2=\|P_{(j-1)}\boldsymbol{x}\|^2+\|P_j\boldsymbol{x}\|^2$ ゆえに $\|P_{(j)}\boldsymbol{x}\|\geqq\|P_{(j-1)}\boldsymbol{x}\|$　$(j=2,\cdots,m)$.

5.　(i)　定理 2.8 より (P_1+P_2) は $W_1\cap W_2$ に沿った V_1+V_2 への射影行列となる. 一方, $P_3(P_1+P_2)=O$, $(P_1+P_2)P_3=O$ となるから, 再び定理 2.8 を用いると, $P_1+P_2+P_3=(P_1+P_2)+P_3$ は, $W_1\cap W_2\cap W_3$ に沿った $V_1+V_2+V_3$ への射影行列となる.

(ii)　P_1P_2 は (W_1+W_2) にそった，$V_1\cap V_2$ への射影行列．一方，$(P_1P_2)P_3=P_3(P_1P_2)$ となるから，$P_1P_2P_3$ は $W_1+W_2+W_3$ に沿った $V_1\cap V_2\cap V_3$ への射影行列となる．(ただし，$P_1P_2P_3$ が射影行列であったとしても，$P_1P_2=P_2P_1$，$P_1P_3=P_3P_1$，$P_2P_3=P_3P_2$ は成立しないことに注意してほしい．)

(iii)　$(I-P_{1+2+3})$ は $(V_1+V_2+V_3)$ に沿った $W_1\cap W_2\cap W_3$ への射影行列となる．一方，$(I-P_j)(j=1,3)$ は，V_j に沿った W_j への射影行列となるから，(ii)の結果を用いると，$I-P_{1+2+3}=(I-P_1)(I-P_2)(I-P_3)$．これより，与式が導かれる．

6.　(十分条件)仮定より $(V_1\cap V_2)\cap(W_1\cap W_2)=\{0\}$．したがって，$V_1\cap V_2$ と $W_1\cap W_2$ は素である．一方，$W_1+W_2\supset W_1\cap V_2$，$V_1+W_2\supset V_1\cap V_2$ より，定理 2.7 を用いると次式が成立する．

$$P_{V_1\cap V_2\cdot W_1+W_2}+P_{W_1\cap V_2\cdot V_1+W_2}=P_{T\cdot S}\cdots\cdots①$$

(ただし，$T=V_1\cap V_2\oplus W_1\cap V_2$，$S=(V_1+W_2)\cap(W_1+W_2)$)

明らかに $V_2\supset T$，$S\supset W_2$ であるから，①に左から $P_{V_1\cdot W_1}$ をかけて

$$P_{V_1\cdot W_1}P_{T\cdot S}=P_{V_1\cap V_2\cdot W_1+W_2}$$

ここで，$T=V_2$ ならば $S=W_2$ となるから，

$$P_{V_1\cdot W_1}P_{V_2\cdot W_2}=P_{V_1\cap V_2\cdot W_1+W_2}\cdots\cdots②$$

(必要条件)②が成り立つとき，①と②より

$$P_{V_2\cdot W_2}=P_{T\cdot S}+H\,(\text{ただし } P_{V_1\cdot W_2}H=0)\cdots\cdots③$$

となる H が存在する．⇒したがって，$S(H)\subset W_1$，一方 $T\subset V_2$ より③式を用いると，$P_{T\cdot S}P_{V_2\cdot W_2}=P_{V_2\cdot W_2}\Rightarrow\mathrm{rank}(P_{T\cdot S})\geqq\mathrm{rank}(P_{V_2\cdot W_2})$．一方，$V_2\supset T$ より，$\mathrm{rank}(P_{T\cdot S})=\mathrm{rank}(P_{V_2\cdot W_2})\Rightarrow V_2=T=V_1\cap V_2\oplus W_1\cap W_2$．(この証明は Ben-Israel (1974, p. 73)を参照した．)

第3章の問題

1.　(a)　$(A_{mr}^-)'=\dfrac{1}{12}\begin{bmatrix}-2&1&4\\4&1&-2\end{bmatrix}$　($A_{mr}^-=(AA')^-A'$ を用いる)

(b)　$A_{lr}^-=\dfrac{1}{11}\begin{bmatrix}-4&7&1\\7&-4&1\end{bmatrix}$　($A_{lr}^-=(A'A)^-A'$ を用いる)

(c)　$A^+=\dfrac{1}{9}\begin{bmatrix}2&-1&-1\\-1&2&-1\\-1&-1&2\end{bmatrix}$

2.　(⇐)$P^2=P$ より $E^n=S(P)\oplus S(I-P)$．ところが，$\mathrm{Ker}(P)=S(I-P)$，$\mathrm{Ker}(I-P)=S(P)$．　∴ $E^n=\mathrm{Ker}(P)\oplus\mathrm{Ker}(I-P)$．

(⇒)$\mathrm{rank}(P)=r$ とすると，$\dim(\mathrm{Ker}(P))=n-r$，$\dim(\mathrm{Ker}(I-P))=r$．さて，$\boldsymbol{x}\in\mathrm{Ker}(I-P)$ とすると，$(I-P)\boldsymbol{x}=\boldsymbol{0}\Rightarrow\boldsymbol{x}=P\boldsymbol{x}$．ゆえに $S(P)\supset\mathrm{Ker}(I-P)$．ところが $\dim(S(P))$

$=\dim(\mathrm{Ker}(I-P))=r$ であるから，$S(P)=\mathrm{Ker}(I-P)$.　$\therefore\ (I-P)P=O \longrightarrow P^2=P$

3. (i) $(I_m-BA)(I_m-A^-A)=I_m-A^-A$ となるから，$\mathrm{Ker}(A)=S(I-A^-A)=S\{(I_n-BA)(I-A^-A)\}$. 一方，$m=\mathrm{rank}(A)+\dim(\mathrm{Ker}(A))$ であるから，仮定より，$\mathrm{rank}(I_m-BA)=\dim(\mathrm{Ker}(A))=\mathrm{rank}(I_m-A^-A)$. したがって，$S(I_m-A^-A)=S\{(I_n-BA)(I-A^-A)\}\subset S(I_m-BA)$ より，$S(I_m-BA)=S(I_m-A^-A)\Rightarrow(I_n-BA)=(I_n-A^-A)W$. ここで，左より A を掛けると，$A-ABA=O\Rightarrow A=ABA$. よって $B=A^-$.

(別証) $\mathrm{rank}(BA)\leqq\mathrm{rank}(A)\Rightarrow\mathrm{rank}(I-BA)\leqq m-\mathrm{rank}(BA)$. ところが $\mathrm{rank}(I-BA)+\mathrm{rank}(BA)\geqq m\Rightarrow\mathrm{rank}(I-BA)+\mathrm{rank}(BA)=m\Rightarrow\mathrm{rank}(BA)=\mathrm{rank}(A)\Rightarrow(BA)^2=BA$ より (ii) を用いる.

(ii) $\mathrm{rank}(BA)=\mathrm{rank}(A)$ より，$S(A')=S(A'B')$. ゆえに，適当な行列 K の存在により $A=KBA$ とあらわされる. $(BA)^2=BABA=BA$ に左から K をかけると，

$KBABA=KBA$. よって $ABA=A$.

(iii) $\mathrm{rank}(AB)=\mathrm{rank}(A)$ より $S(AB)=S(A)$. ゆえに $A=ABL$ とあらわせる. $(AB)^2=AB$ の両辺に右から L をかけると，$ABABL=ABL$. よって $ABA=A$.

4. (i) ($\Rightarrow$) $\mathrm{rank}\,AB=\mathrm{rank}\,A$ より $A=ABK$ とあらわせる. ゆえに，$AB(AB)^-A=AB(AB)^-ABK=ABK=A$.　$\therefore\ B(AB)^-\in\{A^-\}$.

($\Leftarrow$) $B(AB)^-\in\{A^-\}$ より，$AB(AB)^-A=A$. $\mathrm{rank}(AB(AB)^-A)\leq\mathrm{rank}(AB)$. ところが，$\mathrm{rank}(AB(AB)^-A)\geqslant\mathrm{rank}(AB(AB)^-AB)=\mathrm{rank}(AB)$.

$\therefore\ \mathrm{rank}(AB(AB)^-A)=\mathrm{rank}(AB)$

(ii) ($\Rightarrow$) $\mathrm{rank}(A)=\mathrm{rank}(CAD)=\mathrm{rank}\{(CAD)(CAD)^-\}=\mathrm{rank}(AD(CAD)^-C)$. したがって，$AD(CAD)^-C=AK$ とあらわせるから，$AD(CAD)^-CAD(CAD)^-C=AD(CAD)^-CAK=AD(CAD)^-C$. これより $D(CAD)^-C\in\{A^-\}$. よって，$(CAD)(CAD)^-C=C\Rightarrow CAK=C$ を用いて与式が導かれる.

($\Leftarrow$) $\mathrm{rank}(AA^-)=\mathrm{rank}(AD(CAD)^-C)=\mathrm{rank}\,A$. 一方，$H=AD(CAD)^-C$ とおくと，$H^2=AD(CAD)^-CAD(CAD)^-C=AD(CAD)^-C=H$. したがって，$H^2=H\Rightarrow\mathrm{rank}(H)=\mathrm{tr}(H)$. したがって，$\mathrm{rank}(AD(CAD)^-C)=\mathrm{tr}(AD(CAD)^-C)=\mathrm{tr}(CAD(CAD)^-)=\mathrm{rank}(CAD(CAD)^-)=\mathrm{rank}(CAD)$. したがって $\mathrm{rank}(A)=\mathrm{rank}(CAD)$.

5. (i) (必要条件) $AB(B^-A^-)AB=AB$. 両辺に左から A^-，右から B^- をかけると $(A^-ABB^-)^2=A^-ABB^-$：(十分条件) $A^-ABB^-A^-ABB^-=A^-ABB^-$ に左から A，右から B をかければよい.

(ii) $(A_m^-ABB')'=BB'A_m^-A=A_m^-ABB'$. したがって，$A_m^-A$ と BB' は交換可能である. $ABB_m^-A_m^-AB=ABB_m^-A_m^-ABB_m^-B=ABB_m^-A_m^-ABB'(B_m^-)'=ABB_m^-BB'A_m^-A(B_m^-)'=ABB'A_m^-A(B_m^-)'=AA_m^-ABB'(B_m^-)'=AB$.

$\therefore\ (B_m^-A_m^-)\in\{(AB)^-\}\cdots\cdots(1)$. 次に $(B_m^-A_m^-AB)'=B'A_m^-A(B_m^-)'=B_m^-BB'$

$A_m^-A(B_m^-)'=B_m^-A_m^-ABB'(B_m^-)'=B_m^-A_m^-AB(B_m^-B)'=B_m^-A_m^-ABB_m^-B=B_m^-A_m^-AB$. ゆえに，$B_m^-A_m^-AB$ は対称……(2). (1), (2) より，ノルム最小型一般逆行列の定義により，$\{B_m^-A_m^-\}=\{(AB)_m^-\}$ となる．

(iii)　$P_AP_B=P_BP_A$ のとき $Q_AP_B=P_BQ_A$. このとき，$(Q_AB)'Q_ABB_l^-=B'Q_AP_B=B'P_BQ_A=B'Q_A$ より，$B_l^-\in\{(Q_AB)_l^-\}$. よって，$(Q_AB)(Q_AB)_l^-=Q_AP_B=P_B-P_AP_B$.

6.　(i)→(ii)　$A^2=AA^-$ より $\text{rank}(A^2)=\text{rank}(AA^-)=\text{rank}(A)$. さらに $A^2=AA^-\Rightarrow A^4=(AA^-)^2=AA^-=A^2$.

(ii)→(iii)　$\text{rank}(A)=\text{rank}(A^2)$ より，$A=A^2D$. したがって，$A=A^2D=A^4D=A^2(A^2D)=A^3$

(iii)→(i)　$A=AAA$ より $A\in\{A^-\}$（このような性質をもつ，一般逆行列 A^- を3乗べき等行列といい，A の固有値は $1, 0, -1$ である．詳しくは Rao & Mitra, 1971 を参照せよ）．

7.　(i)　$A=(A, B)\begin{pmatrix} I \\ O \end{pmatrix}$ であるから，

$(A, B)(A, B)^-A=(A, B)(A, B)^-(A, B)\begin{pmatrix} I \\ O \end{pmatrix}=A$ となる．

(ii)　$AA'+BB'=FF'$（ただし，$F=(A, B)$）となる．さらに $A=(A, B)\begin{pmatrix} I \\ O \end{pmatrix}=F\begin{pmatrix} I \\ O \end{pmatrix}$ となるから $(AA'+BB')(AA'+BB')^-A=FF'(FF')^-F\begin{pmatrix} I \\ O \end{pmatrix}=F\begin{pmatrix} I \\ O \end{pmatrix}=A$.

8.　$V=W_1A$ より $V=VA^-A$. $U=AW_2$ より $U=AA^-U$. これより

$$\begin{aligned}
&(A+UV)\{A^--A^-U(I+VA^-U)^-VA^-\}(A+UV)\\
&=(A+UV)A^-(A+UV)-(AA^-U+UVA^-U)(I+VA^-U)^-(VA^-A+VA^-UV)\\
&=A+2UV+UVA^-UV-U(I+VA^-U)V\\
&=A+UV
\end{aligned}$$

9.　$A=B^{-1}\begin{pmatrix} I_r & O \\ O & O \end{pmatrix}C^{-1}$. $AGA=B^{-1}\begin{pmatrix} I_r & O \\ O & O \end{pmatrix}C^{-1}C\begin{pmatrix} I_r & O \\ O & E \end{pmatrix}BB^{-1}\begin{pmatrix} I_r & O \\ O & O \end{pmatrix}C^{-1}=B^{-1}\begin{pmatrix} I_r & O \\ O & O \end{pmatrix}C^{-1}$　$\therefore\ G\in\{A^-\}$. $\text{rank}(G)=r+\text{rank}(E)$ は明らか．

10.　$Q_{A'}\boldsymbol{a}$ は $S(Q_{A'})=S(A')^\perp$ 上の任意のベクトルと仮定すると，$\|\boldsymbol{x}-Q_{A'}\boldsymbol{a}\|^2$ を最小にする $Q_{A'}\boldsymbol{a}\in S(A')^\perp$ は，$\boldsymbol{x}$ の $S(A')^\perp$ への直交射影，すなわち $Q_{A'}\boldsymbol{x}$ によって与えられる．このとき，最小値は $\|\boldsymbol{x}-Q_{A'}\boldsymbol{x}\|^2=\|(I-Q_{A'})\boldsymbol{x}\|^2=\|P_{A'}\boldsymbol{x}\|^2=\boldsymbol{x}'P_{A'}\boldsymbol{x}$ となる．（これは，$\boldsymbol{x}'\boldsymbol{x}$ を $A\boldsymbol{x}=\boldsymbol{b}$ の条件で最小にしたもの，すなわちノルム最小型一般逆行列を $Q_{A'}$ に対する最小2乗型一般逆行列として求めるものである．

11.　(i)　$ABA=AA_m^-AA_l^-A=A$

(ii)　$BAB=A_m^-AA_l^-AA_m^-AA_l^-=A_m^-AA_l^-=B$

(iii)　$(BA)'=(A_m^-AA_l^-A)'=(A_m^-A)'=A_m^-A=BA$

(iv)　$(AB)'=(AA_m^-AA_l^-)'=(AA_l^-)'=AA_l^-=AB$

(i)〜(iv) より，$B=A_m^- A A_l^-$ は A のムーアペンローズ逆行列 A^+ となる．

12.　$V_1+V_2 \supset V_2$ であるから P_{1+2} を V_1+V_2 への直交射影行列とすると

$$P_{1+2}P_2 = P_2 = P_2P_{1+2} \cdots\cdots ①$$

ところで，$P_{1+2} = (P_1, P_2)\begin{pmatrix} P_1 \\ P_2 \end{pmatrix}\left\{(P_1, P_2)\begin{pmatrix} P_1 \\ P_2 \end{pmatrix}\right\}^+ = (P_1+P_2)(P_1+P_2)^+$

同様に，

$$P_{1+2}=(P_1+P_2)^+(P_1+P_2)$$

となるから，これを①に代入すると，

$$(P_1+P_2)(P_1+P_2)^+P_2 = P_2 = P_2(P_1+P_2)^+(P_1+P_2)$$

これより，$2P_1(P_1+P_2)^+P_2=2P_2(P_1+P_2)^+P_1$ ($\equiv H$ とおく)．

明らかに，$S(H) \subset V_1 \cap V_2$．したがって，

$$\begin{aligned} H = P_{1\cap 2}H &= P_{1\cap 2}(P_1(P_1+P_2)^+P_2+P_2(P_1+P_2)^+P_1) \\ &= P_{1\cap 2}(P_1+P_2)^+(P_1+P_2) = P_{1\cap 2}P_{1+2} = P_{1\cap 2}. \end{aligned}$$

したがって，

$$P_{1\cap 2}=2P_1(P_1+P_2)^+P_2=2P_2(P_1+P_2)^+P_1$$

となる．(証明は Ben-Israel, 1974 による．)

第4章の問題

1.　(4.68式)を用いる．$Q_{C'}=I_3-\dfrac{1}{3}\begin{bmatrix} 1 \\ 1 \\ 1 \end{bmatrix}[1\ 1\ 1] \quad =\dfrac{1}{3}\begin{bmatrix} 2 & -1 & -1 \\ -1 & 2 & -1 \\ -1 & -1 & 2 \end{bmatrix}$

$$Q_{C'}A' = \frac{1}{3}\begin{bmatrix} 2 & -1 & -1 \\ -1 & 2 & -1 \\ -1 & -1 & 2 \end{bmatrix}\begin{bmatrix} 1 & 2 \\ 2 & 3 \\ 3 & 1 \end{bmatrix} = \frac{1}{3}\begin{bmatrix} -3 & 0 \\ 0 & 3 \\ 3 & -3 \end{bmatrix}$$

$$A(Q_{C'}A') = \frac{1}{3}\begin{bmatrix} 1 & 2 & 3 \\ 2 & 3 & 1 \end{bmatrix}\begin{bmatrix} -3 & 0 \\ 0 & 3 \\ 3 & -3 \end{bmatrix} = \frac{1}{3}\begin{bmatrix} 6 & -3 \\ -3 & 6 \end{bmatrix} = \begin{bmatrix} 2 & -1 \\ -1 & 2 \end{bmatrix}$$

したがって，$A_{mr(C)}^- = Q_{C'}A'(AQ_{C'}A')^{-1}$

$$= \frac{1}{3}\begin{bmatrix} -3 & 0 \\ 0 & 3 \\ 3 & -3 \end{bmatrix}\begin{bmatrix} 2 & -1 \\ -1 & 2 \end{bmatrix}^{-1} = \frac{1}{9}\begin{bmatrix} -3 & 0 \\ 0 & 3 \\ 3 & -3 \end{bmatrix}\begin{bmatrix} 2 & 1 \\ 1 & 2 \end{bmatrix}$$

$$= \frac{1}{3}\begin{bmatrix} -2 & -1 \\ 1 & 2 \\ 1 & -1 \end{bmatrix}$$

2.　(4.56)式を用いる．

(i) $Q_B=I_3-P_B=I_3-\frac{1}{3}\begin{bmatrix}1&1&1\\1&1&1\\1&1&1\end{bmatrix}=\frac{1}{3}\begin{bmatrix}2&-1&-1\\-1&2&-1\\-1&-1&2\end{bmatrix}$

$$A'Q_BA=\frac{1}{3}\begin{bmatrix}1&2&1\\2&1&1\end{bmatrix}\begin{bmatrix}2&-1&-1\\-1&2&-1\\-1&-1&2\end{bmatrix}\begin{bmatrix}1&2\\2&1\\1&1\end{bmatrix}=\frac{1}{3}\begin{bmatrix}2&-1\\-1&2\end{bmatrix}$$

したがって,

$$A_{lr(B)}^-=(A'Q_BA)^{-1}A'Q_B=3\begin{bmatrix}2&-1\\-1&2\end{bmatrix}^{-1}\times\frac{1}{3}\begin{bmatrix}-1&2&-1\\2&-1&-1\end{bmatrix}$$

$$=\frac{1}{3}\begin{bmatrix}2&1\\1&2\end{bmatrix}\begin{bmatrix}-1&2&-1\\2&-1&-1\end{bmatrix}=\begin{bmatrix}0&1&-1\\1&0&-1\end{bmatrix}$$

(ii) $Q_B=I_3-P_B=I_3-\frac{1}{1+a^2+b^2}\begin{bmatrix}1&a&b\\a&a^2&ab\\b&ab&b^2\end{bmatrix}$

$$=\frac{1}{1+a^2+b^2}\begin{bmatrix}a^2+b^2&-a&-b\\-a&1+b^2&-ab\\-b&-ab&1+a^2\end{bmatrix}$$

となるから,次式が導かれる.

$$A'Q_BA=\frac{1}{1+a^2+b^2}\begin{bmatrix}f_1&f_2\\f_2&f_3\end{bmatrix}$$

ただし,$f_1=2a^2+5b^2-4ab-4a-2b+5$

$f_2=3a^2+4b^2-3ab-5a-3b+3$

$f_3=5a^2+5b^2-2ab-4a-4b+2$

これより,$Q_B=I_3-P_B=I_3-\frac{1}{2+a^2}\begin{bmatrix}1&1&a\\1&1&a\\a&a&a^2\end{bmatrix}$

$$=\frac{1}{2+a^2}\begin{bmatrix}1+a^2&-1&-a\\-1&1+a^2&-a\\-a&-a&2\end{bmatrix}$$

$$A'Q_BA=\frac{1}{2+a^2}\begin{bmatrix}f_1&f_2\\f_2&f_1\end{bmatrix}\qquad A'Q_B=\frac{1}{2+a^2}\begin{bmatrix}g_1&g_2&g_3\\g_2&g_1&g_3\end{bmatrix}$$

ただし $\begin{bmatrix}f_1=5a^2-6a+3\\f_2=4a^2-6a+1\end{bmatrix}$ $\begin{bmatrix}g_1=a^2-a-1\\g_2=2a^2-a+1\\g_3=2-3a\end{bmatrix}$

したがって,$a\neq\frac{2}{3}$のとき

$$A_{lr(B)}^-=(A'Q_BA)^{-1}A'Q_B=\frac{1}{(2+a^2)(3a-2)^2}\begin{pmatrix}f_1&-f_2\\-f_2&f_1\end{pmatrix}\begin{pmatrix}g_1&g_2&g_3\\g_2&g_1&g_3\end{pmatrix}$$

$$=\frac{1}{(2+a^2)(3a-2)^2}\begin{pmatrix}h_1&h_2&h_3\\h_2&h_1&h_3\end{pmatrix}$$

ただし，$h_1 = -3a^4+5a^3-8a^2+10a-4$

$h_2 = 6a^4-7a^3+14a^2-14a+4$

$h_3 = (2-3a)(a^2+2)$

なお，上式において $a=-3$ のとき

$$A_{lr(\tilde{B})}^- = \frac{1}{11}\begin{bmatrix} -4 & 7 & 1 \\ 7 & -4 & 1 \end{bmatrix}$$

したがって，上式を B とおくと $ABA=A$, $(AB)'=AB$ となることが示されるから，$A_{lr(\tilde{B})}^- = A_l^-$.

3. (4.88)式を用いる.

$$(A'A+C'C)^{-1} = \frac{1}{432}\begin{bmatrix} 45 & 19 & 19 \\ 19 & 69 & 21 \\ 19 & 21 & 69 \end{bmatrix}$$

$$(AA'+BB')^{-1} = \frac{1}{432}\begin{bmatrix} 69 & 9 & 21 \\ 9 & 45 & 9 \\ 21 & 9 & 69 \end{bmatrix}$$

さらに，$A'AA'=9\begin{bmatrix} 2 & -1 & -1 \\ -1 & 2 & -1 \\ -1 & -1 & 2 \end{bmatrix}$ となるから

$$\begin{aligned} A_{B\cdot C}^+ &= (A'A+C'C)^{-1}A'AA'(AA'+BB')^{-1} \\ &= \begin{bmatrix} 12.75 & -8.25 & -7.5 \\ -11.25 & 24.75 & -4.5 \\ -14.25 & -8.25 & 19.5 \end{bmatrix} \end{aligned}$$

となる．ムーアペンローズ逆行列(3章練習問題1(c))もこの公式を用いて計算できる.

4. (i) $(I-P_AP_B)\boldsymbol{a} = \boldsymbol{0} \Rightarrow \boldsymbol{a} = P_AP_B\boldsymbol{a}$.

ここで，$||\boldsymbol{a}||^2=||P_AP_B\boldsymbol{a}||^2 \leqq ||P_B\boldsymbol{a}||^2 \leqq ||\boldsymbol{a}||^2$ より，$||P_B\boldsymbol{a}||^2=||\boldsymbol{a}||^2 \Rightarrow \boldsymbol{a}'\boldsymbol{a}=\boldsymbol{a}'P_A\boldsymbol{a}$. したがって，$||\boldsymbol{a}-P_B\boldsymbol{a}||^2=\boldsymbol{a}'\boldsymbol{a}-\boldsymbol{a}'P_B\boldsymbol{a}-\boldsymbol{a}'P_B\boldsymbol{a}+\boldsymbol{a}'P_B\boldsymbol{a}=\boldsymbol{a}'\boldsymbol{a}-\boldsymbol{a}'P_B\boldsymbol{a}=0 \Rightarrow \boldsymbol{a}=P_B\boldsymbol{a}$. したがって，$\boldsymbol{a}=P_B\boldsymbol{a}=P_A\boldsymbol{a}$. $\boldsymbol{a}\in S(X)\cap S(Y)=\{\boldsymbol{0}\} \Rightarrow \boldsymbol{a}=\boldsymbol{0}$. したがって $(I-P_AP_B)$ は正則行列となる.

(ii) $P_A(I-P_BP_A)=(I-P_AP_B)P_A$ より明らか.

(iii) $(I_n-P_AP_B)^{-1}P_A(I-P_AP_B)P_A=(I_n-P_AP_B)^{-1}(I-P_AP_B)P_A=P_A$

$(I_n-P_AP_B)^{-1}P_A(I-P_AP_B)P_B=O$

よって $(I_n-P_AP_B)^{-1}P_A(I-P_AP_B)$ は $S(B)=S(P_B)$ に沿った $S(A)=S(P_A)$ への射影行列である.

5. $S(A')\oplus S(C')\oplus S(D')=E^m$ より $S(E')=S(C')\oplus S(D')$ とすると $E=\begin{bmatrix} C \\ D \end{bmatrix}$ となるから，$E\boldsymbol{x}=\boldsymbol{0}$ の条件で $||A\boldsymbol{x}-\boldsymbol{b}||^2$ を最小にする $\boldsymbol{x}$ を求めると，定理4.20より

$$\boldsymbol{x} = (A'A+E'E)^{-1}A'\boldsymbol{b} = (A'A+C'C+D'D)^{-1}A'\boldsymbol{b}$$

となる．$S(A')\oplus S(C)$ の補空間 $S(D')$ の選び方によって上記の $\boldsymbol{x}$ はさまざまな値をとることができる．

6. ${}_{(T^-)}P_A=A(A'T^-A)^-A'T^-$ ($\equiv P^*$ とおく)．T は対称行列であるから，

$$(P^*)'T^-A = T^-A(A'T^-A)^-A'T^-A = T^-A.$$

7. (i) $\boldsymbol{y}\in \mathrm{Ker}(A'M)$ のとき，$A\boldsymbol{x}+\boldsymbol{y}=\boldsymbol{0}\Rightarrow A'MA\boldsymbol{x}+A'M\boldsymbol{y}=\boldsymbol{0}\Rightarrow A'MA\boldsymbol{x}=\boldsymbol{0}\Rightarrow$ $A(A'MA)^-A'MA\boldsymbol{x}=A\boldsymbol{x}=\boldsymbol{0}$. $\Rightarrow\boldsymbol{y}=\boldsymbol{0}$. したがって，$S(A)$ と $\mathrm{Ker}(A'M)$ は素である．一方，$\dim(\mathrm{Ker}(A'M))=\mathrm{rank}(I_n-(A'M)^-(A'M))=n-m$. よって，$E^n=S(A)\oplus\mathrm{Ker}$ $(A'M)$.

(ii) ${}_MP_AA=A$, ${}_MP_A[I-(A'M)^-(A'M)]=O$ より明らか．

(iii) $M=Q_B$ とおくと，$\mathrm{Ker}(A'Q_B)=S(I_n-(A'Q_B)^-(A'Q_B))$. ところで，$A(A'Q_BA)^-$ $\in\{(A'Q_B)^-\}$ であるから，$\mathrm{Ker}(A'Q_B)=S(I_n-A(A'Q_BA)^-A'Q_B)=S(B(B'Q_AB)^-B'Q_A)$ $=S(B)$. よって，$\mathrm{Ker}(A'Q_B)=S(B)$ となる．

したがって，$T^-(P^*)A=T^-A\Rightarrow TT^-P^*A=TT^-A$.

ところで，$S(T)=S(G)+S(A)\Rightarrow S(T)\supset S(A)\Rightarrow TT^-P^*A=TT^-A\Rightarrow P^*A=A$……①

一方，$(P^*)'T^-=T^-A(A'T^-A)^-A'T^-=T^-P^*\Rightarrow TP^*T^-=TT^-P^*=P^*\Rightarrow TP^*T^-$ $TZ=P^*TZ=P^*GZ$.

一方，$T(P^*)'T^-TZ=T(P^*)'Z=TT^-A(A'T^-A)^-A'Z=O$. したがって，$P^*TZ=O$ ……②．①と②と射影行列の定義(定理2.2)により $P^*=P_{A\cdot TZ}$ となる．

ここで，A の対称性より

$$\mu_{\max}(A)=(\lambda_{\max}(A'A))^{1/2}=(\lambda_{\max}(A^2))^{1/2}=\lambda_{\max}(A).$$

同様にして

$$\mu_{\min}(A)=\lambda_{\min}(A) \text{ および } \mu_{\max}(A)=2.005,\ \mu_{\min}(A)=4.9987\times10^{-4}$$

となって，$\mathrm{cond}(A)=\mu_{\max}(A)/\mu_{\min}(A)=4002$ となり，行列 A はきわめて不安定であることがわかる．($\mathrm{cond}(A)$ については188ページを参照のこと)．

8. $\boldsymbol{y}\in E^n$ のとき $\boldsymbol{y}=\boldsymbol{y}_1+\boldsymbol{y}_2$($\boldsymbol{y}_1\in S(A)$, $\boldsymbol{y}_2\in S(B)$).

したがって $AA_{B\cdot C}{}^+\boldsymbol{y}_1=\boldsymbol{y}_1$, $AA_{B\cdot C}{}^+\boldsymbol{y}_2=\boldsymbol{0}$. したがって，$A_{\tilde{B}\cdot C}{}^+AA_{B\cdot C}{}^+\boldsymbol{y}=A_{\tilde{B}\cdot C}{}^+\boldsymbol{y}_1=$ $\boldsymbol{x}_1$(ただし $\boldsymbol{x}_1\in S(Q_{C'})$).

一方，$A_{B\cdot C}{}^+\boldsymbol{y}=\boldsymbol{x}_1$ となるから $A_{\tilde{B}\cdot C}{}^+AA_{B\cdot C}{}^+\boldsymbol{y}=A_{B\cdot C}{}^+\boldsymbol{y}\Rightarrow$ 与式が導かれる．

(別証) $A_{\tilde{B}\cdot C}{}^+AA_{B\cdot C}{}^+$

$$=Q_{C'}A'(AQ_{C'}A')^-A(A'Q_{\tilde{B}}A)^-A'Q_{\tilde{B}}AQ_{C'}A'(AQ_{C'}A')^-A(A'Q_BA)^-A'Q_B$$
$$=Q_{C'}A'(AQ_{C'}A')^-A(A'Q_{\tilde{B}}A)^-A'Q_B=A_{B\cdot C}{}^+.$$

9. (i) $W=S(F')$, $V=S(H)$ とする．(a)より $G\boldsymbol{x}\in S(H)$ であるから $S(G)\subset$ $S(H)$. したがって，$G=HX$. (c)より $GAH=H\Rightarrow HXAH=H\Rightarrow AHXAH=AH$. これより $X=(AH)^-$ となる．したがって，$G=H(AH)^-$. ここで $AGA=AH(AH)^-A$.

一方，rank(A)=rank(AH) より $A=AHW$．したがって，$AGA=AH(AH)^-AHW=AHW=A \Rightarrow G=H(AH)^-$ は A の一般逆行列となる．

(ii) $S(G')\subset S(F')\Rightarrow G'=F'X'\Rightarrow G=XF$.

$(AG)'F'=F'\Rightarrow FAG=F\Rightarrow FAXF=F\Rightarrow FAXFA=FA\Rightarrow X=(FA)^-$．これと仮定③より(i)と同様にして④式が導かれる．

(iii) (a)と(d)を満たす G は $G=HX$, $(AG)'F'=F'\Rightarrow FAHX=F$ より

$$G=H(FAH)^-F+H(I-(FAH)^-FAH)Z_1\cdots\cdots ㋑$$

(b)と(c)を満たす G は $G=XF$, $GAH=H\Rightarrow XFAH=H$ より

$$G=H(FAH)^-F+Z_2(I-FAH(FAH)^-)F\cdots\cdots ㋺$$

となる．(Z_1, Z_2 は n 次，m 次の任意の正方行列) rank(FAH)=rank(H) より㋑の第2項，rank(F)=rank(FAH) より㋺の第2項がゼロになり，このとき㋑式(または㋺式)の第1項 $H(FAH)^-F$ が G となる．このとき，明らかに $AH(FAH)^-FA=A$ となり⑥式によって定義される G は A の一般逆行列となる．

(iv) $I_m-C'(CC')^-C=Q_{C'}$ であるから $G_1=Q_{C'}(AQ_{C'})^-$．このとき rank$(AQ_{C'})$=rank(A) であるから $AQ_{C'}(AQ_{C'})^-A=A$．さらに，$CQ_{C'}(AQ_{C'})^-A=O$．(4.64)式を満たす A^-A が(4.67)式を満たすから $G_1A=A_{m(C)}{}^-A$．一方，rank G_1=rank A より $G_1=A_{mr(C)}{}^-$．次に

$$G_2=(FA)^-F=(Q_BA)^-Q_B$$

とおくと，$AG_2A=A$．$AG_2B=O$ より $AG_2=AA_{l(B)}{}^-$．一方，rank G_2=rank A より $G_2=A_{lr(B)}{}^-$．

つづいて⑨式を示す．まず，$G_3=Q_{C'}(Q_BAQ_{C'})^-Q_B$ より $AG_3A=AQ_{C'}(Q_BAQ_{C'})^-Q_BA$．ここで $G_4=A'(AQ_{C'}A')^-A(A'Q_BA)^-A'$ とおくと $Q_BAQ_{C'}G_4Q_BAQ_{C'}=Q_BAQ_{C'}$ となるから $G_4\in\{(Q_BAQ_{C'})^-\}$，したがって，$AQ_{C'}G_3Q_BA=AQ_{C'}A'(AQ_{C'}A')^-A(A'Q_BA)^-A'Q_BA=A$.

したがって $AG_3A=A$．同様にして $G_3AG_3=G_3$ が示される．

次に，
$$\begin{aligned}Q_BAG_3&=Q_BAQ_{C'}(Q_BAQ_{C'})^-Q_B\\&=Q_BAQ_{C'}A'(AQ_{C'}A')^-A(A'Q_BA)^-A'Q_B\\&=Q_BA(A'Q_BA)^-A'Q_B\\&=P_{A[B]}\end{aligned}$$

同様にして $G_3AQ_{C'}=Q_{C'}A'(AQ_{C'}A')^-AQ_{C'}=P_{A'[C']}$

となるから，Q_BAG_3, $G_3AQ_{C'}$ は対称行列．したがって定義4.4より，G_3 は行列 B, C 制約ムーアペンローズ逆行列 $A_{B\cdot C}{}^+$ に一致する．

第5章の問題

1.　$A'A=\begin{bmatrix}6 & -3\\ -3 & 6\end{bmatrix}$ より，$A'A$ の固有値は9と3. したがって A の特異値は3と $\sqrt{3}$. 固有値9,3に対する $A'A$ の正規化された固有ベクトルは，$\boldsymbol{u}_1'=\left(\frac{\sqrt{2}}{2},\ -\frac{\sqrt{2}}{2}\right)$, $\boldsymbol{u}_2'=\left(\frac{\sqrt{2}}{2},\ \frac{\sqrt{2}}{2}\right)$ となるから

$$\boldsymbol{v}_1=\frac{1}{\sqrt{9}}A\boldsymbol{u}_1=\frac{1}{3}\begin{bmatrix}1 & -2\\ -2 & 1\\ 1 & 1\end{bmatrix}\begin{bmatrix}\frac{\sqrt{2}}{2}\\ -\frac{\sqrt{2}}{2}\end{bmatrix}=\frac{\sqrt{2}}{2}\begin{bmatrix}1\\ -1\\ 0\end{bmatrix}$$

$$\boldsymbol{v}_2=\frac{1}{\sqrt{3}}A\boldsymbol{u}_2=\frac{1}{\sqrt{3}}\begin{bmatrix}1 & -2\\ -2 & 1\\ 1 & 1\end{bmatrix}\begin{bmatrix}\frac{\sqrt{2}}{2}\\ \frac{\sqrt{2}}{2}\end{bmatrix}=\frac{\sqrt{6}}{6}\begin{bmatrix}-1\\ -1\\ 2\end{bmatrix}$$

したがって，A の特異値分解は

$$A=\begin{bmatrix}1 & -2\\ -2 & 1\\ 1 & 1\end{bmatrix}=3\times\begin{bmatrix}\frac{\sqrt{2}}{2}\\ -\frac{\sqrt{2}}{2}\\ 0\end{bmatrix}\left[\frac{\sqrt{2}}{2},\ -\frac{\sqrt{2}}{2}\right]+\sqrt{3}\times\begin{bmatrix}-\frac{\sqrt{6}}{6}\\ -\frac{\sqrt{6}}{6}\\ \frac{\sqrt{6}}{3}\end{bmatrix}\left[\frac{\sqrt{2}}{2},\ \frac{\sqrt{2}}{2}\right]$$

$$=\begin{bmatrix}\frac{3}{2} & -\frac{3}{2}\\ -\frac{3}{2} & \frac{3}{2}\\ 0 & 0\end{bmatrix}+\begin{bmatrix}-\frac{1}{2} & -\frac{1}{2}\\ -\frac{1}{2} & -\frac{1}{2}\\ 1 & 1\end{bmatrix}$$

(5.43b)式を用いると，A のムーアペンローズ逆行列は，次式となる.

$$A^+=\frac{1}{3}\begin{bmatrix}\frac{\sqrt{2}}{2}\\ -\frac{\sqrt{2}}{2}\end{bmatrix}\left[\frac{\sqrt{2}}{2},\ -\frac{\sqrt{2}}{2},\ 0\right]+\frac{1}{\sqrt{3}}\begin{bmatrix}\frac{\sqrt{2}}{2}\\ \frac{\sqrt{2}}{2}\end{bmatrix}\left[-\frac{\sqrt{6}}{6},\ -\frac{\sqrt{6}}{6},\ \frac{\sqrt{6}}{3}\right]$$

$$=\frac{1}{3}\begin{bmatrix}0 & -1 & 1\\ -1 & 0 & 1\end{bmatrix}$$

(別証)　$\mathrm{rank}(A)=2$ より，$A'(AA')^-A=I_2$. したがって(3.80)式を用いると $A^+=(A'A)^{-1}A'$ となるから，

$$A^+=\begin{bmatrix}6 & -3\\ -3 & 6\end{bmatrix}^{-1}\begin{bmatrix}1 & -2 & 1\\ -2 & 1 & 1\end{bmatrix}=\frac{1}{9}\begin{bmatrix}2 & 1\\ 1 & 2\end{bmatrix}\begin{bmatrix}1 & -2 & 1\\ -2 & 1 & 1\end{bmatrix}=\frac{1}{3}\begin{bmatrix}0 & -1 & 1\\ -1 & 0 & 1\end{bmatrix}$$

2.　$f(\boldsymbol{x},\boldsymbol{y})=(\boldsymbol{x}'A\boldsymbol{y})^2-\lambda_1(\boldsymbol{x}'\boldsymbol{x}-1)-\lambda_2(\boldsymbol{y}'\boldsymbol{y}-1)$ を $\boldsymbol{x}_1, \boldsymbol{y}_2$ で偏微分すると，$(\boldsymbol{x}'A\boldsymbol{y})A\boldsymbol{y}=\lambda_1\boldsymbol{x}$……①. $(\boldsymbol{x}'A\boldsymbol{y})A'\boldsymbol{x}=\lambda_2\boldsymbol{y}$……②.

①式に左から $\boldsymbol{x}'$，②式に左から $\boldsymbol{y}'$ をかけると，$\|\boldsymbol{x}\|^2=\|\boldsymbol{y}\|^2=1$ の仮定より，$(\boldsymbol{x}'A\boldsymbol{y})^2$

$=\lambda_1=\lambda_2$. ここで，$\lambda_1=\lambda_2=\mu^2$ とおくと，①, ②はそれぞれ，$A\boldsymbol{y}=\mu\boldsymbol{x}$, $A'\boldsymbol{x}=\mu\boldsymbol{y}$ となり，$\mu^2=(\boldsymbol{x}'A\boldsymbol{y})^2$ より，$(\boldsymbol{x}'A\boldsymbol{y})^2$ の最大値は，A の最大特異値 $\mu(A)$ の平方になることがわかる．

3. $(A+A')^2=(A+A')'(A+A')=(AA'+A'A)+A^2+(A')^2$. 一方，$(A-A')'(A-A')=A'A+AA'-A^2-(A')^2$. したがって

$$AA'+A'A=\frac{1}{2}\{(A+A')'(A+A')+(A-A')'(A-A')\}$$

が成立し，定理5.9の系1により $\lambda_j(AA')=\lambda_j(A'A)$ に注意すると，$\lambda_j(A'A)\geqq\frac{1}{4}\lambda_j(A+A')^2\Rightarrow 4\mu_j{}^2(A)\geqq\lambda_j{}^2(A+A')\Rightarrow 2\mu_j(A)\geqq\lambda_j(A+A')$.

4. $(\tilde{A})'\tilde{A}=T'A'S'SAT=T'A'AT$. 補助定理5.7の系より，$\lambda_j(T'A'AT)=\lambda_j(A'A)$ より $\mu_j(\tilde{A})=\mu_j(A)$. したがって，$A=U\varDelta V'$ を $\tilde{A}=SAT$ に代入すると $\tilde{A}=SU\varDelta(TV)'$, $(SU)'SU=U'S'SU=U'U=I_n$, $(TV)'(TV)=V'T'TV=V'V=I_m$ より，$\tilde{U}=SV$, $\tilde{V}=T'V$ とおくと $\tilde{A}=\tilde{U}\varDelta\tilde{V}$ となる．

5. k が正の整数のとき

$$A^k=\lambda_1{}^kP_1{}^k+\lambda_2{}^kP_2{}^k+\cdots+\lambda_n{}^kP_n{}^k=\lambda_1{}^kP_1+\lambda_2{}^kP_2+\cdots+\lambda_n{}^kP_n$$

となることが示されるから $I=P_1+P_2+\cdots+P_n$ に注意すると，

$$e^A=I+A+\frac{1}{2}A^2+\frac{1}{6}A^3+\cdots$$
$$=\sum_{j=1}^n\left\{\left(1+\lambda_j+\frac{1}{2}\lambda_j{}^2+\frac{1}{6}\lambda_j{}^3+\cdots\right)P_j\right\}=\sum_{j=1}^n e^{\lambda_j}P_j$$

6. （必要条件） $A'\in\{A^-\}$ のとき，AA' は射影行列であるから固有値は1または0. したがって，A のゼロでない特異値は1となる．

（十分条件） A の特異値分解を $U\varDelta_rV'$ とする．$\varDelta_r$ は $r\times r$ $(r=\mathrm{rank}\,A)$ の対角行列で，対角成分はすべて1. したがって，$AA'A=U\varDelta_rV'V\varDelta_rU'U\varDelta_rV'=U\varDelta_r{}^3V'=U\varDelta_rV'=A$.

7. (i) $(I_n-P_B)(A-BX)=(A-BX)-P_BA+BX=(I_n-P_B)A$ となること，および定理5.9を用いればよい．

(ii) $(I_p-P_{C'})(A'C'Y')=(I_r-P_{C'})A'$. 一方，$\mu_j(A(I_p-P_{C'}))=\mu_j((I_p-P_{C'})A')$. $\mu_j(A-YC)=\mu_j(C'Y'-A')$ と定理5.9を用いる．

(iii) $\mu_j(A-BX-YC)\geqq\mu_j\{(I-P_B)(A-YC)\}$
$$\geqq\mu_j\{(I-P_B)(A-YC)(I-P_{C'})\}$$

8. 右辺は $\mathrm{tr}(AB)\leqq\mathrm{tr}(A)$ を，左辺は定理5.9を用いればよい．

9. (n,m) 型行列（A（ただし $n\geqq m$）の特異値分解を $A=U\varDelta V'$ とすると，

$$\|\boldsymbol{y}-A\boldsymbol{x}\|^2=\|U'\boldsymbol{y}-U'U\varDelta V'\boldsymbol{x}\|^2$$
$$=\|U'\boldsymbol{y}-\varDelta(V'\boldsymbol{x})\|^2=\|\tilde{\boldsymbol{y}}-\varDelta\tilde{\boldsymbol{x}}\|^2=\sum_{j=1}^m(\tilde{y}_j-\lambda_j\tilde{x}_j)^2+\sum_{j=m+1}^n(\tilde{y}_j)^2$$

(ここで，$\Delta=\begin{bmatrix} \lambda_1 & & & 0 \\ & \lambda_2 & & \\ & & \ddots & \\ 0 & & & \lambda_m \\ 0 & 0 & \cdots & 0 \\ 0 & 0 & \cdots & 0 \end{bmatrix}$であることを用いた.)

したがって，rank $A=m$ とすると，上式は $\tilde{x}_j=\dfrac{\tilde{y}_j}{\lambda_j}(1\leqq j\leqq m)$ のとき，最小値 $Q=\sum_{j=m+1}^{n}(\tilde{y}_j)^2$ となる．一方，rank $A=r<m$ のとき，$\tilde{x}_j=\dfrac{\tilde{y}_j}{\lambda_j}(1\leqq j\leqq r)$. $\tilde{x}_j=z_j(r+1\leqq j\leqq m$, z_j は任意の定数ベクトル) となる最小値 Q をとる．ここで，$\tilde{x}=V'x$ より $x=V\tilde{x}$ となり，$\|x\|^2=(\tilde{x})'V'V\tilde{x}=\|\tilde{x}\|^2$ より，$z_j=0(r+1\leqq r\leqq m)$ のとき，$\|x\|^2$ は最小となる．すなわち，このようにして求められる $x=V_r\Delta_r^{-1}U_r'y$ は，(5.43 a)式から明らかに行列 A のムーアペンローズ逆行列 A^+ によって $x=A^+y$ と表わされる.

第6章の問題

1. $S(X)=S(\tilde{X})$ より $P_X=P_{\tilde{X}}$. したがって $R_{X\cdot y}{}^2=\dfrac{y'P_Xy}{y'y}=\dfrac{y'P_{\tilde{X}}y}{y'y}=R_{\tilde{X}\cdot y}{}^2$.

2. まず $X=(x_1, x_2)$ のときを証明する.

$$1-R_{X\cdot y}{}^2=\frac{y'y-y'P_Xy}{y'y}=\frac{y'y-y'P_{X_1}y}{y'y}\,\frac{y'y-y'P_{x_1x_2}y}{y'y-y'P_{x_1}y}$$

第1項は $(1-r_{x_1y}{}^2)$，第2項は $P_{x_1x_2}=P_{x_1}+Q_{x_1}x_2(x_2'Q_{x_1}x_2)^{-1}x_2'Q_{x_1}$ と分解することにより $1-\dfrac{y'Q_{x_1}x_2(x_2'Q_{x_1}x_2)^{-1}x_2'Q_{x_1}y}{y'Q_{x_1}y}=1-\dfrac{(Q_{x_1}x_2, Q_{x_1}y)^2}{\|Q_{x_1}y\|^2\|Q_{x_1}x_2\|^2}=1-r_{x_2y|x_1}{}^2$ となる.

$$X_{j+1}=(x_1, x_2, \cdots, x_j, x_{j+1})=(X_j, x_{j+1})$$

とおくと $P_{X_{j+1}}=P_{X_j}+Q_{X_j}x_{j+1}(x_{j+1}'Q_{X_j}x_{j+1})^{-1}x_{j+1}'Q_{X_j}$ と分解され，

$$1-R_{X_{j+1}\cdot y}{}^2=(1-R_{X_j\cdot y}{}^2)\left(1-\frac{(Q_{X_j}x_{j+1}, Q_{X_j}y)}{\|Q_{X_j}x_{j+1}\|\,\|Q_{X_j}y\|}\right)$$
$$=(1-R_{X_j\cdot y}{}^2)(1-r^2{}_{x_{j+1}y|x_1x_2\cdots x_j})$$

となる．これより与式が導かれる.

3. ($\Rightarrow$) $K'y$ を $E(L'y)=L'X\beta$ の不偏推定量とすると，$E(K'y)=K'X\beta=L'X\beta(^\forall\beta\in E^p)$. したがって $(K-L)'X=O$, $(K-L)'=P'(I-XX^-)\Rightarrow K'=L'+P'(I-XX^-)$ (P は任意)．$V(K'y)=\sigma^2K'GK=\sigma^2\|L+(I-XX^-)'P\|^2_G$. $V(L'y)\leqq V(K'y)$ が任意の P に対して成立するから，$(I-XX^-)GL=O$ $\quad\therefore\ GL\in S(X)$

($\Leftarrow$) 上記の逆を証明すればよい．すなわち，$E(L'y)$ の不偏推定量を $K'y$ とすると $\dfrac{1}{\sigma^2}V(K'y)=\|L+(I-XX^-)'P\|_G{}^2=L'GL+P(I-XX^-)G(I-XX^-)'P+2P'(I-XX^-)GL$. $GL\in S(X)$ のとき，第3項はゼロ行列，第2項は非負．ゆえに $V(L'y)\leqq V(K'y)$ となる.

4. 推定可能な関数 $\boldsymbol{c}'\boldsymbol{\beta}$ の $BLUE$ を $\boldsymbol{l}'\boldsymbol{y}$ とすると，$E(\boldsymbol{l}'\boldsymbol{y})=\boldsymbol{l}'X\boldsymbol{\beta}=\boldsymbol{c}'\boldsymbol{\beta}$ for ${}^\forall\boldsymbol{\beta}\in E^p$ $\to X'\boldsymbol{l}=\boldsymbol{c}$ かつ $V(\boldsymbol{l}'\boldsymbol{y})=\sigma^2\boldsymbol{l}'G\boldsymbol{l}=\sigma^2\|\boldsymbol{l}\|_G{}^2$ が最小．したがって，$\boldsymbol{l}=(X')_{m(G)}{}^-\boldsymbol{c}$，ここで，$Y'=(X')_{m(G)}{}^-$ とすると

$$\begin{cases} X'Y'X'=X' \\ GY'X'=(Y'X')'G \end{cases} \iff \begin{cases} XYX=X \\ XYG=G(XY)' \end{cases}$$

$\therefore\ G(XY)'=P_XG(XY)'$ (P_X は $S(X)$ への直交射影行列)

両辺の転置をとって $XYG=XYGP_X \Rightarrow XYGQ_X=O$

したがって，$S(Z)=S(X)^\perp$ なる Z に対して $Z=Q_XZ$ であるから

$$XYGZ=O.$$

以上のことより，Y は X の (GZ) 制約一般逆行列 $X_{(GZ)}{}^-$ であることが示された．すなわち，$\therefore\ \boldsymbol{l}'\boldsymbol{y}=C'Y\boldsymbol{y}=C'X_{(GZ)}{}^-\boldsymbol{y}$

5. (i) $E\{\boldsymbol{y}'Z(ZGZ)^-Z\boldsymbol{y}\}=E\{\mathrm{tr}(Z(ZGZ)^-Z\boldsymbol{y}\boldsymbol{y}')\}$

$$\begin{aligned}
&=\mathrm{tr}[Z(ZGZ)^-ZE(\boldsymbol{y}\boldsymbol{y}')]\\
&=\mathrm{tr}(Z(ZGZ)^-Z(X\boldsymbol{\beta}\boldsymbol{\beta}'X'+\sigma^2G)]\\
&=\sigma^2\,\mathrm{tr}[Z(ZGZ)^-ZG] \qquad (ZX=O\text{ より})\\
&=\sigma^2\,\mathrm{tr}[(ZG)(ZG)^-]\\
&=\sigma^2\,\mathrm{tr}(P_{GZ})
\end{aligned}$$

一方，$S(X)+S(G)=S(X)\oplus S(GZ)$ より，$\mathrm{tr}(P_{GZ})=\mathrm{rank}(X,G)-\mathrm{rank}(X)=f$．よって与式が示された．

(ii) $\boldsymbol{y}\in S(X,G)=S(T)$ より，$TZ(ZGZ)^-ZT$ と $TT^-(I-{}_{(T^-)}P_X)T$ が等しいことを示せばよい．ここで，$T=XW_1+(GZ)W_2$ とおくと，

$$\begin{aligned}
TZ(ZGZ)^-ZT&=TZ(ZGZ)^-Z(XW_1+GZW_2)\\
&=TZ(ZGZ)^-ZGZW_2
\end{aligned}$$

一方，上式に $T=G+XUX'$ を代入すると

$$=GZ(ZGZ)^-ZGZW_2=GZW_2$$

一方，第4章練習問題(4.6)の結果より

$TT^-(I-{}_{(T^-)}P_X)T=TT^-P_{GZ\cdot X}T$ となるから $T=XW_1+(GZ)W_2$ を代入すると，GZW_2 となり，与式が示される．

6. (i) $S(\mathbf{1}_n)\subset S(G)$ であるから，$G^*=(G,\mathbf{1}_n)$ とおくと，

$$P_{G^*}=P_G=P_M+Q_MG(G'Q_MG)^-G'Q_M\cdots\cdots①$$

一方，$\tilde{G}=(\boldsymbol{g}_1,\boldsymbol{g}_2\cdots\boldsymbol{g}_{m-1})$ とおくと $S(\tilde{G},I_n)=S(G)$ となる．したがって，$P_G=P_{\tilde{G}\cup 1}=P_M+Q_M\tilde{G}(\tilde{G}'Q_M\tilde{G})^-\tilde{G}Q_M$ より，与式が導かれる．

(ii) $\underset{\alpha}{\mathrm{Min}}\,\|\boldsymbol{y}-G^*\boldsymbol{\alpha}\|^2=\|\boldsymbol{y}-P_{G^*}\boldsymbol{y}\|^2$．ところで $P_{G^*}=P_G$，$\boldsymbol{y}=Q_M\boldsymbol{y}_R$ ($\boldsymbol{y}_R$ は粗得点ベクトル) より①の展開式を用いると

$$\|\boldsymbol{y}-P_{G^*}\boldsymbol{y}\|^2 = \|\boldsymbol{y}-P_G\boldsymbol{y}\|^2$$
$$= \|\boldsymbol{y}-P_M\boldsymbol{y}-Q_M\tilde{G}(\tilde{G}'Q_M\tilde{G})^{-1}\tilde{G}'Q_M\boldsymbol{y}\|^2$$
$$= \boldsymbol{y}'(I-\tilde{G}(\tilde{G}'Q_M\tilde{G})^{-1}\tilde{G}')\boldsymbol{y}$$

となる．($\boldsymbol{y}$ は平均がゼロのベクトルであるから $P_M\boldsymbol{y}=\boldsymbol{0}$ および，$Q_M\boldsymbol{y}=\boldsymbol{y}$ となることを用いた．)

7. (i) $S(Q_GD_x)\supset S(Q_G\boldsymbol{x})$ より明らか．

(ii) $P_xP_{Dx[G]} = \boldsymbol{x}(\boldsymbol{x}'\boldsymbol{x})^{-1}\boldsymbol{x}'Q_GD_x(D_x'Q_GD_x)^{-1}D_xQ_G$
$$= \boldsymbol{x}(\boldsymbol{x}'\boldsymbol{x})^{-1}I_n'D_x'Q_GD_x(D_x'Q_GD_x)^{-1}D_xQ_G$$
$$= \boldsymbol{x}(\boldsymbol{x}'\boldsymbol{x})^{-1}I_n'D_xQ_G = P_xQ_G$$

一方，$P_xP_{x[G]} = \boldsymbol{x}(\boldsymbol{x}'\boldsymbol{x})^{-1}\boldsymbol{x}'Q_G\boldsymbol{x}(\boldsymbol{x}'Q_G\boldsymbol{x})^{-1}\boldsymbol{x}'Q_G = P_xQ_G$ であるから与式が導かれる．

(iii)(iv) 定理 4.8 の系 (4.47b) 式を用いればよい．

(v) $y_{ij}=\alpha_i+\beta_ix_{ij}+\varepsilon_{ij}$ の 3 つのパラメーター α_i, β_j の推定値を a_i, b_i として，

$$f(a_i, b_i) = \sum_{i=1}^{m}\sum_{j=1}^{n_i}(y_{ij}-a_i-b_ix_{ij})^2$$

を a_i で偏微分すると，$a_i=\bar{y}_i-b_i\bar{x}_i$, これより (iv) の結果を用いると，

$$f(\boldsymbol{b}) = \sum_{i=1}^{m}\sum_{j=1}^{n_i}\{(y_{ij}-\bar{y}_i)-b_i(x_{ij}-\bar{x}_i)\}^2 = \|\boldsymbol{y}-D_x\boldsymbol{b}\|_{Q_G}{}^2 \geqq \|\boldsymbol{y}-P_{Dx[G]}\boldsymbol{y}\|_{Q_G}{}^2$$

となるから，与式が導かれる．$\beta_i=\beta(i=1, \cdots, m)$ とおいたときの推定値を b とすると，

$$f(b) = \sum_{i=1}^{m}\sum_{j=1}^{n_i}\{(y_{ij}-\bar{y}_i)-b(x_{ij}-\bar{x}_i)\}^2 = \|\boldsymbol{y}-b\boldsymbol{x}\|_{Q_G}{}^2 \geqq \|\boldsymbol{y}-P_{x[G]}\boldsymbol{y}\|_{Q_G}{}^2$$

より与式が導かれる．

8. $SS' = \varDelta_X{}^{-1}U_XC_{XY}U_{Y}'\varDelta_Y{}^{-2}U_YC_{YX}U_X'\varDelta_X{}^{-1}$
$$= \varDelta_X{}^{-1}U_XC_{XY}C_{YY}{}^{-1}C_{YX}U'_X\varDelta_X{}^{-1}$$

より $(SS')\boldsymbol{a} = (\varDelta_X{}^{-1}U_XC_{XY}C_{YY}{}^{-1}C_{YX}U_X'\varDelta_X{}^{-1})\varDelta_XU_X\tilde{\boldsymbol{a}} = \lambda\varDelta_XU_X\tilde{\boldsymbol{a}}$.

左から $U_X'\varDelta_X$ をかけると，$(C_{XY}C_{YY}{}^{-1}C_{YX})\tilde{\boldsymbol{a}}=\lambda C_{XX}\tilde{\boldsymbol{a}}$.

したがって，対称行列 (SS') の固有値は λ. 上式は正準相関分析の固有方程式であるから，S の特異値は X と Y の正準相関係数に一致する．

9. X と Y の正準変数を XA, YB と表わす．また $\mathrm{rank}(XA)=\mathrm{rank}(YB)=r$ のとき r 個の正準相関係数を $\rho_1, \rho_2, \cdots, \rho_r$ とする．このうち $\dim(S(Z))=m(m\leqq r)$ のとき，m 個の正準相関係数は 1 となり，これに対応する正準変数を XA_1, YB_1, 1 でない正準相関係数に対応する正準変数を XA_2, YA_2 とする．このとき，定理 6.11 を用いると

$$P_XP_Y = P_{XA}P_{YB} = P_{XA_1}P_{YB_1}+P_{XA_2}P_{YB_2},$$

ところで $S(XA_1)=S(YB_1)$ より，

$$P_{XA_1} = P_{YB_1} = P_Z\ ((\text{ただし } S(Z) = S(X)\cap S(Y))$$

となるから，$P_XP_Y=P_Z+P_{XA_2}P_{YB_2}$.

ところで，$A_2'X'XA_2 = B_2'Y'YB_2 = I_{r-m}$ より $P_{XA_2}P_{YB_2} = XA_2(A_2'X'YB_2)B_2'Y' \Rightarrow$ $(P_{XA_2}P_{YB_2})^k = XA_2(A_2'X'YB_2)^kB_2'Y'$

ところで

$$A_2'X'YB_2 = \begin{bmatrix} \rho_{m+1} & & 0 \\ & \rho_{m+2} & \\ & & \ddots \\ 0 & & \rho_r \end{bmatrix} (ただし\ 0<\rho_j<1(j=m+1, \cdots, r))$$

より $\lim_{k\to\infty}(P_{XA_2}P_{YB_2})^k = O$．したがって与式が導かれる．

10. （i） $\begin{bmatrix} X'X & X'Y \\ Y'X & Y'Y \end{bmatrix} = \begin{bmatrix} X' \\ Y' \end{bmatrix}[XY] = \begin{bmatrix} X' \\ Y' \end{bmatrix}\begin{bmatrix} X' \\ Y' \end{bmatrix}'$

より　$RR^- = \begin{bmatrix} X' \\ Y' \end{bmatrix}\begin{bmatrix} X' \\ Y' \end{bmatrix}^-$

ところで(3.12)式より

$$\{(RR^-)'\} = \{(X, Y)^-(X, Y)\}$$

となるから

$$S\{(I_{p+q}-RR^-)'\} = S\{(I_{p+q}-(X, Y)^-(X, Y))\}$$

これより与式が導かれる．

（ii） $\begin{bmatrix} X' \\ Y' \end{bmatrix}\begin{bmatrix} X' \\ Y' \end{bmatrix}^-\begin{bmatrix} X' \\ Y' \end{bmatrix} = \begin{bmatrix} X' \\ Y' \end{bmatrix}$ より $RR^-\begin{bmatrix} X' \\ Y' \end{bmatrix} = \begin{bmatrix} X' \\ Y' \end{bmatrix}$

これより $S_{11}X'+S_{12}Y'=X' \Rightarrow S_{12}Y' = (I_p-S_{11})X'$

右から Q_Y を掛ければよい．

(iii) （ii）より $(I_p-S_{11})X'=S_{12}Y' \Rightarrow X(I_p-S_{11})' = YS_{12}'$，同様にして $(I_q-S_{22})Y' = S_{21}X' \Rightarrow Y(I_q-S_{22})'=XS_{21}'$．これより定理1.4を用いればよい．

11. （i） 因子分析モデルを次のように定義する．($\boldsymbol{z}_j$ は標準得点ベクトル $\boldsymbol{f}_j$ は共通因子得点ベクトル，a_{ji} は第 j 番目の変数の第 i 因子負荷量)

$$\boldsymbol{z}_j = a_{j1}\boldsymbol{f}_1+a_{j2}\boldsymbol{f}_2+\cdots+\cdots+a_{jr}\boldsymbol{f}_r+u_j\boldsymbol{v}_j \qquad (j = 1, \cdots, p)$$

上式は行列を用いて

$$Z = FA'+VU$$

と表わせる．したがって，

$$\frac{1}{n}||P_F\boldsymbol{z}_j||^2 = \frac{1}{n}\boldsymbol{z}_j'F\left(\frac{1}{n}F'F\right)^{-1}\left(\frac{1}{n}F\,\boldsymbol{z}_j\right)$$

$$= \frac{1}{n^2}(F'\boldsymbol{z}_j)'(F'\boldsymbol{z}_j) = \boldsymbol{a}_j'\boldsymbol{a}_j = \sum_{i=1}^{n}a_{ji}^2 = h_j^2$$

（ii） $\mathrm{tr}(P_FP_Z) \leqq \mathrm{Min}(\mathrm{rank}\,F,\ \mathrm{rank}\,Z) = \mathrm{rank}\,F = r$

(iii) $H_i = (F, \boldsymbol{z}_{(j)}) \Rightarrow R_{H_i z_j}{}^2 = \frac{1}{n}||P_{H_i}\boldsymbol{z}_i||^2 = \frac{1}{n}||(P_F+P_{Z(j)[F]})\boldsymbol{z}_i||^2$

ところで，$\dfrac{1}{n}Z_{(i)}'Q_F\boldsymbol{z}_i=\dfrac{1}{n}(Z_{(i)}'\boldsymbol{z}_i-Z_{(i)}'P_F\boldsymbol{z}_i)=\boldsymbol{r}_i-A'\boldsymbol{a}_i=\boldsymbol{0}$ より $R_{H_i z_i}{}^2=h_i{}^2$. 一方 $P_{H_i}=P_{Z(i)}+P_{F[Z(i)]}$ より $R_{H_i\cdot z_i}{}^2=R_{Z(i)\cdot z_i}{}^2+S(S\geqq 0)$，したがって，$R_{Z(i)\cdot z_i}{}^2\leqq h_i{}^2$. (詳しくは文献(単行本［英文］9) p. 288 を参照せよ.)

12. (i)は$(P_{X\cdot Z}P_{Y\cdot Z})XA=XA\varDelta$ より $S(P_{X\cdot Z}P_{Y\cdot Z})=S(XA)$, (ii) は $(P_{Y\cdot Z}P_{X\cdot Z})YB=YB\varDelta$ より $S(P_{Y\cdot Z}P_{X\cdot Z})=S(YB)$ となることを用いればよい.

(iii)
$$\begin{aligned}P_{XA\cdot Z}P_{X\cdot Z}&=XA(A'X'Q_ZXA)^-A'X'Q_ZX(X'Q_ZX)^-XQ_Z\\&=XA(A'X'Q_ZXA)^-A'X'Q_Z=P_{XA\cdot Z}\end{aligned}$$

したがって，$P_{XA\cdot Z}P_{Y\cdot Z}=P_{XA\cdot Z}P_{X\cdot Z}P_{Y\cdot Z}=P_{X\cdot Z}P_{Y\cdot Z}$.

次に，$P_{X\cdot Z}P_{YB\cdot Z}=P_{X\cdot Z}P_{Y\cdot Z}$ を証明する．$P_{XA\cdot Z}P_{Y\cdot Z}=P_{X\cdot Z}P_{Y\cdot Z}$ の証明と同様にして，$P_{YB\cdot Z}P_{X\cdot Z}=P_{Y\cdot Z}P_{X\cdot Z}$. ここで左から Q_Z をかけると，

$P_{YB[Z]}P_{X[Z]}=P_{Y[Z]}P_{X[Z]}\Rightarrow$ 両辺の転置をとると，$P_{X[Z]}P_{Y[Z]}=P_{X[Z]}P_{YB[Z]}$.
左から $X(X'Q_ZX)^-X'$ をかけると，$P_{X\cdot Z}P_{Y\cdot Z}=P_{X\cdot Z}P_{YB\cdot Z}$ となる.

これより，
$$\begin{aligned}P_{XA\cdot Z}P_{YB\cdot Z}&=P_{XA\cdot Z}P_{X\cdot Z}P_{YB\cdot Z}=P_{XA\cdot Z}P_{X\cdot Z}P_{Y\cdot Z}\\&=P_{XA\cdot Z}P_{Y\cdot Z}=P_{X\cdot Z}P_{Y\cdot Z}\end{aligned}$$

13. $A\boldsymbol{x}=\boldsymbol{b}\Rightarrow||A||\,||\boldsymbol{x}||\geqq||\boldsymbol{b}||\cdots\cdots$①

ところで，$A(\boldsymbol{x}+\varDelta\boldsymbol{x})=\boldsymbol{b}+\varDelta\boldsymbol{b}$ より

$$A\varDelta\boldsymbol{x}=\varDelta\boldsymbol{b}\Rightarrow\varDelta\boldsymbol{x}=A^{-1}\varDelta\boldsymbol{b}\Rightarrow||\varDelta\boldsymbol{x}||\leqq||A^{-1}||\,||\varDelta\boldsymbol{b}||\cdots\cdots②$$

①, ②式より

$$\frac{||\varDelta\boldsymbol{x}||}{||\boldsymbol{x}||}\leqq\frac{||A||\,||A^{-1}||\,||\varDelta\boldsymbol{b}||}{||\boldsymbol{b}||}$$

となる．ここで $||A||, ||A^{-1}||$ のノルムを，行列の最大の特異値とすると，$||A||=\mu_{\max}(A)$, $||A^{-1}||=(\mu_{\min}(A))^{-1}$ となり，与式が導かれる.

〔注意〕 行列

$$A=\begin{bmatrix}1 & 1\\1 & 1.001\end{bmatrix}\qquad \boldsymbol{b}=\begin{bmatrix}4\\4.002\end{bmatrix}$$

とすると，$A\boldsymbol{x}=\boldsymbol{b}$ の解は $\boldsymbol{x}'=(2,2)$ となる.

ここで，$(\varDelta\boldsymbol{b})'=(0, 0.001)$ とすると，

$$A(\boldsymbol{x}+\varDelta\boldsymbol{x})=(\boldsymbol{b}+\varDelta\boldsymbol{b})\text{ の解は }(\boldsymbol{x}+\varDelta\boldsymbol{x})'=(1,3)$$

となり，$\varDelta\boldsymbol{b}$ に比べて $\varDelta\boldsymbol{x}$ の変化は著しく大きくなる.

索　引

あ 行

か 行

さ 行

た　行

な　行

は　行

ま　行

や　行

ら　行

著者紹介

柳井晴夫

1940年　東京に生れる
1965年　東京大学教育学部卒業
　　　　大学入試センター名誉教授，聖路加看護大学特任教授，
　　　　教育学博士・医学博士
2013年　逝去
『多変量解析法』朝倉書店
『医学・保健学の例題による統計学』現代数学社
The Foundation of Multivariate Analysis, Wiley Eastern
（以上，共著）

竹内　啓

1933年　東京に生れる
1956年　東京大学経済学部卒業
現　在　東京大学名誉教授，明治学院大学名誉教授，日本学士
　　　　院会員
『数理統計学』東洋経済新報社
『線形数学』培風館
『社会科学における数と量』東京大学出版会
『計量経済学の研究』東洋経済新報社
『統計的推定の漸近理論』教育出版

射影行列・一般逆行列・特異値分解［新装版］
UP応用数学選書 10

1983年7月25日　初　版
2018年9月20日　新装版第1刷
2023年6月30日　新装版第4刷

［検印廃止］

著　者　柳井晴夫（やないはるお）・竹内　啓（たけうちけい）

発行所　一般財団法人　東京大学出版会
　　　　代表者　吉見俊哉
　　　　153-0041 東京都目黒区駒場 4-5-29
　　　　https://www.utp.or.jp/
　　　　電話　03-6407-1069　Fax　03-6407-1991
　　　　振替　00160-6-59964

印刷所　株式会社理想社
製本所　誠製本株式会社

ISBN 978-4-13-065318-3　Printed in Japan